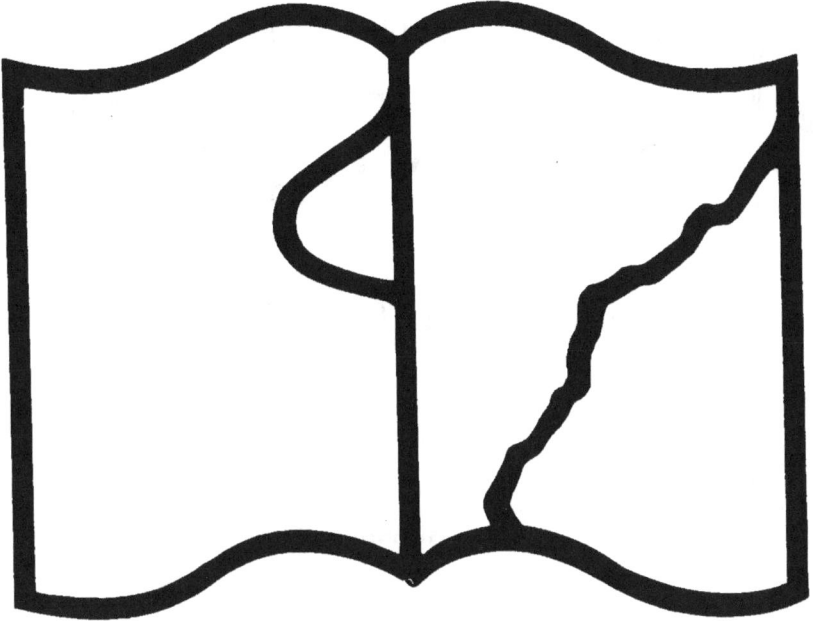

Texte détérioré — reliure défectueuse

NF Z 43-120-11

RECHERCHES

SUR LA

FÉCONDATION

ET LE

COMMENCEMENT DE L'HÉNOGÉNIE

CHEZ

DIVERS ANIMAUX

PAR

Hermann FOL

M.-A., Dʳ-Médecin
Professeur ordinaire à l'Université de Genève.

AVEC 10 PLANCHES GRAVÉES ET DES VIGNETTES DANS LE TEXTE

GENÈVE-BALE-LYON
HENRI GEORG, LIBRAIRE-ÉDITEUR
1879

RECHERCHES

SUR LA

FÉCONDATION ET LE COMMENCEMENT DE L'HÉNOGÉNIE

CHEZ DIVERS ANIMAUX

Genève. — Imprimerie Charles Schuchardt.

SUR LA

FÉCONDATION

ET LE

COMMENCEMENT DE L'HÉNOGÉNIE

CHEZ

DIVERS ANIMAUX

PAR

Hermann FOL

M.-A., Dr-Médecin

Professeur ordinaire à l'Université de Genève.

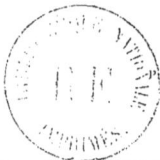

AVEC 10 PLANCHES GRAVÉES ET DES VIGNETTES DANS LE TEXTE

(Tiré des Mémoires de la Société de physique et d'histoire naturelle de Genève.
Tome XXVI.)

GENÈVE-BALE-LYON
HENRI GEORG, LIBRAIRE-ÉDITEUR

1879

©

RECHERCHES

SUR LA

FÉCONDATION ET LE COMMENCEMENT DE L'HÉNOGÉNIE

CHEZ DIVERS ANIMAUX

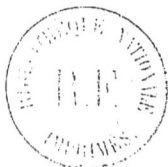

INTRODUCTION

Depuis l'époque où, cherchant à m'éclairer sur la question controversée du rôle du noyau dans le fractionnement, j'eus le bonheur d'être le premier témoin de certains phénomènes moléculaires qui se succèdent dans le protoplasme de cellules en voie de division, mon attention ne cessa d'être portée sur un sujet qui mérite au plus haut point l'intérêt des biologistes. Les résultats que j'obtins pour un œuf de Méduse furent aussitôt confirmés par les recherches indépendantes de Flemming, de Bütschli et de Klebs. Depuis lors les travaux se sont succédé sans interruption et les premières notions encore incomplètes qu'apportaient ceux qui ont ouvert à la science cette voie nouvelle firent place à une connaissance de plus en plus approfondie de ces processus. Les progrès accomplis peuvent se mesurer à la largeur de la base commune adoptée par des hommes d'opinions opposées. Si dans l'ardeur de la découverte et de la

1

discussion l'on a pu oublier les noms de ceux qui ont ouvert la voie, ces questions personnelles ne pourront entraver la marche de la science, et la postérité réparera les oublis, sans doute involontaires, des contemporains.

Remontant encore plus haut dans l'histoire de l'évolution des animaux, les chercheurs s'adressèrent aussitôt à un sujet qui semblait presque abandonné depuis nombre d'années. C'est à Bütschli que revient l'honneur d'avoir signalé le premier un fait d'importance capitale qui a tiré l'étude de la fécondation de l'ornière où elle restait enfoncée. Je veux parler de la belle découverte des deux noyaux qui prennent naissance séparément dans le vitellus fécondé, pour se réunir ensuite au centre de l'œuf.

Mon attention se porta bientôt sur ce sujet important; ce fut l'objet de deux campagnes successives d'études que j'entrepris à Messine au printemps des années 1876 et 1877. Bien qu'une grande partie des résultats que j'obtins ne soit plus nouvelle pour la science, grâce surtout aux publications de Bütschli et de O. Hertwig, je crois qu'il ne sera pas inutile de les faire connaître en entier. Ils jetteront, je l'espère, de la lumière sur quelques points discutés et feront connaître, ou tout au moins entrevoir, un nouvel ordre de faits; je parle des notions que j'ai acquises sur la pénétration du zoosperme dans l'œuf à l'état normal et à l'état pathologique. Ces derniers processus surtout jetteront, j'en suis convaincu, lorsqu'on sera parvenu à les bien connaître, une vive lumière sur la nature des forces qui président à tout cet ordre de phénomènes.

Le mémoire actuel est divisé en quatre chapitres. Les trois premiers traitent de la maturation de l'ovule, de la fécondation normale et anomale, et des détails du fractionnement. Le quatrième et dernier chapitre est consacré à l'examen des points controversés et à la définition des termes employés dans ce mémoire.

Quoiqu'il puisse sembler plus logique de commencer par les données que nous fournit la bibliographie, j'ai cru devoir adopter une marche inverse, suivant en cela l'exemple donné par plusieurs auteurs récents;

l'avantage de cette interversion est de me permettre de critiquer et de juger à mesure les descriptions des auteurs, à la lumière de mes observations.

Les limites de ce travail ne me permettent pas même de songer à faire un compte rendu complet de tout ce que renferment les ouvrages antérieurs sur les sujets que je traite. Je dois me borner à rapporter et à discuter les principales opinions en cherchant autant que possible à les rapporter aux auteurs qui les ont émises les premiers ou soutenues par les meilleurs arguments.

Les indications bibliographiques sont réunies dans un Index, afin d'éviter les notes au bas de la page, si gênantes dans une lecture suivie.

CHAPITRE I

LA MATURATION DE L'OVULE

1. PARTIE DESCRIPTIVE

Chez tous les animaux que j'ai étudiés, l'ovule jeune, au sein de l'ovaire encore peu développé, se présente sous la forme d'une simple cellule. Souvent cette cellule est isolée, individualisée dès le moment où l'on peut dire avec certitude qu'elle appartient à l'ovaire; tel est le cas des Ptéropodes et des Hétéropodes. Les cellules de l'ovaire se multiplient par division avant de commencer à subir les modifications propres au développement de l'ovule. Chacune se compose d'un protoplasme parfaitement transparent et d'un noyau relativement très-gros. L'accumulation de protolécithe dans le protoplasme, qui prend ainsi les caractères d'un vitellus, ne commence qu'assez longtemps après que l'ovule a cessé de se multiplier par division. C'est vers la même époque que la tache germinative se montre chez les Mollusques en question.

D'autres fois, le sommet de l'ovaire jeune est occupé par un amas de protoplasme transparent dans lequel sont suspendus des noyaux, et ce cœnosarque ne se scinde que plus tard en cellules distinctes dont chacune est munie de l'un des noyaux préexistants. Tel paraît être le cas chez de jeunes exemplaires de *Sagitta*. Je dois dire toutefois que les jeunes ovules n'étant pas entourés d'une membrane, il est bien difficile de discerner leurs limites, tant qu'ils sont pressés les uns contre les autres. L'on pourrait donc se croire en présence d'un cœnosarque, à un moment où les cellules seraient déjà physiologiquement distinctes. Je me borne à exprimer mes doutes sur ce point que je n'ai pas approfondi.

Une fois isolés, les ovules jeunes présentent bien tous les caractères distinctifs d'une cellule et rappellent surtout les cellules des tissus embryonnaires. La vésicule germinative répond incontestablement à un noyau cellulaire et le vitellus jeune ressemble absolument au protoplasme de l'une de ces cellules. Si les auteurs plus anciens ont cru que la vésicule germinative apparaissait la première et s'entourait ensuite d'un vitellus, c'est que le protoplasme transparent qui l'entoure dès l'origine avait échappé à leur observation; ils ne réussissaient à l'apercevoir qu'au moment où ce protoplasme commence à se charger de globules lécithiques. On verra plus loin que cette appréciation se fonde sur les propres paroles des auteurs dont je parle.

Une autre hypothèse, d'après laquelle l'ovule ne serait pas morphologiquement comparable à une cellule, a été émise du temps où l'on n'avait pas encore de notions exactes sur l'origine de l'ovule et surtout de son protoplasme. La vésicule germinative fut considérée comme un élément histologique dont la tache germinative serait le noyau; le vitellus devint conformément à cette hypothèse une masse de substance nutritive destinée à être absorbée par les cellules embryonnaires que l'on faisait descendre de la vésicule germinative. Une connaissance plus approfondie

du mode de formation de l'ovule et du développement embryogénique
de l'œuf firent bientôt oublier cette hypothèse sans fondement. Encore
dernièrement, il est vrai, M. Villot (voyez Index, No CXXV) a cru devoir
rééditer ces idées sans en indiquer l'origine; mais ce nouveau produit
d'un point de vue suranné n'a pu un seul instant ébranler la théorie maintenant solidement établie de la nature cellulaire de l'ovule.

L'ovule déjà constitué, mais encore très-jeune, présente en général
dans le règne animal et, en particulier, chez les animaux qui ont fait
l'objet de mes études, une grande similitude de composition. Une grande
vésicule germinative est entourée d'une couche relativement assez mince
de protoplasme transparent. Dans l'intérieur de la vésicule s'étend un
réticulum de filaments sarcodiques, auquel est attachée la tache germinative généralement unique. Nous rencontrons cependant quelquefois
des structures qui s'écartent de ce schéma. Ainsi, quoique le vitellus soit
en général à cette époque homogène jusqu'à sa surface même, il présente chez les Gastéropodes, déjà à ce moment précoce, une couche
superficielle plus transparente, plus homogène que le reste du vitellus.
Cette couche n'est, du reste, pas encore séparée du vitellus par une ligne
nette. Chez les Gastéropodes, cette couche limitante se redissout plus
tard dans le vitellus, tandis que chez les Lamellibranches elle se
sépare de la surface de l'ovule et constitue tantôt une membrane
résistante à double contour, tantôt une couche d'apparence albumineuse
et durcie à la surface. Je me borne à rappeler ces faits; ils sont déjà
connus.

La tache germinative est presque toujours présente; elle peut être
simple ou multiple et possède souvent une ou plusieurs vacuoles dans
son intérieur; cependant le nucléole de l'ovule peut faire défaut. Chez
une *Sagitta*, tout au moins, je l'ai vainement cherché tant chez les ovules jeunes que chez des ovules plus avancés.

Je signale en passant ces phénomènes remarquables de formation endogène de cellules que présente le vitellus des Ascidies dans cette période
de développement. Ces cellules voyagent jusqu'à la surface et constituent

le soi-disant follicule ovarien. Je n'insiste pas davantage ici sur ce cas particulier qui sera l'objet d'un mémoire spécial.

A mesure que l'ovule approche de la maturité, son vitellus devient de plus en plus considérable, tandis que la vésicule germinative ne croît pas en proportion. Le protoplasme devient de plus en plus granuleux et les substances chimiques qu'il élabore, en les puisant par absorption dans les liquides nourriciers qui l'entourent, se séparent sous forme de granules et de globules lécithiques. L'on sait à quel point ce protolécithe varie tant par l'aspect des globules que par leur grosseur, leur forme et autres caractères. L'on sait que chez divers animaux, particulièrement chez les Araignées, il se forme dans le vitellus un corps compacte qui a reçu à tort le nom de noyau vitellin et qui n'est, selon toute vraisemblance, qu'une accumulation de protolécithe. La composition chimique du protolécithe n'est encore connue que bien imparfaitement et pour un petit nombre d'animaux. J'insisterai seulement sur les différences considérables que présentent les globules lécithiques chez les animaux qui font l'objet de la présente étude. Chez les Oursins et les Étoiles de mer, les globules sont nombreux, mais très-petits et peu réfringents; le vitellus a l'aspect d'un protoplasme très-granuleux. Chez les Gastéropodes, ces globules sont en général réfringents et souvent colorés. Chez les Hétéropodes, ils sont parfaitement incolores, comme c'est généralement le cas des animaux pélagiques; chez les *Firoloïdes*, les globules lécithiques sont non-seulement incolores, mais encore peu réfringents et se touchent pour ainsi dire, ce qui donne à l'œuf un aspect particulièrement homogène et transparent. De la sorte l'œuf plongé dans l'eau échappe plus facilement au regard; c'est une conséquence de l'adaptation au milieu ambiant. Les mêmes caractères distinguent aussi les œufs de *Sagitta*, de *Doliolum*, de beaucoup de Cœlentérés nageants et d'une foule d'autres animaux pélagiques. J'ignore, du reste, quelles sont les particularités chimiques ou physiques qui accompagnent des propriétés optiques si différentes de celles que présente le protolécithe des autres animaux.

Arrivé à parfaite maturité, l'ovule commence à présenter une métamorphose régressive de quelques-unes de ses parties, à savoir de la tache et de la vésicule germinatives. J'aborde ici un sujet très-controversé. Plusieurs observateurs ont vu ces éléments disparaître du vitellus non fécondé; d'autres plus nombreux n'ont constaté cette disparition qu'après la fécondation; d'autres enfin ont maintenu que la vésicule continuait à exister malgré la maturation, malgré la fécondation, et donnait directement naissance aux noyaux de fractionnement. L'on trouvera plus loin le résumé des principales opinions sur ce sujet. Je n'insiste donc pas et je continue la description des faits que j'ai observés.

Un Stelléride assez commun à Messine, l'*Asterias glacialis* (O.-F. Müller), a fait les frais de la majeure partie de mes expériences. Cette espèce est désignée, par les auteurs récents, sous le nom d'*Asteracanthion glaciale,* inauguré par Müller et Troschel; j'adopte sans hésiter le nom générique d'*Asterias* que E. Perrier a remis à si bon droit en honneur dans ses « Stellérides du Muséum. » Cette Astérie est extrêmement propice aux recherches d'embryogénie. J'ajoute que la plupart des autres Stellérides que j'ai eues entre les mains le seraient tout autant, si elles étaient assez communes pour répondre aux besoins de l'embryogéniste expérimentateur.

De même que les Oursins, l'Asterias glacialis paraît se reproduire par intermittence plutôt que par saison. J'ai rencontré des individus arrivés à maturité sexuelle pendant tout le temps de mes études, depuis l'automne jusqu'au printemps, mais je ne possède pas d'observations faites en été. La période de reproduction est en tous cas très-prolongée; mais les individus n'arrivent pas tous en même temps à maturité. J'ai cru remarquer une certaine périodicité, analogue à celle des Oursins, dans l'évacuation des produits sexuels chez notre espèce; mais cette périodicité est loin d'être aussi marquée et aussi facile à vérifier que chez les Oursins. Il me paraît indubitable que chez cette Astérie les produits sexuels mettent au moins deux mois à se former et à mûrir; l'évacuation ne peut donc être mensuelle comme chez l'Oursin.

L'ovule mûr de notre *Asterias* est composé principalement d'un vitellus granuleux mais transparent et d'une teinte variant du rose au brun très-pâle; vus en masse, les œufs présentent une teinte uniforme qui varie suivant les individus du rose pâle au vermillon le plus vif. Indépendamment du degré de maturité qui influe aussi sur le degré de coloration, ces nuances dépendent de l'individualité à tel point que l'on trouve difficilement deux femelles dont l'ovaire présente exactement la même teinte. Ces différences sont en général parallèles aux variations si grandes de coloration des téguments que montre cette espèce.

La partie superficielle du vitellus est généralement un peu plus transparente et moins granuleuse que la partie centrale, sans qu'il y ait lieu de distinguer deux substances vitellines, comme le fait v. Beneden (cxx) pour l'*Asterias rubens*.

Une grande vésicule germinative, renfermant une tache germinative, occupe dans le vitellus une position presque toujours excentrique, surtout à l'époque de la maturité. La vésicule, que je nommerai aussi le *nucléus de l'ovule*, est limitée par une couche différente de la substance vitelline et qui pourra s'appeler la *couche limitante* ou la *membrane plastique de la vésicule germinative*. A l'état vivant, cette couche ne se distingue guère du protoplasme environnant. Peut-être serait-elle visible si elle se trouvait à la surface du vitellus, mais plongée comme elle l'est dans la profondeur d'une substance granuleuse, il n'est pas étonnant que le microscope ne puisse nous révéler clairement son existence. Si l'on comprime l'ovule au point de l'écraser, l'on voit son noyau se frayer lentement un chemin à travers la substance vitelline et en sortir tout entier. Il se présente alors sous la forme d'une goutte de liquide parfaitement transparent et possédant sensiblement les mêmes propriétés optiques que l'eau environnante. Il est entouré d'une couche également hyaline et extrêmement mince, beaucoup plus mince que celle que l'on trouve à l'aide des réactifs autour de la vésicule. Cette couche limitante est éminemment élastique, comme l'on peut s'en assurer en observant la manière dont elle se comporte pendant la sortie du noyau et après sa sortie lorsqu'on le soumet à des compressions et des rotations variées. Le noyau peut, dans ces circonstances, se scinder en deux ou plusieurs gouttes qui se détachent entièrement du vitellus et qui pourtant sont entourées d'une couche limitante close de toutes parts. Au bout de quelques minutes de contact avec l'eau de mer, cette membrane plastique crève et le liquide de la goutte se mêle aussitôt à l'eau de mer dont il est impossible de le distinguer. Ce liquide n'avait donc aucune cohésion par lui-même; il n'était retenu que par la couche limitante. Quant à cette dernière, ses propriétés, telles que je viens de les décrire, indiquent qu'elle a une consistance *visqueuse*. Or cette couche visqueuse n'est autre que la prétendue membrane de la vésicule germinative; car les réactifs qui mettent en évidence ladite membrane chez un ovule encore intact ne décèlent aucun reste de membrane dans la substance d'un vitellus dont la vésicule a été expulsée avant la coagulation. Nous pouvons donc conclure de ces faits que la partie liquide du noyau est entourée d'une couche visqueuse, un peu différente de la substance vitelline, mais qui ne mérite pas le nom de membrane dans le sens ordinaire du mot. Nous verrons bientôt que cette manière de voir s'appuye, non-seulement sur l'expérimentation, mais encore sur l'observation des phénomènes qui se succèdent dans l'œuf vivant.

Si l'on traite par l'alcool absolu ou par les acides (acétique, formique, chlorhydrique, picrique ou chromique) un ovule ovarien arrivé à maturité, et qu'on l'éclaircisse ensuite par la glycérine, l'on voit que la partie liquide de son noyau est entourée d'une membrane assez nette et présentant un double contour. Devons-nous conclure de là à l'existence d'une membrane à l'état de vie? Une telle conclusion serait assurément peu logique. Nous sommes simplement autorisés à dire que la vésicule est limitée par une couche qui a la propriété de se coaguler d'une manière différente de la substance vitelline. Cette couche est, il est vrai, maintenant durcie; mais si l'on fait fendre par compression le vitellus coagulé, l'on voit la solution de continuité s'étendre aussi à la membrane du noyau. Nous savons que le vitellus s'est durci par l'action des réactifs mais qu'il est

2

visqueux à l'état vivant; aussi ne sommes-nous nullement étonnés d'apprendre que la couche limitante du noyau qui se présente à l'état solide chez l'œuf coagulé n'était à l'état de vie qu'une couche semi-fluide et visqueuse. Son peu d'épaisseur, comparée à son étendue, est la seule propriété qui puisse expliquer pourquoi on lui a donné le nom de membrane.

L'on a soulevé la question de savoir si la couche limitante du noyau cellulaire en général et du noyau de l'ovule en particulier appartient à proprement parler au noyau ou au protoplasme qui l'environne. La discussion de ce point me paraît futile; néanmoins je dois indiquer le point de vue auquel je me place, ne fût-ce que pour motiver le jugement que je viens de porter. Dans un noyau tout formé la question est une simple affaire d'appréciation personnelle; les seuls renseignements utiles sont ceux que peut fournir l'histoire de l'origine et du développement du noyau. L'ovule se prête peu à cette recherche, puisque l'origine première de son noyau se perd dans l'histoire du développement de l'individu. Mais il est d'autres noyaux dont la formation peut se suivre pas à pas; tel est par exemple le pronucléus femelle qui possède, lorsqu'il a atteint tout son développement, une membrane limitante bien nette. Or ce pronucléus se forme au milieu et aux dépens de la substance vitelline dont il tire aussi bien son contenu liquide que son enveloppe visqueuse; l'origine de ces deux parties est donc la même, et si la couche limitante appartient au vitellus, son contenu liquide lui appartient exactement au même titre. Le débat est, comme on le voit, singulièrement oiseux. Pour ma part, je n'hésite pas, après comme avant les longues et savantes dissertations d'Auerbach (civ et cxi) sur ce point, à comprendre sous le nom de noyau tout l'ensemble du contenu et de l'enveloppe.

Le contenu de la vésicule germinative n'est pas liquide comme la simple observation d'œufs écrasés pourrait le faire croire; outre la tache germinative, l'on y distingue un réseau de filaments de sarcode. Ce réseau se voit sans trop de peine chez des ovules jeunes dont le vitellus est peu épais et assez transparent; il présente dans ce cas l'aspect qui a été dé-

crit et figuré par Flemming (cxiii), par O. Hertwig (cxv), par E. van
Beneden (cxvi), pour ne parler que des auteurs les plus récents. C'est
un sarcode hyalin, tenant en suspension des granules pâles et clair-semés,
de grosseurs très-diverses, et qui tapisse intérieurement l'enveloppe du
noyau et extérieurement le nucléole. Des filaments peu nombreux de ce
même sarcode relient entre elles ces deux couches continues et présentent un aspect qui rappelle vivement celui des pseudopodes étendus des
Radiolaires. L'action des réactifs fait apparaître un grand nombre de
filaments plus petits qui relient les grands courants de sarcode, visibles
dans l'ovule frais, et complètent le réseau. Celui-ci présente alors des
mailles irrégulières mais de grandeurs presque uniformes, séparées par
des trabécules bien délimités.

Dans l'ovule mûr, ce réseau serait sans doute visible sans l'emploi des
réactifs, si la position du noyau au milieu du vitellus granuleux n'était
aussi défavorable à l'observation de fins détails. Il est très-évident sur des
préparations récentes faites avec l'acide picrique ou osmique, mais il
paraît s'altérer à la longue dans des préparations à la glycérine. Chez des
ovules dont la vésicule germinative va disparaître le réseau ne se retrouve
plus même avec l'emploi des réactifs. C'est une preuve de plus ajoutée à
celles que Flemming a fournies (cxxiii), que nous n'avons pas affaire ici
à des produits artificiels.

La tache germinative, ou nucléole de l'ovule, est fortement réfringente
et renferme en général une vacuole, quelquefois plusieurs. Elle est, du
reste, transparente, dépourvue de granulations, et ne paraît être entourée d'aucune membrane, d'aucune couche différente du reste de sa substance.

Le vitellus, encore renfermé dans l'ovaire, est entouré d'une couche
molle que je désigne du nom de *couche muqueuse* ou *mucilagineuse* et
qui acquiert une épaisseur notable au moment où l'ovule arrive à maturité. Cette couche est parfaitement transparente et incolore et présente
une structure radiaire bien évidente. A l'état frais, l'on distingue des
stries accompagnées de lignes pointillées très-fines. Ces stries et ces

lignes sont visibles surtout à la limite interne de la couche et se perdent pour la plupart avant d'atteindre sa surface externe; elles sont toutes dirigées suivant le rayon de l'œuf, c'est-à-dire perpendiculairement à la couche elle-même. Les acides rendent plus apparentes les lignes pointillées. La structure radiaire de cette couche devient surtout très-apparente chez des œufs plongés dans l'acide osmique et que l'on a ensuite laissés dans une solution de bichromate de potasse additionnée de quelques gouttes de glycérine; la couche mucilagineuse se gonfle alors considérablement et il s'y produit des fentes perpendiculaires à la surface du vitellus. Cette structure peut provenir de la présence de canalicules admis par E. van Beneden (cxx), ou simplement d'une alternance de lignes radiaires de compositions différentes. Je ne me prononce pas sur ce point.

Pour apprendre à connaître expérimentalement la texture de cette couche à l'état de vie, j'ai placé des œufs dans un liquide qui fourmillait de vibrions et j'ai remarqué qu'ils s'implantaient tous dans le mucilage dans une direction perpendiculaire à la surface du vitellus; nous verrons qu'il en est de même des zoospermes. Cette observation est favorable à l'hypothèse des canalicules, qui peut encore s'appuyer sur l'analogie avec la même couche de l'œuf des Holothuries où les pores sont bien évidents.

L'on ne peut étudier cette couche superficielle de l'œuf des Astéries sans songer à la « zone pellucide » de l'œuf des Mammifères; aussi la comparaison a-t-elle été déjà faite par E. van Beneden (cxx). Je pense comme ce savant que la comparaison morphologique ne saurait être tentée avant que nous connaissions le mode de formation de l'une et de l'autre; mais l'analogie physiologique est frappante. Je n'hésiterais pas à donner à l'enveloppe de l'œuf d'Astérie le nom de *Zone pellucide*, si ce terme n'était pas aussi mal choisi. Pourquoi ne pas revenir à la désignation proposée par v. Baer qui a le double avantage de la priorité et de la clarté? Je propose de remettre ce terme en honneur et de nommer cette enveloppe, tant chez les Mammifères que chez les Échinodermes : l'*Oolème pellucide (Oolema pellucidum*, v. Baer).

Dans le sein de l'ovaire, l'oolème pellucide est entouré d'une membrane, d'épaisseur irrégulière, mais présentant partout un double contour (Pl. I, fig. 1, *Ec*). Si l'on traite par les acides et que l'on isole avec des aiguilles cette dernière membrane, l'on peut s'assurer facilement qu'elle présente des noyaux ovales régulièrement espacés (Pl. II, fig. 20, *N*). Vue de profil, cette membrane montre des épaississements lenticulaires dont chacun répond à un noyau aplati entouré d'une certaine quantité de protoplasme. En lavant à l'eau douce et traitant ensuite par le nitrate d'argent, l'on fait apparaître des lignes irrégulièrement polygonales qui divisent la membrane en champs, au milieu de chacun desquels se trouve un noyau. Nous avons donc affaire, non pas à une membrane anhiste, mais à un véritable épithélium pavimenteux. Le plus souvent, cet épithélium est encore accompagné de fibres, ou plutôt de cellules fusiformes très-allongées, qui lui sont accolées extérieurement. Ces cellules appartiennent au tissu conjonctif qui constitue l'enveloppe et les mailles très-écartées du stroma de l'ovaire. Si ces cellules conjonctives sont comparables à un stroma, l'épithélium qui entoure l'ovule devra être comparé à l'épithélium d'un follicule ovarien.

Les œufs d'Astéries, prêts à être pondus, sont détachés et libres dans le sein de l'ovaire; ils remplissent l'oviducte, où l'on est sûr de ne trouver que des œufs mûrs. Mais même en entamant l'ovaire d'individus arrivés à parfaite maturité et recueillant les produits qui s'écoulent sans pression, l'on se procure des œufs qui se développent ensuite d'une façon parfaitement normale.

A l'état de liberté la femelle évacue simplement ses produits sexuels dans la mer, et, si j'en juge par ce que j'ai observé dans mes aquariums, cette évacuation a lieu en plusieurs fois. Chaque évacuation est assez prompte et comprend des quantités d'œufs extrêmement considérables. Nous ne faisons donc qu'imiter la nature lorsque nous arrachons à la mère ses œufs mûrs et que nous les plaçons aussitôt dans une quantité suffisante d'eau de mer fraîche.

Au moment où l'on prend les œufs, ils ne possèdent plus pour la plupart une couche continue de cellules épithéliales à leur surface; cet épithélium est plus ou moins déchiré (Pl. I, fig. 1, *Ec*). Dans l'eau de mer, il se détache promptement en lambeaux et tombe complétement. L'oolème pellucide se gonfle et augmente considérablement d'épaisseur. Ce gonflement s'adresse surtout à la partie superficielle qui devient irrégulière et ne présente plus de contours visibles, à moins qu'elle ne vienne à être salie par les particules qui peuvent y adhérer.

Le séjour des œufs dans l'eau de mer provoque dans leur intérieur d'autres modifications plus importantes, à savoir la métamorphose de la vésicule germinative. Nous avons vu que ce noyau occupe dans le vitellus une position excentrique. Il se rapproche maintenant de la partie de la surface dont il était auparavant le plus voisin. Au bout de peu de minutes, il commence à se flétrir, à se ratatiner (voyez fig. 1).

Fig. 1.

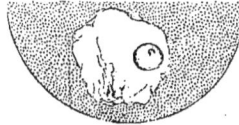

Le vitellus d'Asterias après quelques minutes de séjour dans l'eau de mer. La vésicule germinative se ratatine, sa membrane se plisse. Les enveloppes de l'œuf ont été laissées de côté, ainsi que la moitié nutritive du vitellus. $^{300}/_1$

La vésicule perd d'abord sa rondeur, ses contours deviennent moins réguliers et moins nets, et bientôt il sera impossible de les discerner (Pl. I, fig. 2, 3, 4 et 5, *No*). Cependant, si l'on traite à ce moment par les acides, l'on voit encore apparaître une membrane à double contour, plus ou moins plissée. Chez l'œuf vivant, je n'ai pu apercevoir cette membrane repliée.

Les changements d'aspect de la vésicule s'accentuent de plus en plus. Ses bords se fondent avec le vitellus granuleux de telle façon qu'au lieu d'une vésicule, l'on ne voit plus qu'une tache claire, qu'une lacune dont les changements de forme sont assez prompts pour être très-perceptibles pendant le temps qu'il faut pour en projeter le contour à la chambre claire (Pl. I, fig. 2, 3, 4). Si variable et irrégulière que soit cette forme, elle est toujours déprimée; si nous tournons le vitellus de telle façon que la portion qui renferme le reste de la vésicule soit dirigé vers le bas, nous remarquons que la place claire est plus large que haute.

Pendant que la vésicule se modifie, la tache germinative subit aussi une série de changements. D'abord elle devient moins réfringente, ses contours paraissent moins marqués (Pl. I, fig. 2, *no*); puis elle change de forme et semble pétrie en sens divers (Fig. 3 et 4, *no*). Enfin elle devient si pâle et si irrégulière que l'on a grand'peine à la distinguer (voyez fig. 2).

Fig. 2.

L'hémisphère formatif du vitellus au moment où la vésicule germinative se disperse.
La tache germinative, de forme très-irrégulière, est à peine visible. $\frac{500}{1}$.

C'est vers ce moment que la lacune, provenant de la dissolution de la vésicule germinative, prend une forme aplatie. Dans une série d'observations, j'ai vu assez constamment la substance granuleuse du vitellus s'avancer dans la lacune surtout du côté le plus rapproché de la surface de l'ovule et cette substance vitelline, apparemment un peu diluée par l'absorption du liquide de la lacune, semblait englober le reste de la tache germinative que je perdais alors de vue. Dans d'autres séries d'observations, j'ai vu le reste de la tache germinative se rapprocher de la partie périphérique de la lacune, mais sans pénétrer dans la substance vitelline. Parfois enfin la position des restes de la tache paraissait ne suivre aucune loi. Ces observations sont du reste fort incertaines, à cause de la diffi-

culté que l'on a de discerner les restes du nucléole, au milieu des figures
irrégulières qui résultent du mélange de la substance vitelline avec le
liquide de la vacuole; aussi je ne les donne que pour ce qu'elles peuvent
valoir. Pour arriver à des notions plus précises sur la disposition de ces
parties, il faut avoir recours aux réactifs.

Chez des œufs coagulés par les acides et éclaircis par la glycérine au
moment où la vésicule germinative n'existe plus que comme une lacune
déprimée, la membrane devient encore visible, mais elle est repliée sur
elle-même et plissée en tous sens. Il est dès lors impossible de s'assurer
qu'elle soit entière; elle pourrait être crevée en plus d'un endroit sans
que l'on pût s'en apercevoir. Nous verrons que bientôt après elle commence en effet à se dissoudre et à tomber en morceaux. Mais, que la
membrane soit entière ou non, elle forme toujours la limite entre la
substance claire et la substance granuleuse du vitellus. Elle n'expulse
point son contenu, comme E. v. Beneden l'a cru par erreur.

La tache germinative, pendant la même période, subit une décomposition non moins marquée. Déjà très-pâle au moment où nous l'avons
laissée, elle était cependant encore entière et son volume n'était pas sensiblement diminué (Pl. I, fig. 2, *no*). Traitée par les acides, elle a cependant déjà la propriété de se scinder en un certain nombre d'agglomérations arrondies (Pl. II, fig. 1, *nog*). Ces agglomérations sont arrangées
en sphère creuse autour d'un corps central d'apparence plus homogène
et sont entourées d'une couche continue formant une sorte de membrane. Cette structure, qui n'est encore visible qu'à l'aide des réactifs, a
bientôt pour conséquence une dissolution du nucléole visible chez l'œuf
vivant. En effet, la tache germinative devient de plus en plus pâle et
prend les formes les plus diverses (Pl. I, fig. 4, *no*), tandis que des morceaux se détachent de sa périphérie (Pl. II, fig. 2, *nog*). Enfin elle cesse
entièrement d'être visible, tandis qu'une figure étoilée apparaît dans le
protoplasme vitellin qui sépare la lacune de la surface de l'ovule (Pl. II,
fig. 5 et 6, *ar*). Recourons encore aux réactifs et nous retrouverons
les agglomérations de la phase précédente, mais disjointes cette fois, sans

enveloppe commune, et formant un groupe irrégulier (Pl. II, fig. 2, *nog*) dans la partie de la lacune qui avoisine la surface de l'ovule, ou bien déjà plongées dans la substance vitelline qui envahit cette région. Au-dessous de ce groupe de fragments, on distingue une figure étoilée.

Je propose de donner le nom d'*aster* à ces étoiles, maintenant bien connues, mais dont la nature réelle nous échappe encore et ne peut être que conjecturée. Deux de ces étoiles reliées entre elles prendront pour moi le nom d'*amphiaster*; quatre étoiles reliées formeront un *tetraster*. J'ai choisi ce nom d'aster, qui pourra au premier abord sembler peu caractéristique, précisément parce qu'il ne préjuge rien quant à la nature de ces phénomènes.

L'aster donc que l'on voit au-dessous des fragments du nucléole (Pl. II, fig. 2, *ar*) est très-petit, comparé à ceux qui se montreront pendant la fécondation et le fractionnement. Ses rayons vont en divergeant dans la substance vitelline, où ils se perdent aussitôt. Mais quelques-uns de ces rayons, réunis en un faisceau fusiforme, s'étendent du centre de l'aster jusqu'au point où sont réunis les fragments du nucléole, au milieu desquels ils se perdent. La disposition que je viens de décrire est très-fréquente, mais elle n'est pas absolument constante. Il y a d'abord des variations individuelles très-grandes, en sorte que l'on ne rencontre pas deux œufs présentant exactement le même arrangement des parties; puis il y a des variations qui semblent affecter le type même de l'arrangement. Ainsi, l'on trouve des œufs où la tache germinative s'est divisée en quelques gros fragments, ou en fragments très-inégaux et dispersés dans différentes régions de la vésicule germinative, au lieu d'être réunis dans le voisinage de l'aster naissant.

Vu sans l'aide des réactifs, l'aster est très-marqué. Son centre est formé par une tache claire qu'un pédoncule, également dépourvu de granulations, relie à la lacune qui résulte de la métamorphose régressive de la vésicule germinative (Pl. I, fig. 6, *ar*). L'aster se rapproche de la surface, le pédoncule s'allonge et bientôt nous le voyons se séparer entièrement de la lacune. Au lieu d'une seule tache claire en forme de T nous

3

avons maintenant deux taches, dont l'une, ovoïde, touche à la surface à laquelle son grand axe est perpendiculaire, tandis que l'autre, transversale, répond au dernier reste de la lacune. Autour de la tache ovoïde, les granules vitellins sont arrangés en lignes divergentes (Pl. I, fig. 7, *no* et *ai*); mais ces rayons ne sont pas régulièrement disposés autour de deux centres distincts. Dans l'intérieur de la tache on distingue des lignes parallèles à son axe longitudinal et qui semblent formées d'un protoplasme plus réfringent que le milieu dans lequel il est plongé (Fig. 7, *F*).

Si nous étudions cette phase à l'aide des réactifs, nous voyons les contours de la vésicule germinative reparaître vaguement, la membrane n'existant plus que par fragments (Pl. II, fig. 3, 4, 5, *EN*). Elle manque toujours dans la portion voisine des figures étoilées.

La substance de la vésicule diffère du vitellus par une granulation beaucoup plus fine. Près de la surface se trouve un amphiaster très-petit chez lequel les deux asters sont à peine visibles, tandis que le corps oblong qui se trouve entre les deux est fort bien marqué (Pl. II, fig. 3, 4 et 5, *Ar'*). Ce corps est strié en long; on pourrait le comparer à un fuseau dont les deux pointes seraient tronquées. Il est toujours dirigé d'une façon plus ou moins oblique, parfois même tout à fait horizontale. Chez d'autres œufs un peu plus avancés, les derniers restes de la membrane de la vésicule germinative ont disparu, mais une tache de substance finement pointillée indique encore la place de la vésicule germinative (Pl. II, fig. 6 et 8, *No*). Chez d'autres encore, cette tache a disparu à son tour et, au lieu d'un amphiaster, je ne vis plus qu'un corpuscule à bords dentelés, renfermant des vacuoles dans son intérieur (Pl. II, fig. 7, *Ar'*). De cette dernière phase, je ne possède que des préparations à l'acide osmique; je ne suis pas fixé sur la signification qu'il convient de lui assigner. Faut-il considérer ce corps comme résultant de la concentration de la substance de l'amphiaster autour d'un des asters, tandis que l'autre disparaîtrait? Faut-il admettre une disparition des deux asters pour former une masse qui se changera bientôt en un nouvel amphiaster? Ou bien devons-nous croire à une période d'inactivité pendant laquelle l'amphiaster se ramasserait sans cesser d'exister? Dans cette dernière supposition qui paraît plus plausible, par analogie avec ce qui se passe chez d'autres animaux, il faudrait admettre que le corps compacte et à bords étoilés que j'ai décrit ne serait en réalité qu'un amphiaster peu accentué et défiguré par l'action de l'acide osmique. C'est cette supposition qui s'accorde le mieux avec les faits observés chez les autres animaux et que je considère comme la plus naturelle. En effet, les préparations faites avec les acides nous montrent bientôt de nouveau un amphiaster complet et dirigé à peu près perpendiculairement à la surface de l'ovule. C'est le premier amphiaster de rebut (Pl. II, fig. 9). Mais avant de décrire la formation des globules polaires, je dois encore rapporter ce que j'ai pu observer sur le sort de la tache germinative.

Nous avons vu qu'au moment où le premier aster se montre au-dessous de la vésicule germinative qui disparaît, plusieurs rayons de cet aster vont se perdre au milieu d'un amas de fragments de la tache germinative (Pl. II, fig. 2), en sorte que l'on ne sait trop s'il n'y a pas un second aster au milieu de ces fragments. Mais cette disposition est loin d'être constante; dans les cas où les fragments du nucléole sont dispersés, l'on peut s'assurer qu'il n'y a d'abord qu'un seul aster et non un amphiaster. Un peu plus tard l'on trouve un amphiaster indubitable dans une position à peu près horizontale (Pl. II, fig. 3-6, *Ar'*). A ce moment, la plupart des fragments de la tache germinative ont disparu et ceux qui restent (Pl. II, fig. 3, 4, 5 et 8, *nog*) sont généralement assez éloignés de l'amphiaster de rebut. Ces fragments sont souvent gros, toujours arrondis et présentent souvent de petites vacuoles dans leur intérieur (Fig. 4 et 8, *nog*). Rarement j'ai obtenu des images, dans lesquelles un reste de la tache germinative était relié à l'un des asters de l'amphiaster de rebut, par un filament de substance assez réfringente. Dans l'un de ces cas le fragment de nucléole avait une forme de fer à cheval et le filament connectif était très-évident (Pl. II, fig. 3).

Si, d'une part, les images les plus fréquentes, qui montrent les fragments du nucléole dispersé, parlent pour la formation de l'amphiaster de rebut sans participation de la tache germinative, les images plus rares que je viens de décrire indiquent que cet élément pourrait contribuer dans une proportion minime à sa formation. Il s'agit ici du reste de choses si délicates qu'une erreur d'observation est toujours possible, et je n'ai pas consacré à cette question tout le temps qu'elle aurait réclamé. Je préfère donc considérer la participation de la tache germinative à la formation de l'amphiaster de rebut comme improbable, mais sans oser la nier absolument. Il est certain, en tous cas, que la majeure partie de cette tache se dissout simplement dans la substance de la vésicule germinative.

Quant à la couche limitante ou membrane de la vésicule, il n'est pas possible de douter que sa presque totalité ne disparaisse à l'endroit même où elle se trouve, par simple dissolution dans la substance environnante du vitellus. Sur les figures 2, 3, 4, 5 et 6 de la planche II nous voyons cette couche se réduire en fragments et ses fragments disparaître sans changer de place. Il ne reste une incertitude qu'au sujet de la portion de cette membrane qui touche à l'amphiaster de rebut. En effet, au moment où la membrane de la vésicule se dissout, l'amphiaster de rebut (Pl. II, fig. 8, *Fc*) présente dans son plan neutre un renflement au milieu de chacun des filaments bipolaires. A quelque distance de cet amphiaster l'on voit les restes du nucléole plongés dans la substance finement granuleuse de la vésicule germinative. Souvent j'ai vu à ce moment les filaments bipolaires s'écarter comme un double éventail vers l'intérieur de la vésicule, et dans le plan neutre de ces filaments déviés se trouvaient des corps de formes irrégulières, angulaires et assez foncés (Fig. 3, page 21). Ces corps proviennent-ils de la tache germinative ou d'un fragment de la membrane de la vésicule? Je ne sais. Mais leur aspect ferait plutôt penser à un fragment de la membrane. Ces observations sont insuffisantes, comme on le voit; je ne les rapporte en détail que pour éveiller l'attention sur toute une série de problèmes à résoudre.

Fig. 8.

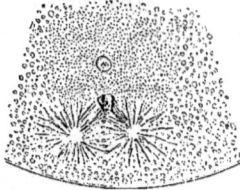

Petite portion d'un vitellus renfermant l'amphiaster de rebut avec les varicosités de Bütschli et un corps irrégulier dans son plan neutre. Un peu plus haut se voit une partie finement granuleuse où se trouvait la vésicule germinative et un corpuscule rond, dernier reste de la tache germinative. Préparation à l'acide picrique. Grossissement $^{700}/_1$.

Reprenons maintenant l'ovule au moment où il ne présente plus de vésicule germinative, mais seulement une tache ovoïde perpendiculaire à la surface (Pl. I, fig. 8, *Ar'*) et dans laquelle les acides font voir clairement un amphiaster complet (Pl. II, fig. 9, *F*). De la vésicule germinative et de sa tache il ne reste plus aucune trace. Le centre de l'aster extérieur touche à la surface, en sorte qu'il ne reste guère qu'une moitié de ses rayons. L'aster intérieur est complet, et, entre les deux, se trouve un ensemble fusiforme de filaments bipolaires, sans renflements, qui se perdent à leurs deux extrémités. Bientôt la surface commence à se soulever devant l'aster périphérique et forme une bosse qui est parfaitement transparente dans des préparations vivantes (Pl. I, fig. 9, *Cr'*). La substance transparente occupe encore un espace ovoïde. Autour de l'extrémité interne de cet ovoïde, les granulations vitellines sont arrangées en lignes divergentes, laissant entre elles des rayons de sarcode régulièrement distribués. Les acides font voir en ce moment un amphiaster bien net (Pl. II, fig. 10, *Ar'*). L'aster extérieur n'est plus qu'un demi-aster, puisque son centre touche au sommet de la protubérance. Les filaments bipolaires présentent des renflements peu accentués.

La protubérance s'allonge de plus en plus et les filaments bipolaires deviennent visibles même sans l'emploi d'aucun réactif (Pl. I, fig. 10 et 11, *F*). Puis la protubérance commence à s'arrondir au sommet, tout en se resserrant à la base (Pl. I, fig. 11 et 13, *Cr'*). Les réactifs montrent que la moitié interne seulement de l'amphiaster est restée dans le vitellus, tandis que sa moitié extérieure constitue la protubérance en train de se détacher (Pl. II, fig. 11, *Cr'*). Dans l'intérieur de cette protubérance l'on voit souvent encore les restes des rayons bipolaires (Fig. 4); on les voit même souvent très-bien sur des préparations

Fig. 4.

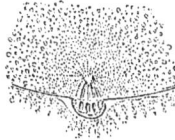

Petite portion d'un vitellus avec son enveloppe muqueuse et la première sphérule de rebut en train de se détacher. L'amphiaster de rebut est divisé en deux moitiés, dont l'une constitue le globule polaire et n'est plus reconnaissable que par une série de grains verticaux, et l'autre, encore complète, reste dans le vitellus. Préparation à l'acide picrique. 600/1

vivantes (Pl. I, fig. 11 et 14, *Fc*). D'autres fois cette moitié externe de l'amphiaster disparaît promptement et se résout en des corpuscules irréguliers (Pl. II, fig. 11, *Cr'*). La moitié interne de l'amphiaster conserve par contre sa structure intacte et l'on voit, en particulier, fort bien un renflement allongé sur chacun des filaments bipolaires.

La protubérance se détache maintenant du vitellus, pour constituer le premier globule polaire. Le procédé de séparation diffère de celui qui s'observe dans la plupart des divisions cellulaires, ou dans le fractionnement de l'œuf, par plusieurs détails qui ont quelque importance. D'abord nous ne voyons pas le globule s'arrondir au point de ne toucher le vitellus que par une surface extrêmement petite, et s'affaisser, une fois la division

opérée, comme c'est le cas dans le fractionnement ordinaire. Le globule
reste accolé au vitellus par une surface relativement large et la séparation
n'a lieu que très-lentement, par un processus presque impossible à observer directement. En second lieu nous ne voyons pas les rayons de l'amphiaster coupé en deux se retirer aussitôt vers les centres des asters respectifs, pour contribuer à la formation des noyaux des deux nouvelles
cellules. Les rayons qui font partie du globule polaire restent longtemps
distincts et les renflements des rayons bipolaires, que j'ai nommés les granules de Bütschli, persistent quelque temps après que la division est
accomplie (Pl. II, fig. 13, *Fc*). Plus tard, nous trouvons dans le globule
polaire des granules et des vacuoles, présentant des formes et des arrangements irréguliers et inconstants (Pl. II, fig. 14, *Cr'* et fig. 16, *Cr''*).
Longtemps après la constitution du globule polaire, ces parties s'arrangent de façon à former un noyau relativement très-gros et entouré d'une
couche de sarcode; encore cette constitution du noyau n'est-elle pas
absolument constante (Pl. II, fig. 19). La moitié de l'amphiaster qui reste
dans le vitellus ne se ramasse pas non plus immédiatement sous forme
de noyau; loin de là, elle se transforme directement en un nouvel
amphiaster.

Enfin, et c'est encore une différence notable, l'aster extérieur de l'amphiaster ne se trouve pas dans l'intérieur de la protubérance ou du globule polaire qui est en train de se détacher. Il se trouve au sommet de la
protubérance, de telle façon que le centre de l'aster se trouve à l'extrémité
de la bosse et que les rayons ne s'étendent que sur un des côtés de ce centre. Ces particularités s'expliquent par la nature et le rôle physiologique
de ces globules polaires, rôle qui leur a fait donner le nom de *sphérules
de rebut*.

La moitié de l'amphiaster restée dans le vitellus se raccourcit et passe
par une période de repos assez brève. Sa disposition reste la même que
pendant la formation du premier globule polaire, mais s'efface momentanément un peu. Puis elle devient de nouveau plus nette, au moment
où le travail d'expulsion recommence; les filaments bipolaires s'allongent,

l'aster devient plus grand, plus marqué et s'éloigne de la surface. Les
filaments bipolaires allongés forment de nouveau un faisceau fusiforme,
dont l'extrémité intérieure répond au centre de l'aster, tandis que l'extrémité extérieure (*ae*) se trouve à la surface du vitellus (Pl. II, fig. 12, *Ar″*).
Ce point de convergence externe n'est pas encore entouré de rayons; mais
bientôt nous voyons les rayons unipolaires naître autour de lui, en sorte
que nous obtenons exactement la même image qu'au moment où le premier globule polaire allait se former (Pl. II, fig. 13, *Ar″*). L'aster extérieur de ce second amphiaster se trouve rarement en face du premier
globule polaire. Il est presque toujours à côté du point de contact du vitellus avec ce dernier, et l'axe de l'amphiaster est presque toujours oblique (Pl. II, fig. 12 et 13). Le mode de formation de la seconde sphérule
de rebut est exactement pareil à celui de la première sphérule. Ce second
globule se place tantôt à côté du premier, tantôt il le repousse et se place
alors plus ou moins directement au-dessus de lui.

La moitié du second amphiaster de rebut qui reste dans le vitellus se
comporte tout autrement que la moitié interne du premier amphiaster,
elle se ramasse sous forme de noyau ainsi que j'aurai à le décrire plus
loin.

Les sphérules de rebut doivent, en sortant, se trouver en rapport avec
la couche superficielle ou limitante du vitellus; et l'observation exacte
de ce point spécial est d'un grand intérêt pour l'idée que nous devons
nous faire des propriétés de cette couche. Au moment où la protubérance de rebut commence à se montrer, l'on peut encore distinguer à
grand'peine, à son bord, une mince couche, de même aspect que la couche superficielle du vitellus, avec laquelle elle est en continuité, mais
très-amincie, surtout au sommet du globule. Cette couche est très-difficile
à distinguer de la substance transparente qu'elle recouvre; et si j'ai parfois cru reconnaître une limite entre les deux, je l'ai souvent aussi cherchée en vain. Quoi qu'il en soit, cette distinction cesse d'être possible
aussitôt que la protubérance est un peu accentuée (Pl. I, fig. 9 à 11); les
acides même ne font pas apparaître une ligne de démarcation. Faut-il ad-

mettre pour cela que la couche limitante du vitellus ne se continue pas
sur la surface du globule polaire et que celui-ci en sortant ne fasse que
percer cette couche? Je ne le pense pas, car la manière lente et progressive dont les sphérules de rebut poussent et se détachent exclut l'idée
d'une couche résistante qui se percerait pour laisser échapper une substance semi-liquide. De plus il ne faut pas perdre de vue que la couche
limitante, qui est hyaline et transparente, doit être bien difficile à distinguer de la substance, également transparente et de même pouvoir réfringent, qui entoure l'amphiaster de rebut, et cela surtout dans un
endroit où cette couche se trouve amincie. Dès que la sphérule de rebut
est détachée, les acides font apparaître à sa surface une couche hyaline,
plus mince de moitié que la couche limitante du vitellus (Pl. II, fig. 11-
13, *Ecr*); cette couche pourrait, il est vrai, s'être différenciée au moment
de la séparation, mais il serait plus naturel d'admettre qu'elle était pré-
existante. Au surplus, la manière dont se comporte la couche limitante
du vitellus, au moment où la division s'achève, me paraît trancher la
question.

Tant que la sphérule de rebut est attenante au vitellus de façon à n'en
être qu'un appendice (Pl. I, fig. 9, *Cr*), la surface du vitellus reste lisse et
régulièrement arrondie. Mais lorsque le pédoncule de la sphérule de rebut
se met à se rétrécir et à s'étrangler, le vitellus présente autour de ce pédoncule un enfoncement circulaire, une dépression de peu d'étendue
qu'entoure un système de plis radiaires (Pl. I, fig. 12, *P*). Ces plis ont
tous le pédoncule pour centre, quoiqu'aucun d'eux n'arrive jusqu'à lui. A
la périphérie, ils s'abaissent petit à petit et s'effacent bientôt complétement.
Le point où ils atteignent la plus grande élévation est voisin de la dépression centrale (voy. fig. 5, p. 26). Ces plis, et naturellement aussi les sillons qui les séparent, deviennent de plus en plus marqués, jusqu'au moment où la sphérule de rebut achève de se détacher (Pl. I, fig. 12), après
quoi ils s'effacent lentement et disparaissent. Ces phénomènes se reproduisent exactement les mêmes lors de la sortie du second globule polaire
(Pl. II, fig. 22). Ce plissement n'est pas un phénomène isolé; nous le

4

Fig. 5.

Partie formative du vitellus avec son enveloppe muqueuse, la première sphérule de rebut achevant de se détacher et les plis radiaires formés par la surface du vitellus et sa couche limitante. Œuf vivant. ³⁰⁰⁄₁.

retrouvons, quoique moins accentué dans le fractionnement de divers œufs. Il semble indiquer en général la présence d'une couche superficielle plus inerte, moins vivante que le protoplasme qu'elle entoure, mais attenante à ce protoplasme de façon à ne s'en détacher que difficilement. Dans les cas cependant où cette couche constitue une véritable membrane, elle finit toujours, quelque élastique qu'elle puisse être, par se détacher du vitellus pour revenir à sa position première; c'est ce qu'elle fait instantanément sous l'influence des réactifs acides, comme nous le verrons bientôt à propos du fractionnement chez l'Oursin. Dans les cas où cette couche n'est pas encore une véritable membrane, comme par exemple dans la formation des globules polaires chez l'ovule de l'Astérie, elle suit la division du protoplasme, forme une enveloppe autour de chacun de ses fragments et ne reprend jamais sa position première, même si l'on fait agir des acides avant que la division soit opérée. Jamais l'on ne voit cette couche s'étendre sans interruption d'une sphérule à l'autre en passant par-dessus le sillon, et jamais l'on ne voit le protoplasme se diviser sans que cette enveloppe se divise en même temps.

Une fois les sphérules de rebut constituées, leur couche superficielle se différencie en une membrane véritable, formant autour de chacune d'elles une enveloppe complète; et quoique les deux sphérules soient attenantes l'une à l'autre et à la surface du vitellus par ces membranes qui restent adhérentes entre elles, elles ne sont pourtant jamais reliées

au vitellus par une membrane commune, si l'on fait abstraction de la
couche mucilagineuse.

J'en reviens aux choses qui se passent dans le vitellus pendant que
les sphérules de rebut achèvent de s'individualiser. Après la formation
de la seconde de ces sphérules, il ne reste dans le vitellus que la moitié
du second amphiaster de rebut, avec ses rayons unipolaires et les demi-
rayons bipolaires munis chacun de son renflement (Pl. II, fig. 15 *ai* et
Pl. I, fig. 17 *Ar''*). Aucun autre centre formatif ne se montre dans toute
l'étendue du vitellus qui est parfaitement homogène, sauf la couche superficielle continue dont les propriétés optiques sont les mêmes qu'auparavant. Les divers rayons de l'aster se ramassent et disparaissent comme
tels; mais leur substance réunie, celle surtout des filaments bipolaires,
forme un petit corpuscule qui est très-difficile à distinguer à l'état de vie.
Il apparaît alors comme une petite tache transparente, que les acides et
surtout l'acide osmique suivi de carmin rendent très-apparente. Cette tache claire (Pl. I, fig. 18 *ai*) reste d'abord immobile tout en augmentant
graduellement de volume; elle se déplace, lentement d'abord, puis de plus
en plus vite de la périphérie vers le centre du vitellus (Pl. I, fig. 19, 20 et
23 *y* et Pl. II, fig. 16 à 19 *y*). A côté de cette première tache pâle, l'on
voit apparaître d'autres taches d'abord très-petites, qui grossissent rapidement et se rapprochent de la première (voyez fig. 6); elles la suivent
dans son mouvement centripète et finissent toujours, tôt ou tard, par se

Fig. 6.

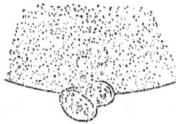

Les globules polaires et la partie avoisinante du vitellus d'*Asterias glacialis*
au moment où les globules polaires sont tout à fait détachés et où l'aster interne
du second amphiaster de rebut se change en de petites taches qui ont l'aspect de
petits noyaux irréguliers. Préparation à l'acide picrique. $\frac{600}{1}$.

fusionner avec elle. Ces taches claires sont entourées d'un système de rayons divergents qui augmentent rapidement d'étendue pendant la croissance des taches (Pl. I, fig. 19-21) et disparaîtront lorsque le pronucléus sera devenu stationnaire (Pl. I, fig. 23 ν). La disposition des taches n'a rien de constant, comme le montrent les figures; elle varie d'un œuf à l'autre. Les acides suivis de glycérine donnent à ces espaces clairs l'aspect de petits noyaux et les font ressortir en foncé sur la substance plus claire du vitellus (Pl. II, fig. 16-19 ν). L'on y distingue alors une couche enveloppante très-irrégulière et d'autant plus épaisse relativement que le noyau est plus petit. Dans l'intérieur de ces petits noyaux l'on discerne un ou plusieurs nucléoles qui croissent en même temps que le noyau qui les renferme (Pl. II, fig. 19 νn).

De la réunion de tous ces amas de substance nucléaire résulte un noyau qui va encore en croissant un peu pendant que son mouvement se ralentit. Il s'arrête à peu près au tiers du diamètre du vitellus, soit aux deux tiers du rayon (voyez fig. 7); les lignes divergentes qui l'entouraient

Fig. 7.

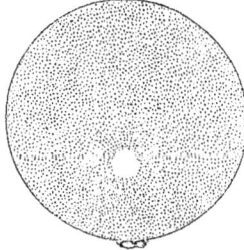

L'ovule entier, sans ses enveloppes, avec ses globules polaires, retenus par une mince pellicule, et son pronucléus femelle achevant sa croissance et encore entouré de stries radiaires peu nettes. Œuf vivant. $^{300}/_{1}$.

persistent encore tant que continue sa croissance. Puis ces lignes s'effacent et finissent par disparaître et l'ovule entre dans une période d'inactivité absolue. Le noyau dont il est muni est, comme nous le verrons dans le chapitre suivant, un pronucléus femelle.

Toutes les modifications que l'ovule a éprouvées jusqu'ici ont été occasionnées par le simple contact de l'eau de mer sans fécondation préalable. Chez des œufs fécondés avant la sortie des globules polaires, les phénomènes que j'ai décrits se retrouvent exactement les mêmes à un seul détail près. Comme la membrane vitelline se détache du vitellus et se durcit au moment de la fécondation, il en résulte que les globules polaires sont en dehors de la membrane chez des œufs fécondés avant la sortie de ces globules et en dedans de cette membrane lorsque la fécondation a été faite plus tard. Abstraction faite de ce détail, les phénomènes décrits sont les mêmes dans les deux cas, mais ils sont en général un peu plus rapides chez les œufs fécondés.

Chez les Oursins que j'ai plus particulièrement étudiés, à savoir le *Sphœrechinus brevispinosus* et le *Toxopneustes lividus*, la structure de l'ovule est, à première vue, bien différente de celle des Astéries. Le *Sphœrechinus esculentus* et l'*Echinocidaris œquituberculatus* m'ont paru se comporter de la même façon, quoique je ne les aie pas examinés avec le même soin. Ma description se rapporte donc aux deux premières espèces citées, toutes les fois que le contraire ne sera pas expressément indiqué.

L'ovule mûr, tel que nous le rencontrons au moment de la ponte, ou même tel qu'il se trouve remplissant en nombre immense les ovaires arrivés à parfaite maturité, se compose d'un vitellus uniformément granuleux, présentant à sa surface une couche limitante, et, dans son intérieur, un noyau qui ressemble parfaitement au pronucléus femelle de l'Astérie. Cet ovule est encore entouré d'une couche gélatineuse ou mucilagineuse, à structure radiaire. Les recherches les plus assidues ne révèlent pas à sa surface la moindre trace de globules polaires.

L'ovule avant la maturité présente un aspect très-différent et ressemble beaucoup à l'ovule de l'Astérie au moment de la ponte (Pl. V, fig. 1). Une grande vésicule germinative de 0,054 millimètre occupe tout le

milieu du vitellus dans une position plus ou moins excentrique. Le contenu de la vésicule est séparé de la substance vitelline par une couche
limitante ou membrane plastique à double contour (*EN*). L'intérieur
de la vésicule est occupé par un réticulum de filaments de sarcode
suspendu dans un liquide (Pl. V, fig. 1, *Nor*). Si l'on soumet un de ces
ovules, à l'état frais, à une compression suffisante pour expulser la vésicule, l'on voit le contenu de celle-ci, où le réticulum a disparu, se comporter comme un liquide presque aussi clair que de l'eau; la membrane
de la vésicule se comporte comme une couche éminemment élastique
et même plastique. Je peux renvoyer à cet égard à ce que j'ai dit à propos de l'ovule pondu de l'Astérie.

Dans l'intérieur de la vésicule se trouve la tache germinative très-
apparente, très-réfringente et mesurant 0,011 millimètre en diamètre
(Pl. V, fig. 1, *no*). Ce nucléole renferme, le plus souvent, des vacuoles irrégulières (*nov*).

La couche superficielle du vitellus (*Ev*) est plus nettement séparée de
la substance vitelline que ce n'est le cas chez le même ovule arrivé à
maturité. Néanmoins cette couche est, comme nous allons le voir, assez
molle pour n'opposer aucune résistance à la sortie des sphérules de rebut.
Elle est enveloppée à son tour d'une couche mucilagineuse mince (Pl. V,
fig. 3, *Em*) qui se gonfle dès que l'ovule est mis dans l'eau et présente aussitôt la structure radiaire. Je n'ai pas observé d'épithélium autour de
cette couche qui est évidemment l'homologue de l'oolème pellucide de
l'œuf d'Astérie, mais je n'oserais affirmer que cet épithélium folliculaire
n'existe pas.

Quoique je n'aie pas fait rentrer la formation première des ovules dans
le cadre de mes recherches, je dois noter que les ovules jeunes tapissent
à la manière d'un épithélium la face interne de la paroi de l'ovaire. Ils restent longtemps attachés à cette paroi et, lorsque le vitellus approche de la
grandeur normale, la substance vitelline fournit souvent un prolongement
dont l'extrémité adhère à la paroi ovarienne. Ce pédoncule traverse l'oolème pellucide en un point où ce dernier présente une solution de conti-

nuité. Chez des ovules plus avancés dans leur développement et devenus libres dans la cavité de l'ovaire, l'on trouve souvent un reste de ce prolongement vitellin et de l'ouverture qui lui répond dans la couche mucilagineuse (Pl. V, fig. 4, *Sv*). Les ovules qui présentent cette particularité sont très-fréquents dans les partis d'œufs obtenus par dilacération de l'ovaire imparfaitement mûr. Le prolongement se présente alors sous forme d'une protubérance conique composée de la substance granuleuse du vitellus et recouverte par la substance limitante. Les dimensions et l'aspect de ce cône sont très-variables; il rentre dans le vitellus déjà avant la parfaite maturité et disparaît ainsi que l'orifice de la couche gélatineuse.

Ainsi donc, l'ovule ovarien de l'Oursin arrivé à maturité, répond très-exactement à l'ovule de l'Astérie qui a séjourné plusieurs heures dans l'eau de mer, et l'ovule de l'Oursin avant sa maturité répond à celui de l'Astérie arrivé au point où il est évacué par la mère. Il me paraissait donc probable que l'ovule de l'Oursin parcourait dans le sein de l'ovaire les mêmes phases que parcourt celui de l'Astérie lorsqu'on l'a plongé dans l'eau de mer. Mais il était avant tout indispensable de retrouver ces phases et je rencontrai dans cette recherche des difficultés que je ne pus surmonter qu'à force de patience. Il était d'autant plus nécessaire d'éclaircir ce point que les deux auteurs qui se sont le plus particulièrement occupés du premier développement de l'Oursin, Derbès et O. Hertwig, arrivent tous deux à la conclusion que le noyau de l'ovule mûr n'est que le nucléole de l'ovule avant sa maturité. Derbès, il est vrai, n'admet cette identité du pronucléus femelle et du nucléole qu'à titre de supposition plausible. Mais d'après O. Hertwig, la vésicule germinative se porterait vers la surface du vitellus et serait éliminée dans son entier. La tache germinative seule resterait dans le vitellus et deviendrait le pronucléus femelle. Je renvoie le lecteur pour plus de détails à la partie bibliographique de ce chapitre.

Les observations de Hertwig ayant été faites sur des ovules placés dans le liquide qui remplit la cavité du corps de l'Oursin, j'employai d'abord cette méthode avec un résultat tout différent de celui qu'avait obtenu mon

prédécesseur. Je mis donc les ovules frais dans ce liquide et m'attachai
à observer les exemplaires, en général très-clair-semés, qui possédaient
encore leur vésicule germinative. La plupart de ces œufs se décomposèrent après trois ou quatre heures de séjour dans le liquide; je décrirai
plus loin ces phénomènes de décomposition. Mais après plusieurs essais
infructueux, je finis par rencontrer quelques ovules dont la vésicule et
la tache germinative disparurent de la même manière à peu près que
chez l'Astérie et firent place à un amphiaster bien accentué et relativement beaucoup plus grand que chez l'Étoile de mer (Pl. V, fig. 5, *Ar*).
Puis j'ai vu cet amphiaster donner naissance à un globule (Pl. V,
fig. 7, *Cr*) exactement comme chez l'Astérie, avec cette seule différence
que ce globule est bien plus gros, comparativement à la grosseur de
l'ovule qui lui donne naissance. Une fois j'ai vu nettement une rangée
de granules de Bütschli dans l'intérieur de cette sphérule de rebut, près
de son extrémité attenante au vitellus, et d'autres petits grains à son extrémité opposée (Pl. V, fig. 8, *Fc*). Aucun des ovules observés ne put
dépasser ce point; tous se décomposèrent, par suite, sans doute, de la
décomposition inévitable du liquide, dans lequel ils étaient plongés.
Mais les faits recueillis suffisent à montrer que dans les conditions de
cette expérience, les ovules passent par les mêmes processus de maturation que ceux de l'Astérie placés dans l'eau de mer.

Ceux des ovules mal mûrs qui se décomposent passent souvent par
une phase que je crois devoir décrire. Chez ces œufs, la vésicule germinative se ratatine et sa membrane se replie sur elle-même encore bien
plus que dans le cas normal (Pl. V, fig. 4, *EN*); et malgré cette réduction, malgré cette absorption du liquide de la vésicule par la substance
vitelline, la membrane reste en apparence à peu près intacte; elle peut
être déchirée, mais elle ne se dissout pas. Le nucléole se trouve tantôt
dans la membrane repliée, tantôt en dehors de cette membrane qui,
dans ce cas, doit avoir subi une déchirure; il est séparé du vitellus
granuleux par une certaine épaisseur de substance transparente provenant sans doute de l'intérieur du noyau de l'ovule (Pl. V, fig. 3, et 4, *no*).

Mais ce nucléole ne sort pas du vitellus, pas plus que le résidu de la vésicule germinative.

Les résultats de O. Hertwig restaient donc inexplicables pour moi, lorsque, ayant mis des œufs mal mûrs dans un compresseur, je vis la vésicule germinative se transporter à la surface et crever à l'extérieur; mais, vérification faite, il se trouva que ces œufs étaient un peu pressés par le couvre-objet du compresseur. J'ai retrouvé depuis les mêmes faits en plaçant d'autres partis d'œufs dans les mêmes conditions. Cette évacuation du contenu de la vésicule germinative, tandis que le nucléole reste généralement dans le vitellus, ne doit pas être confondue avec la conséquence d'une compression, d'un écrasement rapide de l'œuf. C'est moins un phénomène physique qu'un phénomène pathologique provoqué artificiellement; il ne semble pas que ce soit le résultat direct de l'action mécanique. Le processus d'expulsion est trop lent pour admettre cette dernière explication et surtout il est accompagné de mouvements amiboïdes du vitellus, ce qui n'est pas le cas chez un œuf simplement écrasé. Ce n'est pas que je considère les mouvements amiboïdes comme une preuve certaine de vitalité normale. J'ai au contraire la conviction que ce genre de mouvements est beaucoup plus rare qu'on ne l'admet généralement et que la plupart des phénomènes de ce genre décrits, ces dernières années, chez diverses cellules des animaux supérieurs, ne sont en réalité que des processus morbides attribuables aux conditions dans lesquelles ces cellules ont dû être placées pour rendre l'observation possible. L'on a cru voir des cellules pleines de vie là où il n'y avait en réalité que des cellules agonisantes. Tel est certainement le cas des mouvements de ces ovules d'Oursins, tirés de l'ovaire avant leur maturité et dont la vésicule germinative vient crever à la surface.

Une question restait encore à résoudre. Je savais que l'ovule de l'Oursin, placé dans le liquide du corps, pouvait se comporter comme celui de l'Astérie placé dans l'eau de mer; mais il n'en résultait pas nécessairement que le processus de maturation de l'ovule dans le sein de l'ovaire fût bien le même. Il y avait sans doute une forte présomption en

5

faveur de cette supposition, mais pour changer cette présomption en certitude, il fallait retrouver dans l'ovaire les phases si caractéristiques de la formation des globules polaires. Dans ce but je plongeai dans les acides des ovaires entiers de l'Oursin, les déchirai promptement afin d'obtenir une coagulation instantanée et passai ensuite en revue, dans de la glycérine étendue ou dans de l'alcool dilué, les ovules obtenus en dilacérant les ovaires durcis de la sorte. L'on ne peut rien imaginer de plus fastidieux ni de plus décourageant que cette recherche. Des milliers d'œufs furent examinés; mais tous étaient ou mal mûrs ou déjà trop mûrs; tous avaient, soit la vésicule germinative, soit le pronucléus femelle. Enfin je m'avisai de prendre les Oursins peu de temps après l'évacuation des produits sexuels mûrs, c'est-à-dire pendant le dernier quartier de lune. Choisissant les exemplaires dont l'ovaire, encore très-petit, semblait commencer à se remplir, tout en présentant encore une coloration très-pâle, j'en trouvai dont les ovules possédant encore la vésicule germinative et les ovules déjà munis du pronucléus femelle étaient à peu près en nombres égaux. Ces ovaires-là, traités de la manière ci-dessus indiquée, me donnèrent un bon nombre de phases de maturation, montrant l'amphiaster de rebut et la sortie d'une sphérule de rebut. J'ai représenté, sur les fig. 6 et 7 de la planche V, deux des phases ainsi obtenues. L'une montre un grand amphiaster de rebut, l'autre un globule polaire en train de sortir et un système de rayons très-accentués autour de l'aster intérieur de l'amphiaster. Le nombre et la clarté des préparations que j'ai obtenues ne me permettent plus de douter que ces phases ne répondent bien réellement au processus normal de la maturation dans l'ovaire de l'Oursin.

Pour obtenir ces préparations je recommande, outre les précautions indiquées ci-dessus, de durcir l'ovaire, rapidement déchiré en morceaux, pendant peu de minutes dans de l'acide osmique à 1 ⁰/₀, puis de laver avec de l'eau de mer les fragments et les œufs répandus et de les laisser dans une solution de bichromate de potasse; enfin de les teindre faiblement au carmin avant de les mettre dans la glycérine.

Chez *Sagitta*, la maturation de l'ovule présente quelques particularités intéressantes que je vais esquisser. L'espèce qui a servi à mes études n'a pas encore de nom dans la science, quoiqu'elle ait été décrite d'une manière reconnaissable par Gegenbaur (LXX, p. 5). Il s'agit de la première des deux espèces nouvelles brièvement décrites par cet auteur qui les a laissées innommées. Je propose de la désigner du nom de *Sagitta Gegenbauri* en adoptant le diagnostic donné par Gegenbaur et qui me paraît suffisant; elle est très-abondante dans le port de Messine pendant les mois d'hiver.

Chez cette espèce, la tache germinative fait défaut non-seulement chez les ovules mûrs, mais même chez des ovules très-jeunes. Cette particularité n'est pas caractéristique du genre *Sagitta*, car je connais d'autres espèces où l'ovule possède un nucléole; j'ignore si elle est limitée à l'espèce que j'ai étudiée, ou si elle se retrouve chez d'autres espèces du même genre. Quoi qu'il en soit, l'importance de ce fait subsiste, car il montre clairement que le rôle joué par le nucléole dans le développement de l'ovule ne peut pas être de premier ordre.

L'ovule à peu près mûr se compose d'un vitellus considérable renfermant une grande vésicule germinative. A la surface se trouve une couche limitante, assez mince et peu nette, autour de laquelle l'on découvre encore une enveloppe, assez mince tant qu'elle se trouve dans l'ovaire, mais qui se gonfle dans l'eau où elle devient invisible; sa présence ne peut être alors reconnue que par les corps étrangers qui viennent à s'y fixer. Le vitellus se compose de globules lécithiques relativement gros et d'un stroma de sarcode, qui les enveloppe et les tient en suspension. Malgré leur différence de composition chimique, ces deux substances ont un pouvoir de réfraction tellement semblable qu'il est extrêmement difficile de les distinguer et surtout de distinguer la ligne de démarcation autour de chaque globule. L'une et l'autre sont parfaitement incolores et transparentes en sorte que l'œuf échappe facilement à l'observation. C'est un phénomène d'adaptation au milieu ambiant fort commun chez les animaux pélagiques. Le vitellus est, du reste, extrêmement aqueux; l'on

s'en aperçoit aussitôt que l'on cherche à le traiter par les réactifs, car il se
ratatine dans des solutions qui n'altèrent en rien la forme des œufs
d'Échinodermes. Il ne m'a pas été possible de coaguler, sans les déformer, les œufs de *Sagitta* même en employant des solutions très-
étendues.

La vésicule germinative des ovules presque mûrs se présente sous la
forme d'une grande vacuole ronde, pleine d'un liquide moins réfringent
que le vitellus. Je n'ai pas de raisons de croire que la couche limitante de
cette vésicule soit absente, car, pour les raisons indiquées, je ne me suis
pas attaché à étudier des œufs coagulés qui ne m'auraient donné que des
résultats peu satisfaisants. Pour le même motif, je ne me hasarderai pas
à nier l'existence d'un réseau de sarcode, dans l'intérieur de la vésicule
germinative, quoique je ne l'aie pas observée chez l'ovule vivant. L'on
sait en effet que ce réseau de sarcode de même que la couche limitante
de la vésicule, ne sont guère visibles chez les ovules vivants d'Échinodermes qui sont cependant bien plus favorables, en ce sens qu'on les étudie
isolés, tandis que l'on est obligé d'étudier les ovules de *Sagitta* dans l'intérieur du corps de l'animal, à travers ses téguments.

L'ovule, tel que je viens de le décrire, se rencontre en général à la partie supérieure de l'oviducte. A mesure qu'il se rapproche de l'orifice de
ce canal, il subit des modifications qui l'amènent à l'état de parfaite maturité. La vésicule germinative diminue de volume et finit par disparaître. Il semble au premier abord qu'il ne reste plus après cette dissolution qu'un vitellus uniforme dans toute son étendue. Mais un examen
attentif fait découvrir, vers le point où la vésicule a disparu, un peu plus
près de la surface du vitellus, un corpuscule compacte, à bords étoilés; ce
corpuscule devient surtout bien visible chez des œufs traités successivement par des solutions très-faibles d'acide osmique et de bichromate de
potasse. L'on distingue alors, dans son intérieur, une rangée verticale de
petits grains réfringents qui ne sont que la coupe optique d'un plan
formé par l'ensemble de tous ces grains (Pl. X, fig. 1, *Fc*). Ce corpuscule ressemble beaucoup à celui que j'ai trouvé à une certaine phase de

la maturation de l'ovule de l'Astérie et que j'avais mis en évidence par les mêmes réactifs.

L'ovule de notre *Sagitta* est arrivé maintenant au point où il est rejeté au dehors; il ne paraît pas subir d'autres modifications dans l'intérieur de l'oviducte.

La ponte a lieu invariablement vers le moment du coucher du soleil; c'est un autre désavantage sérieux pour ces œufs qui sont du reste si admirablement appropriés à l'étude des phénomènes intimes. L'on ne peut donc examiner leur développement normal qu'à la lumière de la lampe, l'on ne peut, à cause de leur grosseur, leur appliquer de forts objectifs et il est bien difficile de fixer les phases à l'aide des réactifs sans les défigurer.

Il est très-difficile d'obtenir des œufs pondus à terme qui ne soient pas en même temps fécondés, car les poches séminales s'ouvrent à côté des orifices des oviductes. Je coupai à quelques individus l'extrémité postérieure du corps, à l'heure de la ponte, enlevant avec soin les poches séminales et, malgré la mortification progressive qui gagne les animaux mutilés, je pus parfois obtenir des œufs qui remplissaient les conditions requises.

L'eau de mer fait d'abord gonfler l'enveloppe muqueuse; puis elle détermine un changement dans la position du corpuscule qui reste après la disparition de la vésicule germinative. Ce corpuscule devient rond, arrive à la surface du vitellus et se met à sortir (Pl. X, fig. 4, *Cr*). Sa forme est ellipsoïde, son aspect, très-réfringent et parfaitement distinct du protoplasme environnant, sa structure, fibreuse. L'on discerne sans peine les filaments dont les plus extérieurs sont courbés en arc de cercle, tandis que ceux du milieu sont à peu près droits. Tous convergent aux deux pôles du corpuscule. La structure radiaire du vitellus autour de ces pôles est ici moins accentuée que chez l'Étoile de mer. Au milieu de chacun des filaments bipolaires l'on peut souvent distinguer un renflement situé dans un même plan transversal que les renflements voisins (Pl. X, fig. 4, *Fc*). Je n'ai pas suivi en détail le procédé de formation des sphérules de rebut, car la petitesse extrême de ces sphérules et de l'amphiaster qui leur donne naissance, comparée à la grosseur du vitellus, est une circonstance trop défavorable à l'observation. Cependant les images que j'ai obtenues sur le bourgeonnement des globules polaires (Pl. X, fig. 2 et 3 Cr) concordent assez exactement avec celles que présente Asterias. Les deux sphérules apparaissent successivement et le pronucléus femelle prend naissance en dedans du point de la surface où elles sont encore adhérentes.

Tous ces processus sont d'une lenteur extrême chez l'œuf non fécondé et n'ont souvent pas le temps de s'achever avant la mort du vitellus. Cette lenteur n'est du reste que comparative, par rapport à l'extrême rapidité des phénomènes qui se déroulent chez l'œuf fécondé; ainsi la sortie des sphérules de rebut eut lieu, dans un cas, dans l'espace de deux heures, dans un autre cas dans un espace de temps inférieur à trois heures. J'attache peu d'importance à ces chiffres qui portent sur un trop petit nombre d'observations pour faire autorité. L'important est de savoir que les globules polaires peuvent sortir aussi chez Sagitta sans fécondation préalable.

Normalement l'œuf pondu est fécondé au moment de la ponte, et la pénétration a lieu, sans doute, peu d'instants après. Je n'ai pas réussi à observer directement la pénétration chez cette espèce ; mais elle doit différer bien peu de celles que nous connaissons déjà. En effet le vitellus fécondé se trouve aussitôt entouré d'une membrane vitelline distincte quoique accolée au vitellus dans toute son étendue. Les sphérules de rebut venant à se former, se trouvent aplaties contre le vitellus par cette membrane qu'elles ne réussissent pas à traverser. Au moment de leur formation, ne pouvant faire saillie à l'extérieur, elles sont repoussées contre le vitellus dans la surface duquel elles produisent une dépression, une fossette (Pl. X, fig. 4, Cr) au milieu de laquelle se trouve la saillie formée par les sphérules en voie de bourgeonnement. Chez l'œuf non fécondé, elles se détachent, au contraire, librement, et ne sont retenues que par l'enveloppe mucilagineuse.

Dans l'embranchement des Mollusques, je me suis adressé presque exclusivement aux Hétéropodes du genre *Pterotrachœa* dont les avantages pour l'observateur m'étaient déjà connus par mes études antérieures. J'ai recueilli indifféremment les œufs des deux espèces les plus communes à Messine, à savoir *Pterotrachœa mutica* et *Friderici* Les., qui diffèrent si peu l'une de l'autre que je les soupçonne de n'être que des variétés d'une même espèce. Je cherchai d'abord à les trier dans mes bocaux afin de n'étudier qu'une seule espèce, mais je dus bientôt renoncer à ce dessein, vu le nombre des individus que je ne savais où classer. Les œufs de ces deux espèces ou variétés sont identiques et leurs dimensions ne varient pas plus d'une espèce à l'autre qu'entre les chaînes pondues successivement par un même individu. Les œufs d'une même chaîne étant pondus à des intervalles très-rapprochés, offrent toutes les gradations qui mènent insensiblement d'une phase à la phase suivante.

Il est difficile de séparer ici les phénomènes de maturation de ceux de la fécondation, parce que les œufs sont tous fécondés avant la ponte, et que ces deux ordres de phénomènes sont en majeure partie simultanés. Je ne serais donc nullement autorisé à traiter de la sortie des matières de rebut et des suites de la fécondation dans deux chapitres distincts, si ce n'était par analogie avec d'autres Mollusques. Nous savons en effet que chez le Dentale, dont on peut facilement obtenir des œufs pondus et non fécondés, les globules polaires effectuent leur sortie comme chez un œuf fécond. Il est donc bien permis de croire que les Gastéropodes se comporteraient de même, si l'on pouvait en obtenir des œufs, munis de ces enveloppes qui paraissent indispensables à leur développement, sans qu'ils fussent fécondés. Je vais donc décrire dans ce chapitre tous les processus qui mènent à la formation du pronucléus femelle, réservant pour le second chapitre la formation du pronucléus mâle et sa réunion à l'autre noyau.

Je ne m'étends pas ici sur la formation de l'ovule dans le sein de l'ovaire; c'est un sujet qui a été souvent étudié chez d'autres Gastéropodes et qui ne présente chez les Hétéropodes aucune particularité remarquable. L'ovule mûr présente une grande vésicule et une tache germinative arrondie. Le vitellus est incolore, mais troublé par les globules du protolécithe qui sont gros et très-réfringents. Ces globules ont un contour plus ou moins polyédrique, quoiqu'ils ne se touchent pas et soient séparés les uns des autres par le sarcode vitellin. La surface du vitellus est formée par une couche distincte, hyaline, à double contour, et que l'on considère, peut-être avec raison, comme une membrane.

Je réserve mon jugement sur ce point, car je n'ai pas élucidé par des expériences les propriétés physiques et chimiques de cette couche ; tout ce que je puis dire, c'est qu'elle a bien, chez des ovules jeunes, l'aspect d'une membrane, tandis que son contour interne devient moins net chez les ovules mûrs. Après la ponte, elle n'existe plus, soit qu'elle se soit résorbée, soit qu'elle se soit simplement mélangée de nouveau au sarcode vitellin ; l'on ne distingue plus, à la surface du vitellus, qu'une couche limitante, plus compacte à la surface, mais passant sans interruption au protoplasme vitellin dont elle fait partie.

L'œuf pondu comprend, outre le vitellus, une enveloppe albumineuse (Oa) et une coque élastique, hyaline, continue, à double contour et sans orifice d'aucune sorte (Pl. VII, fig. 12, Om).

Dans un travail antérieur (cxxii) j'avais laissé indécise la question de l'identité du noyau de l'œuf au moment de la ponte avec le noyau de l'ovule. Ayant maintenant étudié des œufs coagulés dans l'oviducte au moment de leur descente, je puis affirmer cette identité.

Au moment de la ponte, la vésicule germinative se présente chez l'œuf vivant sous la forme d'une tache claire qui occupe le centre du vitellus granuleux. Au bout de quelques minutes, cette tache disparaît, et toute la partie centrale du vitellus prend un aspect plus homogène ; l'on y distingue cependant, en étudiant la coupe optique de l'œuf, une figure rayonnée formée par les globules lécithiques arrangés en lignes divergentes. C'est la phase du premier amphiaster de rebut que les réactifs font apparaître dans toute sa netteté. La surface même du vitellus continue à être formée d'une couche mince et uniforme de protoplasme qui se continue entre les globules du protolécithe (Pl. VIII, fig. 1, *Ev*).

Au bout d'une demi-heure environ (en février) apparaît sur un côté du vitellus un espace clair, touchant à la surface par une base large et se continuant en forme de cône vers l'intérieur; le centre même du vitellus est devenu obscur. Cet espace clair, uniquement composé de protoplasme, sans mélange de protolécithe, croit assez rapidement et autour de lui les globules lécithiques prennent un arrangement radiaire, visible surtout pour les globules de la surface. Le centre du système semble répondre au milieu de l'espace clair qui se voit au bord du vitellus. Au bout d'une heure et demie, le milieu de l'espace clair s'élève en forme de protubérance conique (Pl. VIII, fig. 1, *Cr*); c'est le premier globule polaire, qui ne tarde pas à se détacher de la même manière que chez l'Astérie. Dans son intérieur, l'on distingue avec une grande netteté, sans l'emploi d'aucun réactif, les filaments bipolaires et les renflements de ces filaments (Pl. VIII, fig. 2, *Fc*).

Jusqu'à présent le vitellus était resté sphérique tout en présentant de légères déformations, tantôt dans un sens, tantôt dans l'autre. Sa surface est toujours formée par la même couche de sarcode mince et égale (Pl. VIII, fig. 2, *Ev*). Deux heures et quarante-cinq minutes environ après la ponte, le premier globule polaire est entièrement détaché et la disposition rayonnée des globules lécithiques indique la formation du second amphiaster de rebut; en ce moment l'on voit apparaître une protubérance volumineuse au pôle nutritif du vitellus, à l'opposé du point qu'occupe le globule polaire (Pl. VIII, fig. 3, *Vp*). Cette bosse est composée à la fois de sarcode et de protolécithe; cependant les globules lécithiques y sont plus clair-semés que dans le reste du vitellus. La surface de la protubérance est formée par la couche superficielle de sarcode qui atteint ici une assez grande épaisseur (Pl. VIII, fig. 3, *Ev'*).

A la troisième heure le second globule polaire apparaît de la même façon que le premier (fig. 3, *Cr''*) et se détache de même. La protubérance du pôle nutritif diminue de hauteur et disparaît entièrement

pendant que la seconde sphérule de rebut achève de se détacher. Au
bout de trois heures et demie, cette sphérule est entièrement détachée
et présente dans son intérieur les mêmes filaments que la première. Peu
de minutes après, l'on voit deux taches claires partir de la surface du
vitellus, l'une du pôle formatif, près des globules polaires, l'autre généralement du voisinage du pôle opposé. Autour de ces deux pôles, la surface du vitellus est encore formée d'une couche de sarcode plus épaisse
que sur le reste de la périphérie. Les deux espaces clairs et arrondis
marchent à la rencontre l'un de l'autre en croissant rapidement et se
confondent au centre du vitellus en une tache claire unique. La signification de tous ces processus ressortira clairement de la suite de ma description; je fais exception pour la grande protubérance du pôle nutritif
dont la raison d'être m'échappe. Souvent l'on voit des prolongements
naître à la surface de cette bosse, ce sont des trabécules résultant du
retrait de l'albumen de l'œuf coagulé. Ils n'appartiennent donc pas au
vitellus (Pl. VIII, fig. 9).

Pour obtenir des renseignements sur le détail de ces phénomènes, il
faut avoir recours aux réactifs, dont deux seulement, à ma connaissance,
donnent des résultats parfaitement satisfaisants, à savoir : l'acide picrique
et l'acide acétique suivis de glycérine un peu diluée. L'alcool absolu peut
aussi être employé, mais il resserre trop les œufs. Après l'acide picrique, l'on peut teindre au picrocarminate qui s'attache surtout au noyau
et rend la préparation beaucoup plus instructive. Ces trois réactifs sont
ceux qui possèdent au plus haut point la propriété de resserrer le vitellus
et de diminuer son volume: Une fois pénétré de glycérine, il prend alors
un aspect très-homogène qui va, dans les préparations à l'acide picrique,
jusqu'à une transparence parfaite. Je dois noter, cependant, que pour
obtenir cette transparence, les chaînes d'œufs doivent être plongées dans
une solution saturée d'acide picrique et ne doivent pas y rester plus de
quinze minutes, ni moins de dix minutes, après quoi il faut les teindre
dans de la glycérine picrocarminatée et les placer dans de la glycérine
pure. Ces préparations sont remarquablement belles, mais elles ne peu-

vent se conserver. Au bout de quelques jours les globules lécithiques
reparaissent et prennent des contours de plus en plus marqués, en sorte
que le vitellus redevient opaque. Les préparations à l'acide acétique se
conservent plus longtemps, mais finissent aussi par s'obscurcir. Des
autres réactifs que j'ai essayés, aucun n'a la propriété d'éclaircir le vitellus, aussi dus-je renoncer à leur emploi. Voici ce que nous enseignent
ces œufs coagulés dans les acides :

Au moment de la ponte, la vésicule germinative est encore bien nette,
munie d'une couche limitante (Pl. VII, fig. 12, *EN*) et renferme, dans
des préparations bien réussies, un réseau de filaments de sarcode. Ses
dimensions sont les mêmes que celles du noyau de l'ovule mûr. Néanmoins elle est déjà constamment dépourvue de sa tache germinative;
cette dernière a disparu sans laisser de traces, à moins que l'on ne doive
considérer les quelques granules irréguliers et réfringents, qui sont parfois suspendus dans le contenu de la vésicule, comme provenant d'une
dissociation du nucléole.

En coagulant une chaîne d'œufs au moment où la vésicule germinative disparaît chez les œufs les plus avancés, l'on obtient une préparation
présentant toutes les phases qui, par des gradations insensibles, nous font
passer de la vésicule germinative encore intacte à l'amphiaster de rebut
bien constitué. La couche enveloppante, dite membrane de la vésicule,
devient moins nette, quoiqu'elle reste encore visible. En même temps la
vésicule diminue un peu de volume, mais sans se ratatiner, conservant
toujours une forme à peu près sphérique. Aux pôles opposés de cette
grande cavité arrondie, l'on distingue maintenant deux amas de substance granuleuse, de texture parfaitement semblable à celle du protoplasme qui entoure la vésicule et qui s'étend de là entre les globules du
protolécithe. Ces amas font légèrement saillie dans la cavité, du reste
parfaitement arrondie, de la vésicule germinative. Le contour interne de
ces amas est donc très-facile à distinguer, mais extérieurement ils se
confondent absolument avec le sarcode vitellin, dont ils semblent faire
partie. De ces amas partent aussitôt des stries qui s'étendent suivant des

fractions de lignes méridiennes. Ces stries deviennent plus nettes et se
changent en de véritables filaments, lesquels, partant des deux pôles,
s'étendent dans l'intérieur de la vésicule, comme deux pinceaux étalés
en éventail (Pl. VII, fig. 13, *F'*); ils s'arrêtent encore à une certaine distance du plan équatorial et ne se rencontrent donc pas encore entre
eux. À toutes les phases de la formation de ces filaments, *l'on voit claire-*
ment que leurs extrémités periphériques sont en continuité avec le réseau
protoplasmique qui occupe l'intérieur du noyau (Pl. VII, fig. 14 et 15, *F'* et
Nor). À mesure que les rayons avancent, le réseau disparaît; il est plus
que probable que les rayons ne sont qu'une modification de forme du
réseau intranucléaire, et qu'ils résultent d'un arrangement régulier des
trabécules de ce réseau. Quant aux amas polaires, leur origine première
est bien plus difficile à établir. J'avoue que, pour ma part, je n'y suis pas
parvenu et qu'à cet égard je ne puis que poser une alternative sans la résoudre. Ces amas peuvent provenir du sarcode intranucléaire qui se porterait aux deux pôles opposés du noyau et se confondrait avec le protoplasme vitellin, ou bien ils peuvent provenir du protoplasme périnucléaire
qui ferait irruption dans la cavité de la vésicule; à moins encore que ces
deux processus ne se produisent simultanément, et qu'il n'y ait, dès le premier instant, une fusion entre ces deux substances. Que cette fusion soit
immédiate ou non, il est incontestable que les protoplasmes intra- et périnucléaire ne tardent pas à se confondre aux deux pôles, en sorte que,
un peu plus tôt, un peu plus tard, il y a toujours fusion.

Les amas polaires faisaient d'abord une légère saillie dans l'intérieur
de la vésicule sphérique. Pendant la croissance des rayons intranucléaires, ils s'éloignent du centre et font de part et d'autre hernie dans le
vitellus. Il en résulte que la vésicule passe de la forme sphérique à celle
d'un citron très-court (Pl. VII, fig. 13-16). Pendant ce temps les rayons
nucléaires, qui se trouvent près de l'axe qui rejoint les deux pôles, sont
arrivés à se rencontrer et se sont soudés de manière à constituer quelques filaments bipolaires (Pl. VII, fig. 14 et 15 *F*); les rayons latéraux
de chaque aster vont encore se perdre dans le réseau intranucléaire (*F'*).

En même temps que les rayons intranucléaires, naissent les rayons extranucléaires ou vitellins de chaque aster et la croissance de ces deux sortes de rayons est assez exactement parallèle (Pl. VII, fig. 13, *f*). Il y a donc un temps pendant lequel chaque pôle ou centre d'attraction est entouré d'un système de rayons divergents qui vont se perdre dans le vitellus et dans la vésicule germinative, sans être encore réunis aux rayons de l'aster voisin (Pl. VII, fig. 13, *a*, *a*). Cette phase a une grande importance théorique, aussi ai-je eu soin de m'assurer consciencieusement de son existence chez les *Pterotrachœa*.

L'amphiaster de rebut occupe dès l'abord une position excentrique. J'ai dit que les centres des deux asters apparaissent aux deux pôles opposés de la vésicule germinative. Cette expression n'est pas parfaitement exacte. Dans une certaine position il semble bien que la ligne qui relie ces deux centres passe par le centre de la vésicule (Pl. VII, fig. 18, *Ar'*); mais que l'on fasse rouler le vitellus sur lui-même d'un quart de tour et l'on verra que ces deux points ne sont pas, tant s'en faut, aux extrémités d'un même diamètre (Pl. VII, fig. 17, *Ar'*).

Au moment où quelques rayons intranucléaires d'un aster se réunissent à ceux de l'aster opposé, il semble, en les regardant d'un certain côté, que l'amphiaster soit déjà complet, mais très-étroit et traversant diamétralement la vésicule (Pl. VII, fig. 18, *Ar'*). De profil on voit que les filaments bipolaires ne sont au complet que sur la ligne qui va directement d'un centre d'attraction à l'autre centre et que la plupart des rayons intranucléaires divergent en éventail et vont se perdre dans ce qui reste du réseau de sarcode intranucléaire (Pl. VII, fig. 17 et pl. VIII, fig. 4, *F'*).

Après la disparition du nucléole, il reste souvent de petits grains réfringents, suspendus dans la vésicule germinative et qui proviennent probablement d'une dispersion de la substance de ce corpuscule. Au moment où l'amphiaster est encore incomplet, l'on voit d'habitude des grains tout à fait semblables le long des rayons intranucléaires (Pl. VII, fig. 16 et 17, *Fc'*). Ces grains pourraient donc dériver du nucléole;

mais je n'émets cette idée qu'à titre de simple supposition que je ne considère moi-même pas comme très-plausible. En effet, ces granules manquent souvent complétement et il est difficile d'admettre que le nucléole entre dans la composition de l'amphiaster de rebut dans certains cas seulement et pas dans d'autres. Cependant je sens qu'il y a là encore bien des détails que mes recherches n'ont fait qu'aborder sans les élucider.

Après cette phase en survient une où l'amphiaster s'est complété par la soudure bout à bout de tous les rayons intranucléaires et aussitôt les filaments bipolaires présentent au milieu de leur longueur des renflements qui sont les granules de Bütschli (Pl. VII, fig. 19 et 20 et pl. VIII, fig. 4, *Fc*). Les relations de ces renflements avec les grains que présentaient les rayons encore isolés sont encore obscures pour moi. L'amphiaster s'allonge et étire en même temps la membrane de la vésicule qui est encore très-visible, surtout dans les préparations à l'acide acétique, et paraît encore entière (Pl. VII, fig. 19 et 20, *EN*). Le réseau intranucléaire a complétement disparu, et l'amphiaster se trouve, par suite de l'allongement de la vésicule, en occuper assez exactement l'axe. Les rayons vitellins ont pris plus d'extension et le centre de chaque aster est occupé par quelques granulations (Pl. VII, fig. 19, *ac*), autour desquelles se trouve un espace occupé par du protoplasme homogène (Fig. 19, *aa*); c'est ce que j'ai nommé l'amas central de l'aster. Pendant ce temps, la membrane ou couche limitante de la vésicule prend des contours indécis et disparaît entièrement. L'amphiaster se déplace de telle sorte que l'un des asters arrive à la surface, tandis que l'autre est dans l'intérieur du vitellus (Pl. VII, fig. 20). L'amphiaster, d'abord oblique, vient se mettre dans une position normale à la surface du vitellus. L'aster périphérique se rapproche tellement de la surface, que son centre affleure presque et que les rayons unipolaires sont tous dirigés en arrière, entourant l'extrémité du fuseau des rayons bipolaires (Fig. 20, *ac*). Puis ce point de la surface s'élève en dôme, les renflements des rayons bipolaires se divisent (Pl. VIII, fig. 5 et 6, *Cr'*) et le premier globule polaire se détache, composé d'une moitié de l'amphiaster de rebut (Pl. VIII, fig. 7, *Cr'*). La moitié interne de l'amphiaster subit les mêmes modifications que chez les Astéries, menant à la formation d'un second amphiaster complet : le second amphiaster de rebut, plus petit de moitié que le premier (Pl. VIII, fig. 8, *Ar''*). Il se divise de la même manière, en sorte que sa moitié périphérique devient la seconde sphérule de rebut. Dans l'intérieur des globules polaires, au moment de leur formation et même quelque temps après, l'on distingue très-nettement les portions de filaments bipolaires parallèles entre eux, et leurs renflements tous placés les uns à côté des autres à la même hauteur (Pl. VIII, fig. 3, 5 et 6, *Fc*). Plus tard, cette structure s'efface et le globule se compose d'une couche superficielle plus dense et d'un contenu à grosses granulations. Plus tard encore, au moment du fractionnement du vitellus, ces globules présentent l'aspect de petites cellules avec un grand noyau et un ou plusieurs nucléoles (Pl. IX, fig. 12, *Cr*). Enfin, au moment du développement embryonnaire ils commencent à se décomposer sans jouer ici, pas plus que chez aucun autre animal, le moindre rôle dans le développement de l'œuf.

La moitié interne du second amphiaster de rebut se ramasse par un procédé identique à celui de la formation des nouveaux noyaux dans les sphérules de fractionnement. Je n'insiste donc pas en cet endroit sur des détails qui seront décrits avec soin dans le troisième chapitre. Qu'il me suffise de dire que les granules de Bütschli de cet aster se rapprochent des granules qui occupent le centre de l'aster, que tous ces granules se gonflent, s'imbibent du suc environnant et se fusionnent entre eux jusqu'à former un petit noyau qui croit rapidement et dans l'intérieur duquel se différencie bientôt un nucléole (Pl. VIII, fig. 11 à 15, ♀). Puis ce pronucléus se dirige vers le centre du vitellus, tout en continuant à croître, et rencontre le pronucléus mâle avec lequel il se fusionne.

Avant de terminer ce sujet, je dois encore noter la manière dont la couche superficielle de sarcode vitellin se comporte vis-à-vis des réactifs. Sous l'action des acides, cette couche prend l'aspect d'une membrane

dont le bord interne se confondrait avec le protoplasme du vitellus (Pl.
VII, fig. 12 à 20 et pl. VIII, fig. 5 à 16, *Ev*). La couche superficielle
reste hyaline malgré les acides, tandis que le protoplasme intérieur
devient granuleux. L'on peut donc considérer comme limite interne de
la couche enveloppante la ligne où commencent les granulations (Pl.
VII, fig. 17, *Ev*); mais, je le répète, il y a adhérence, il y a continuité
de substance entre ces couches. Si l'on traite un vitellus par l'alcool
absolu, et qu'après l'avoir placé dans de la glycérine, l'on dilue cette glycérine avec de l'eau et de l'acide acétique, l'on voit, au bout d'un certain
temps la couche superficielle se soulever et se détacher irrégulièrement
du vitellus auquel elle reste reliée par des trabécules de protoplasme
granuleux. La manière dont cette couche se soulève est une des meilleures preuves de la continuité de sa substance avec celle du vitellus.
En effet, elle n'a qu'un contour net : le contour externe. Sa limite intérieure présente au contraire un aspect déchiré. Par places la couche
soulevée est très-épaisse et comprend, outre la partie hyaline, des portions plus ou moins épaisses de vitellus granuleux. En d'autres endroits
la partie soulevée est tout à fait hyaline et n'a pas même l'épaisseur de
la couche enveloppante.

Les globules polaires ne soulèvent, en sortant, aucune portion de
membrane et, une fois détachés, ils restent longtemps avant de s'entourer d'une membrane propre. Lors du fractionnement, enfin, rien ne
nous autorise à supposer l'existence, à la surface du vitellus, d'une membrane véritable. Warneck (XLIX) a déjà dit que le vitellus des Gastéropodes pulmonés est dépourvu de membrane vitelline et que sa substance est seulement un peu plus condensée à la surface que dans
l'intérieur; je ne puis que souscrire aux conclusions de l'éminent observateur russe, en les étendant aux Hétéropodes.

Le cas de ces Mollusques présente, comme l'on voit, quelques petites
différences avec celui des deux autres animaux que j'ai étudiés, différences peu importantes au fond, mais qui jettent pourtant une certaine
lumière sur ce que ces processus ont de constant et d'important, de va-

riable et d'accessoire. Je reviendrai sur ce sujet dans le dernier chapitre, pour tâcher de déduire de ces variations tous les renseignements que leur comparaison peut nous fournir.

II. PARTIE BIBLIOGRAPHIQUE.

L'origine et la signification histologique de l'ovule ont été l'objet de recherches trop nombreuses pour que je puisse entreprendre de les analyser. Je rappellerai que les opinions sur ce point ont varié avec les moyens de recherche dont on disposait et surtout avec l'ensemble des notions histologiques régnantes.

Après l'adoption de la théorie de Schwann (XVIII) sur la constitution de l'élément histologique, il se manifesta une grande incertitude sur la manière dont cette théorie devait être appliquée à l'ovule, incertitude qui ne cessa complétement que lorsque la théorie de Schwann eut fait place à la théorie moderne du protoplasme. Quelques auteurs, parmi lesquels je citerai Barry (XIX), soutinrent que l'ovule est un organisme complexe, composé d'un grand nombre de cellules. Cette erreur paraît reposer, du moins en ce qui concerne l'auteur cité, sur une faute d'observation causée par des méthodes et des moyens optiques singulièrement insuffisants et suppléés par une imagination trop vive.

Une opinion beaucoup plus répandue et plus sérieuse faisait de l'ovule un ensemble combiné d'une cellule véritable et d'une substance inerte qui entoure la première. La vésicule germinative passait pour une cellule munie d'un noyau, à savoir, la tache germinative. La masse inerte répondait au vitellus. Je ne citerai pas les noms des auteurs qui ont adopté cette manière de voir; ils sont trop nombreux et comprennent la majorité des hommes qui se sont occupés de ce sujet entre les années 1840 et 1850. Tous ces auteurs-là s'accordent à faire naître dans le sein de l'ovaire, en premier lieu, la vésicule germinative à laquelle le vitellus ne s'ajoute que plus tard; mais ils diffèrent sur l'origine de la vésicule elle-même. En effet,

7

les uns voient la tache germinative apparaître la première et s'entourer ensuite d'une vésicule, tandis que les autres font naître d'abord la vésicule, dans l'intérieur de laquelle se montre ensuite la tache. Sans nous arrêter à ces discussions anciennes et presque oubliées, il sera peut-être instructif de rechercher les causes qui ont pu induire tant de bons observateurs à croire à l'existence de vésicules germinatives dépourvues de vitellus, dans la partie de l'ovaire où les germes prennent naissance. Quelques citations suffiront à nous faire comprendre la cause de cette erreur.

Quatrefages, parlant de l'origine des ovules chez les Hermelles (XLI), décrit un ovaire rempli d'abord de simples granulations. Chaque granule, en grossissant, devient une vésicule germinative dans l'intérieur de laquelle apparaît la tache. Ces vésicules se détachent de l'ovaire et tombent dans la cavité du corps où elles continuent à augmenter de volume. « Quand la vésicule de Purkinje a acquis environ $\frac{1}{50}$ de milli- « mètre de diamètre, on voit tout à coup apparaître autour d'elle et à « une certaine distance une membrane excessivement ténue qui l'enve- « loppe de toute part, en enfermant une certaine quantité d'un liquide « d'abord parfaitement homogène et transparent. Bientôt au milieu de « ce liquide, on voit se développer des granulations..... Ce sont là les pre- « miers rudiments du vitellus.»

A lire ces lignes l'on comprend de suite que cet observateur, si exact du reste, n'a pas su voir la couche de protoplasme transparent qui entoure les vésicules germinatives même les plus jeunes. Une goutte d'acide l'aurait rendue visible, mais l'idée de chercher cette couche n'a probablement pas surgi, car la notion d'une vésicule germinative libre n'avait rien qui choquât à cette époque. Pourtant Grube (XXIX) avait déjà soutenu l'opinion que le vitellus est contemporain de la vésicule germinative. Purkinje (X), v. Baer (XV), Bischoff (XXIV), Kölliker (XXVI), Meckel, Lereboullet, Huxley, Stein, Nelson interprètent les faits de la même façon que l'auteur que je viens de citer.

Tout aussi instructive est la description que Claparède (LXXVII) a donnée de la structure de l'ovaire de l'*Ascaris Suilla*. Après avoir affirmé

que les nucléus ou vésicules germinatives existent seules dans la partie
supérieure de l'ovaire ou blastogène l'auteur ajoute (p. 29): « Déjà dans
« le soi-disant blastogène les vésicules germinatives sont agglutinées
« ensemble par une substance transparente intercellulaire, ou, si l'on
« aime mieux, internucléaire. La masse de cette substance s'augmente
« à mesure que les vésicules descendent dans l'ovaire; il se forme des
« granules dans son intérieur, et l'on a le premier rudiment du vitel-
« lus. »

La description est parfaitement exacte, il n'y manque que la notion
que cette substance « internucléaire » est le protoplasme, c'est-à-dire la
partie la plus essentielle de la cellule. Le peu d'attention accordée à cette
substance explique pourquoi elle a si souvent échappé aux regards.
O. Schmidt, Max Schultze, Keferstein, Cohn et d'autres encore ont vu
cette substance internucléaire, mais sans lui donner plus d'importance
que ne le fait Claparède. Encore en l'an 1863, à une époque où des idées
plus justes régnaient dans la science, Milne Edwards (LXXXIII, p. 326)
écrivait : « Je puis dire d'une manière générale que l'œuf est constitué
« d'abord par la vésicule germinative autour de laquelle se développe
« ensuite le vitellus. Celui-ci est formé primitivement par des granu-
« les; » et plus loin (p. 392) : « ..... dans les premiers temps de son
« existence ce corps (le Protoblaste ou vésicule germinative) constitue
« à lui seul la totalité du nouvel être en voie de développement. »

Je n'aurais pas insisté sur ces anciennes erreurs contre lesquelles Siebold, H. Aubert et Gegenbaur se sont élevés avec force, qui sont actuellement oubliées et qu'il eût été plus charitable de couvrir d'un voile, si
l'on n'avait pas récemment reproduit comme nouvelles ces notions su-
rannées (voyez Index CXXV).

Les travaux plus récents de Bischoff, ceux de Reichert, de Kölliker,
de Leuckart contribuèrent avec d'autres moins importants à établir que
la vésicule germinative, même à son origine, n'est jamais isolée mais
toujours suspendue dans un protoplasme. Les ovules peuvent descendre
directement des cellules embryonnaires par simple prolifération, ou bien

il peut intervenir une phase dans laquelle les vésicules sont suspendues dans un cœnosarque qui se divise ensuite en autant de portions qu'il y a de noyaux; ces deux cas paraissent exister dans le règne animal. La théorie de la naissance des ovules par bourgeonnement d'une cellule proligère, soutenue par Meissner, a été complétement abandonnée par les auteurs subséquents. Il reste donc acquis que la naissance des ovules ne diffère pas de celle des cellules en général; cela est devenu un axiome. Je renvoie à cet égard aux beaux travaux de Pflüger (LXXXI), de Waldeyer (XCIII), de E. van Beneden (XCVII) et de Hubert Ludwig (CV). Tous admettent comme évident que l'ovule est une vraie cellule dont la vésicule germinative est le noyau et la tache germinative, le nucléole.

Tout récemment, il est vrai, M. Villot (CXXV) s'est fait le champion de la notion, conçue dans l'enfance de l'histologie, d'après laquelle la vésicule germinative serait une cellule qui aurait pour noyau la tache germinative et serait entourée d'un vitellus jouant le rôle d'une masse nutritive inerte. Comme l'auteur ne cherche à expliquer aucun des faits si nombreux qui ont fait abandonner cette théorie, et ne s'appuie sur aucune observation personnelle, nous ne nous croyons pas obligés de rappeler tous les faits sur lesquels la théorie cellulaire de l'ovule a été laborieusement et solidement assise et dont chacun suffirait à renverser l'hypothèse qu'il vient soutenir. Je serais curieux cependant de savoir comment M. Villot réussirait à expliquer pourquoi sa cellule-germe doit être éliminée du vitellus inerte avant que celui-ci ne commence son évolution.

Il me reste à rappeler les données bibliographiques sur le sort de la vésicule germinative au commencement du développement de l'embryon et sur les membranes qui entourent l'ovule. Sur ce dernier point je me bornerai aux données relatives aux animaux qui ont servi à mes propres études, car la diversité est trop grande à cet égard pour que d'une classe ou d'une famille d'animaux l'on puisse étendre les conclusions à une autre famille. Je réserve pour mon second chapitre la question des membranes qui apparaissent au moment de la fécondation.

Bon nombre de naturalistes, et de ceux qui jouissent de l'autorité la mieux établie, ont soutenu que la vésicule germinative survit à la fécondation de l'œuf et donne directement naissance, soit par scissiparité, soit par multiplication endogène, aux noyaux des sphérules de fractionnement. Je citerai v. Baer pour le genre *Echinus* (XXXIII), J. Müller pour l'*Entoconcha*, Leuckart pour les Pupipares (quoique l'auteur paraisse fonder ici son opinion plutôt sur des analogies que sur des observations propres), Leydig pour *Notommata*, Kölliker pour les Siphonophores, Gegenbaur pour les Méduses, les Siphonophores, les Ptéropodes, les Hétéropodes et pour *Sagitta*, Hæckel pour les Siphonophores, Pagenstecher pour les Trichines, Keferstein pour le *Leptoplana*, Kowalevsky pour les Holothuries, les Ascidies et les Vers, E. v. Beneden (XCVII) pour les Platyhelminthes et les Mammifères, enfin Leuckart (Menschliche Parasiten) pour les Oxyures. Leydig, dans un traité d'histologie, pose en thèse générale que la vésicule germinative persiste et se divise et que sa disparition n'est qu'apparente.

L'examen de ces données n'est pas superflu, car il nous montrera que les divergences des auteurs reposent, non sur des différences entre les divers animaux étudiés, mais simplement sur des erreurs d'observation. J'ai déjà fait la critique de celles de ces observations qui se rapportent aux Mollusques (CXIV et CXXII); j'ai montré que l'erreur provient probablement de ce que la phase pendant laquelle le noyau est absent aura échappé à l'attention de l'observateur. Cette remarque peut s'étendre aux travaux de Leuckart, Leydig et Keferstein sur les Vers et les Rotifères.

L'assertion de Hæckel pour les Siphonophores (p. 17 et 18) est plus difficile à expliquer, car cet auteur s'exprime à cet égard avec la plus parfaite assurance. Or, les œufs de Siphonophores sont d'une transparence parfaite et la présence ou l'absence de la vésicule est des plus faciles à constater. Les figures représentent un œuf de Siphonophore avant sa maturité et muni de sa grande vésicule; l'auteur le donne pour un œuf mûr. Cependant le tout petit noyau, situé dans une position excentrique que présente l'ovule mûr de ces animaux, ne peut absolument pas se confondre avec la grande vésicule germinative placée au centre de l'ovule mal mûr. Et pourtant Hæckel doit avoir eu des ovules mûrs entre les mains, puisqu'il dit avoir fait des fécondations artificielles. Il s'agit donc ici d'observations superficielles et qui me paraissent difficiles à excuser. La figure surtout dans laquelle il représente l'œuf divisé en deux sphérules de fractionnement dans le milieu de chacune desquelles il représente un grand noyau muni d'un nucléole, ne ressemble à rien de ce que présente la nature. Hæckel est très-catégorique et affirmatif; il qualifie de négatives les observations de ceux qui ont vu disparaître la vésicule germinative, tandis que les naturalistes à qui cette phase a échappé auraient fait des observations positives. Cette description serait pour nous très-embarrassante si Metschnikoff n'avait démontré sa fausseté. Je puis appuyer de mes observations personnelles la description du savant naturaliste russe. Metschnikoff, il est vrai, n'a pas vu les noyaux des premières sphérules de fractionnement, qui ne sont guère visibles sans l'emploi des réactifs à cause de leur petitesse, de leur forme aplatie et de leur position excentrique. Cette omission s'excuse facilement; je n'en puis dire autant des dessins fictifs de Hæckel, quoi qu'en puissent dire ses défenseurs.

Kowalevsky croit avoir observé la division directe de la vésicule germinative chez les œufs de *Pentacta doliolum*. Ses recherches ont porté sur des œufs déjà fécondés, comme l'auteur le dit lui-même; il est donc probable que ce qu'il a pris ici pour une vésicule germinative n'était, en réalité, que le noyau de la première sphérule de fractionnement. Ces œufs sont du reste trop opaques pour se prêter à la solution de ces questions. Le même auteur avait, il est vrai, déclaré dans son premier mémoire sur le développement des Ascidies (p. 3) que la vésicule germinative n'est plus visible chez des œufs arrivés à maturité. Mais dans son premier mémoire sur le développement de l'*Amphioxus* (p. 1), tout en reconnaissant qu'il n'a pu apercevoir la vésicule germinative chez l'œuf fécondé, il se défend de croire à l'absence de cet élément, alléguant la difficulté qu'il y a de voir le noyau d'un œuf fécondé. Dans son second mémoire sur les Ascidies (p. 104), le savant russe montre son aversion pour toute notion de disparition de noyaux et de formation

indépendante de cellules. « Il est en général facile, s'écrie-t-il, de consi-
« dérer comme disparu (verschwunden) le noyau que l'on ne peut pas voir. »
Cette phrase dit tout. Pour *Euaxes* (p. 12), Kowalevsky montre moins
d'assurance et, après avoir déclaré qu'il n'a pu trouver de noyau dans le
vitellus fécondé, il admet la possibilité de son absence réelle; mais chez le
Lombric (p. 21) il parle de nouveau de la division directe de la vésicule
germinative qu'il confond évidemment avec le noyau de la première sphérule de fractionnement. Comme on le voit, les observations positives de
l'embryogéniste russe parlent plutôt contre son idée préconçue, qui se
serait évanouie s'il avait comparé les dimensions de la vésicule germinative avec celles du noyau de l'œuf fécondé.

La théorie de la persistance de la vésicule germinative a trouvé en E.
van Beneden (xcvii) son dernier, mais aussi son plus énergique défen-
seur. Les données de l'illustre zoologiste sont très-positives; mais si l'on
compulse les observations sur lesquelles elles se fondent, l'on est étonné
de voir combien ces observations sont peu nombreuses et peu concluantes.
Ainsi, pour le *Distoma cygnoïdes*, il affirme simplement que le noyau de
l'œuf fécondé « est l'analogue de la vésicule germinative des autres animaux; » c'est précisément le point qu'il s'agit d'éclaircir et sur lequel les
observations de v. Beneden ne nous apprennent rien. Chez *Ascaris rigida*
ce savant a remarqué que la vésicule germinative disparaît à la vue après
la fécondation; plus tard il retrouve un noyau qui aurait les mêmes
dimensions que la vésicule, qui serait la vésicule momentanément cachée
aux regards par un obscurcissement du vitellus. Cette observation est la
seule sur laquelle il puisse s'appuyer et encore ne prouve-t-elle rien, puisque l'auteur ne s'est pas assuré de l'existence réelle d'un noyau dans le
vitellus pendant la période d'obscurcissement. Les seuls animaux étudiés sont les Vers parasites, quelques Crustacés et les Mammifères, et les
deux espèces citées de Vers sont les seules que l'auteur ait réellement
examinées au point de vue de la persistance de la vésicule germinative. Je
ne m'arrête pas à réfuter ces opinions dont la faiblesse est trop évidente,
d'autant plus que E. van Beneden a reconnu lui-même tout dernière-

ment que ses « conclusions précédentes étaient peu conformes aux
« principes de la logique » et qu'il s'est appliqué dans de bons travaux
(cxviii et cxx) à corriger son erreur.

Passant aux auteurs qui ont combattu l'idée de la persistance du
noyau de l'ovule et observé sa disparition, nous aurons à faire une liste
bien plus longue, tellement longue que je devrai me borner à faire une
simple énumération, tout en mentionnant plus particulièrement les
auteurs qui ont vu la vésicule disparaître avant la fécondation de l'œuf.

Purkinje (x) rapporte que la vésicule germinative chez les Oiseaux se
mêle au germe avant la fécondation.

Rusconi (xi) soutient une opinion analogue pour les Batraciens; v.
Baer a vu chez la Poule, le Lézard, la Grenouille, les Poissons (xv et xvi)
la vésicule germinative arriver jusqu'à la surface du vitellus et son contenu se disperser. Ces faits s'observent chez l'œuf arrivé à maturité sans
fécondation préalable. Chez l'Anodonte le même auteur croit avoir vu la
vésicule faire saillie sous la membrane vitelline à la surface du vitellus;
il s'agit ici probablement du globule polaire faussement interprété.
Wagner et plus tard Œllacher (xciv et c) virent aussi chez les Oiseaux
la vésicule arriver à la surface du vitellus et vider son contenu indépendamment de la fécondation. Vogt (xxiii), Cramer (xl), Ecker (lii),
Newport (li et lx), Gœtte (xcv), v. Bambecke (xcvi) arrivent pour les
Batraciens et les Reptiles aux mêmes conclusions, déjà posées du reste,
par Rusconi pour la Grenouille, de l'expulsion du contenu de la vésicule
germinative. V. Bambecke a observé ces faits chez des œufs non
fécondés.

Pour les Poissons, Ransom (lxxxviii) a observé l'expulsion du noyau
de l'ovule avant la fécondation, ainsi que Œllacher (xcix) l'a décrit
plus tard avec beaucoup plus de détails. A. Müller a vu la disparition de
ce noyau chez des œufs déjà fécondés de *Petromyzon*. Eimer (ci) confirme pour les Reptiles le fait de la disparition de la vésicule avant la
fécondation.

Chez les Mammifères, v. Baer (xii) n'était pas arrivé à la compréhension du phénomène, à cause de l'erreur qu'il commettait de prendre l'ovule tout entier de ces animaux pour l'homologue de la vésicule germinative des autres Vertébrés. Mais en revanche Wharton Jones (xvii) et surtout Bischoff (xxiv, xxv, xxx, liii), Coste (xxxii et xlvii) et tout récemment E. v. Beneden (cxx) ont établi la disparition de la vésicule indépendamment de la fécondation. Ce fait fut démontré pour l'espèce humaine par Lebert et Robin (lvi).

Dans l'embranchement des Mollusques, la disparition du noyau de l'ovule a été reconnue par de nombreux observateurs, mais sans que nous apprenions rien sur la relation de ce phénomène avec celui de la fécondation. Je citerai les travaux de Jacquemin, pour *Planorbis,* de Sars, pour *Doris,* de Nordmann pour *Tergipes,* de Lovén pour les *Lamelli-branches,* de Leydig pour *Paludina,* de Warneck pour *Limnæus* et *Limax,* de Leuckart pour *Firoloïdes,* de Lereboullet pour *Limnæus,* de Flemming pour les Anodontes, et mes propres travaux sur les Ptéropo-podes et les Hétéropodes (cxiv et cxxii).

Chez les Vers cette disparition de la vésicule a été constatée par Bagge (xxi) chez *Strongylus,* par de Quatrefages (xli) pour les Hermelles avant la fécondation, par Krohn (lv) pour les Ascidies aussi avant la fécondation, par Leydig (xlvi) pour Piscicola avant la fécondation, par Girard (lxv) pour les Planaires.

Chez les Cœlentérés le même fait est établi par Metchnikoff pour les Siphonophores et diverses Méduses, avant la fécondation, et par Kleinenberg (cii) pour l'Hydre d'eau douce.

D'une manière générale, Schwann (xviii) pensait déjà que la vésicule germinative, en sa qualité de noyau de l'ovule, devait disparaître lors de la maturité de l'œuf. Leuckart (lix) pose en thèse générale que la disparition de cette vésicule est indépendante de la fécondation. Enfin Milne Edwards (lxxxiii) déclare (p. 392) qu'il est inadmissible que la disparition de la vésicule germinative soit due à l'action de la liqueur fécondante, car il a été souvent facile de constater que longtemps avant l'imprégnation de l'œuf, la vésicule en question avait cessé d'exister. Et plus

8

loin (p. 393) : « la disparition de cette cellule primordiale (le noyau de
« l'ovule) ne peut être considérée que comme une conséquence de sa
« mort naturelle; c'est le terme normal de l'existence d'un être vivant
« dont le rôle biologique est terminé, et en général ce phénomène
« semble caractériser la période de maturité de l'œuf. »

Quant au mode de disparition de la vésicule, il est à noter que les
auteurs qui se sont occupés de l'œuf des Oiseaux, des Reptiles, des Batraciens ou des Poissons sont unanimes à admettre que chez ces animaux
la vésicule arrive à la surface du vitellus où elle crève et expulse son
contenu au dehors. Chez les autres animaux elle disparaît sans être
expulsée, mais au même moment l'on voit apparaître à la surface du
vitellus des globules qui ont reçu le nom de globules polaires.

Lovén a vu chez *Cardium* et *Modiolaria* la vésicule s'approcher de la
surface du vitellus dont il a vu sortir un corpuscule qu'il suppose être
la tache germinative. Cet observateur sagace travaillait malheureusement
avec des grossissements trop faibles pour résoudre des questions de cette
nature. Leydig (xlvi) appuya plus tard cette manière de voir en ce qui
concerne la *Piscicola Geometrica*. Les globules polaires avaient été déjà
aperçus auparavant par P.-J. van Beneden et Windischmann ainsi que
par Nordmann (voyez cxiv, p. 24 et suiv.) et par Barry (xix). Carus et
Dumortier passent, à tort selon moi, pour les avoir découverts; il m'a
été impossible de trouver dans les ouvrages de ces auteurs la description
de corpuscules qui pussent être rapportés avec vraisemblance aux globules polaires. Bischoff (xxiv et xxv) a très-bien vu les globules polaires
sortir du vitellus fécondé ou non fécondé du Lapin, après la disparition
de la vésicule; mais il les fait descendre de la tache germinative qui se
diviserait en deux corpuscules. Ces globules deviendraient ensuite les
noyaux des deux premières sphérules de fractionnement. L'auteur aban-
donna plus tard ces idées erronées sur le rôle de la tache germinative
dans la formation des globules et sur le sort ultérieur de ces derniers
(xxx et liii).

J. Reid, de Quatrefages (xli), Fritz Müller et H. Rathke (voy. cxiv, p.

24 et suiv.) ont accordé aux globules polaires une attention spéciale et
de ces travaux à peu près simultanés sortit une connaissance assez exacte
de l'aspect, des propriétés et de l'origine de ces corpuscules, du moins
quant aux apparences extérieures. L'on a reconnu qu'ils sont très-pâles
et transparents, quoique le vitellus dont ils sortent soit souvent fort opaque;
que le plus souvent ils possèdent chacun un noyau et s'entourent en général d'une membrane propre; l'on a reconnu enfin qu'ils prennent naissance
par une sorte de bourgeonnement à la surface du vitellus. Je n'entre pas
dans l'énumération des auteurs qui ont décrit ces globules successivement pour la plupart des groupes des Métazoaires, à l'exception des
Oiseaux, des Reptiles, des Batraciens et des Poissons. L'on trouvera dans
un mémoire de Flemming (cxv, p. 31), dans le mien sur les Ptéropodes
(cxiv, p. 24) et dans le grand ouvrage de Bütschli (cxix, p. 171) quelques
données bibliographiques à ce sujet. Je ne rappellerai que les observations qui peuvent jeter quelque lumière sur les relations entre les globules polaires et la vésicule germinative d'une part, et d'autre part sur
le rapport qui existe entre l'apparition de ces globules et l'imprégnation
de l'œuf.

Wagner pensait que les taches germinatives persistaient dans le vitellus, après la disparition de la vésicule germinative, pour prendre part
au développement de l'œuf fécondé; il fut suivi dans cette voie par Vogt
(xxiii), Cramer (xl) et Ecker (lii).

Bischoff (xxiv et xxv) indique déjà en termes parfaitement clairs,
que, chez le Lapin, la vésicule manque lorsque les globules polaires
deviennent visibles et que le vitellus flanqué de ces globules renferme un
noyau bien plus petit que la vésicule germinative, noyau qui semble
compacte et dont les contours ne sont pas bien définis et ne le séparent
pas nettement de la substance vitelline environnante (pronucléus
femelle?). Cet excellent observateur insiste aussi sur ce fait important
que la vésicule disparaît non-seulement avant la fécondation, mais
qu'elle peut déjà manquer à des ovules encore renfermés dans l'ovaire.
Grube (xxix) voit apparaître dans le vitellus fécondé de *Clepsine*, déjà

dépourvu de sa vésicule, un globule clair (noyau combiné?) qu'il retrouve dans chaque sphérule de fractionnement.

Reichert (xxxiv) décrit avec détail la disparition de la vésicule, observée chez des œufs fécondés de *Strongylus auricularis;* elle devient confuse sur les bords et se dissout en se séparant en trois, quatre ou plusieurs taches claires dont la plupart se dispersent dans le vitellus, tandis que les autres en sortent pour devenir des globules polaires. Puis le vitellus se contracte et dans son centre se montre une tache claire mal définie au début (noyau combiné). Déjà auparavant, Frey (xxxi) avait remarqué chez *Nephelis* une relation entre la disparition de la vésicule et l'apparition des globules polaires qu'il faisait provenir de la tache germinative. Lovén adopte cette manière de voir en ce qui concerne les Lamellibranches et remarque que la vésicule arrive à la surface du vitellus au point où les globules vont prendre naissance, après quoi elle se renfoncerait dans le vitellus pour devenir un noyau (pronucléus femelle?).

De Quatrefages (xli) accorde une attention encore plus spéciale aux phénomènes en question chez les Hermelles. Il a vu la vésicule disparaître chez des œufs conservés à l'abri de la fécondation. Le savant zoologiste commet, il est vrai, l'erreur de faire dépendre la naissance des globules polaires d'une imprégnation préalable, mais il nous donne cependant quelques détails nouveaux. Ainsi il a observé que la vésicule se change en une tache claire qui devient lagéniforme. Le goulot arrive à la surface en un point d'où les granulations vitellines s'écartent, et cette substance transparente se soulève en un mamelon ; seulement au lieu de faire détacher ce mamelon, le savant français le représente comme s'entr'ouvrant pour laisser échapper un globule polaire. En même temps une série de processus sont décrits comme normaux, quoiqu'ils soient évidemment pathologiques, et il est même difficile de distinguer dans la description ce qui appartient à ce dernier ordre de phénomènes.

Warneck (xlix) entre encore plus avant que ses prédécesseurs dans les détails de ces phénomènes et en donne une description parfaitement juste qui renferme tout ce qu'il est possible de voir, sans l'aide des

réactifs, dans les œufs relativement peu favorables *(Limnæus* et *Limax)*
qu'il a étudiés. Le centre du vitellus, peu après la ponte, est occupé par
un espace clair et dépourvu de granulations, à bords mal définis et passant insensiblement à la substance granuleuse particulièrement obscure
qui l'entoure. Cette tache se divise en deux et ces deux taches plus petites se dirigent vers la surface où elles se juxtaposent de manière à constituer un cône transparent dont la surface du vitellus forme la base. En
écrasant le vitellus l'on en fait sortir deux corpuscules transparents,
preuve que les deux taches n'étaient que juxtaposées et non fusionnées
dans le cône clair (phase du premier amphiaster de rebut). Le cône
transparent prend une forme plus évasée et sa partie superficielle donne
naissance, par une sorte de bourgeonnement, à un globule polaire, puis
à un second, et rarement encore à un troisième. Ces globules n'ont pas
d'action polaire; ils ne rentrent pas non plus dans le vitellus; ils restent
en place et se décomposent au bout d'un certain temps. La tache claire
de forme conique, se renfonce dans le vitellus après ce bourgeonnement,
et reprend une forme ronde; chez *Limax*, au lieu d'une tache claire,
l'on en voit maintenant deux. Ces deux taches ont des contours très-
nets et renferment chacune un corpuscule facile à voir (les deux pronu-
cléi et leurs nucléoles); ils ne tardent pas à se fusionner entre eux.

Les belles recherches faites par de Lacaze-Duthiers (LXXIII) sur le
Dentale établissent que les globules polaires prennent ici naissance
chez des œufs qui ne peuvent être soupçonnés d'avoir été fécondés et
qui ne présentent aucun signe de modifications pathologiques. L'observation est importante parce que c'est le seul Mollusque chez qui l'on ait
jusqu'à présent pu constater l'indépendance de ces phénomènes.

Robin (LXXX) s'est adressé, pour ses recherches, aux Hirudinées et
aux Gastéropodes Pulmonés, dont les œufs se fécondent au moment de
la ponte; aussi ne pouvons-nous faire grand cas de son assertion que le
retrait du vitellus et la disparition de la vésicule germinative précédent
ici l'imprégnation de l'œuf. La formation des globules polaires a été l'objet principal de ces études et se trouve décrite avec soin. L'auteur nie

énergiquement une liaison génétique quelconque entre ces globules et la
vésicule disparue. Warneck, dont Robin paraît avoir ignoré le travail
antérieur au sien de plus de dix ans, avait su voir plus juste. D'après le
savant français, il se montre au bord du vitellus une substance claire qui
donne naissance, par un procédé de gemmation, successivement à deux
globules; chez les Hirudinées il s'en forme trois et même quatre. Il se
présente, quant au nombre et à la forme des globules, une série de variations très-intéressantes, mais qu'il serait trop long d'énumérer ici. Chez
les Hirudinées, le premier globule se réunirait au précédent et le produit de cette fusion se joindrait au dernier globule. Chez les Gastéropodes pulmonés, les deux premiers globules naissent par bourgeonnement
et se réunissent bientôt en un seul corpuscule qui reste logé dans la membrane qui entoure le vitellus, tandis que le dernier globule sortirait tout
formé du sein du vitellus et se logerait en dedans de la membrane vitelline. Le corpuscule externe rentrerait dans le dernier mais seulement
en partie. Le troisième globule polaire serait particulier aux Mollusques
et n'aurait pas d'homologue chez les Hirudinées. Je puis difficilement
porter un jugement sur ces résultats, n'ayant jamais observé chez aucun
des animaux que j'ai étudiés, de fusion véritable entre les globules polaires; je n'ai jamais non plus vu sortir du vitellus un globule préformé.
Quant à la pellicule qui entourerait le vitellus des Gastéropodes Pulmonés, je la considère simplement comme la couche interne de l'albumen
de l'œuf. Plus tard Robin trouve au centre du vitellus un noyau qui
paraît répondre au noyau combiné et non au pronucléus femelle.

Ratzel et Warschawsky (LXXXIX) remarquent que chez le *Lumbricus
agricola* les œufs non fécondés ne perdent pas leur vésicule germinative,
quoique celle-ci prenne des contours indécis. Chez celui des œufs de
chaque cocon qui a subi la fécondation, la vésicule germinative se réduit
à une tache claire mal définie à côté de laquelle se trouve une traînée
claire dans le vitellus. Ce dernier subit le retrait et s'entoure d'une
membrane, en dedans de laquelle naissent les globules polaires.

A propos de la maturation des œufs du *Tubifex rivulorum* (XC) Ratzel est plus explicite. Il montre que la vésicule des œufs mûrs perd ses contours déterminés et devient un corps allongé, renflé au milieu et aminci vers les deux pôles. La partie renflée présente une striation parallèle aux méridiens que l'auteur attribue à la présence d'une enveloppe en cet endroit. Cette description s'appliquerait jusqu'à un certain point à l'amphiaster de rebut et nous pourrions attribuer à Ratzel la priorité de la découverte d'une partie de cette disposition importante si, dans la figure qui représente cette phase, le noyau ne présentait les stries dirigées suivant l'équateur et si le dessin rappelait réellement l'aspect d'un amphiaster. Tel qu'il est, ce dessin ne peut être ainsi interprété qu'à l'aide de beaucoup d'imagination et de bonne volonté. Ratzel indique du reste fort bien que la tache germinative disparaît la première et que le corps allongé et strié présente une consistance telle, qu'il se conserve au milieu de la substance vitelline de l'œuf écrasé. Toutefois Ratzel considère ce corps comme étant simplement la vésicule germinative modifiée dans sa forme; prenant cette phase comme point de départ du développement embryonnaire, il conclut à la persistance de la vésicule et à sa division directe. Les relations de la vésicule avec les globules polaires paraissent lui avoir échappé chez *Tubifex*.

Un travail important d'Œllacher, publié en **1872** (c) confirme pour la Truite les observations anciennes sur le sort de la vésicule germinative que Purkinje, v. Baer et autres avaient déjà fait connaître pour ceux des Vertébrés dont le vitellus de nutrition est relativement considérable. Il donne à cet égard une foule de détails qui établissent avec certitude que la vésicule arrive à la surface, vide son contenu à l'extérieur et que sa membrane même vient s'étaler sur la surface du vitellus. Tous ces processus ont lieu aussi bien chez l'œuf infécond que chez l'œuf fécondé. Déjà antérieurement, le même auteur (xciv) avait publié sur l'œuf de Poule des observations moins complètes mais tendant à la même conclusion. Dans un autre travail sur le premier développement de la Truite (xcviii), le même auteur constate qu'il a observé une fois, dans un œuf dépourvu de sa vésicule germinative, un noyau beaucoup plus petit et

qu'il considère comme de formation nouvelle et sans lien génésique avec
la vésicule. Ce fait n'a été observé que sur un seul œuf et recherché en
vain chez un grand nombre d'œufs contemporains de celui-là.

Pour l'Hydre d'eau douce, Kleinenberg (cii) décrit un réticulum
sarcodique dans la vésicule germinative de l'ovule approchant de la maturité. Pendant la maturation, la tache germinative perd sa netteté et se
réduit en fragments qui se dissolvent ; puis le contenu de la vésicule devient un simple liquide tenant en suspension des corps réfringents que
l'auteur considère comme de la graisse ; tout le processus de la métamorphose régressive du noyau et du nucléole de l'ovule n'est à ses yeux
qu'une dégénérescence graisseuse. La membrane de la vésicule est très-
résistante chez cette espèce ; l'auteur la croit composée d'une substance
cornée ou chitineuse, opinion sur laquelle je fais mes réserves comme
sur celle de la dégénérescence graisseuse de la vésicule. Cette membrane
crèverait et son contenu s'épancherait dans le vitellus ; plus tard la membrane a disparu mais son mode de disparition n'a pas été observé. Plus
tard encore, mais avant la fécondation, le vitellus expulserait une certaine quantité de liquide dans lequel nagent deux globules polaires. Je
fais encore mes réserves sur tous ces points et me contente de noter que
la disparition de la vésicule et l'existence des globules polaires ont été
constatées chez *Hydra* avant la fécondation.

Dans mon mémoire sur le développement des Geryonides (cvii) les
phénomènes de maturation ne sont pas traités. L'ovule est laissé au
moment où il a atteint toute sa croissance dans l'ovaire et présente une
grande vésicule germinative avec sa tache ; de là la description passe
sans transition à l'œuf fécondé, entouré d'une membrane vitelline et
muni d'un noyau beaucoup plus petit que la vésicule. J'ai eu le tort de
désigner ce noyau du nom de vésicule ; cette faute de terminologie m'a fait
classer parmi les auteurs qui croient à la persistance de cet élément. Telle
n'était nullement ma pensée, ainsi que cela ressort de l'examen du texte et
en particulier de la phrase suivante que je reproduis mot à mot : « Il
« serait intéressant de savoir si ce noyau (de l'œuf fécondé) provient du

« noyau de l'ovule avant la fécondation ou de sa tache germinative, ou
« si ces deux éléments disparaissent pour faire place à une formation
« nouvelle. » J'étais donc dans le doute et mes opinions d'alors ne mé-
riteraient pas d'être rapportées si je ne me voyais appelé à corriger de
fausses interprétations. Dans le même mémoire j'ai signalé l'existence
d'un petit noyau dans l'œuf fécondé des Cténophores. Ce noyau est logé,
près de la surface, à la limite de l'endoplasme et de l'ectoplasme. Cette
observation est restée ignorée par des auteurs subséquents, peut-être à
cause de la terminologie que j'employais.

Flemming (cviii), dans un mémoire consacré au premier développement des Anodontes, nous donne une description soignée des processus
de formation des globules polaires. Ses observations à cet égard portent
malheureusement toutes sur des œufs fécondés. Ces œufs sont déjà dépourvus de vésicule germinative, mais présentent dans leur intérieur
une tache claire, rapprochée du pôle opposé au micropyle, voisine donc
du point où se formeront les globules polaires. Ces derniers prennent
naissance par un bourgeonnement lent; ils sont clairs et transparents
sauf quelques petites granulations qu'ils renferment, et sont encore complétement dépourvus de membrane propre, car cette enveloppe ne se
forme que plus tard autour d'eux. L'auteur considère comme probable
qu'il ne sort du vitellus qu'un seul globule, de consistance très-résistante
et qui se divise ensuite en deux. Le globule en voie de formation présente, vers son sommet, de petits pseudopodes hérissés à la manière de
piquants. Flemming considère les globules polaires comme provenant
de la vésicule et de la tache germinatives, quoique celles-ci eussent
déjà disparu avant le moment où se montrent les premiers; il appuye
cette opinion sur l'affinité de tous ces éléments pour les substances
colorantes.

Chez les Nématodes, Bütschli (cx, p. 101) remarque que l'ovule mal
mûr présente une série de taches claires que le vitellus expulse de son
sein et une vésicule germinative qui disparaît à la vue. L'auteur ne sait
s'il doit considérer la vésicule comme absente pendant la phase où elle

9

reste invisible ou si elle est seulement devenue indistincte. Peu de temps
après apparaissent deux noyaux; mais nous arrivons ici à un sujet qui
sera amplement traité dans le chapitre de la fécondation. Dans le travail
cité, il n'est pas question des globules polaires, qui existent pourtant chez
les Nématodes.

Quelques mois après, Auerbach (CXI) donna une description du premier développement des Nématodes, en prenant pour point de départ le
vitellus déjà fécondé. Celui-ci n'a plus sa vésicule germinative; les globules polaires n'ont été vus qu'à une phase plus avancée, en sorte que
l'époque et le mode de leur formation ont complétement échappé à notre
auteur.

Dans un second mémoire sur le développement des Anodontes (CXV),
Flemming pénètre plus avant dans le détail des processus. Dans l'ovule
déjà bien développé, il trouve la vésicule germinative munie intérieurement d'un réseau de sarcode (p. 20) qui tient en suspension une tache
germinative double et un nombre variable de nucléoles secondaires. Tant
qu'ils sont dans l'ovaire, les œufs conservent leur vésicule. L'auteur ne les
reprend qu'au moment où ils sont pondus, fécondés et dépourvus de leur
vésicule; ils présentent cependant, avant et pendant la sortie des globules polaires, une tache claire dans le vitellus. Flemming est d'avis, néanmoins, que la disparition de la vésicule est un phénomène indépendant
de la fécondation.

Revenant sur le premier développement des Nématodes, Bütschli (CXII)
rapporte que la tache germinative devient indistincte déjà avant la fécondation. Après la réunion du zoosperme au vitellus, la vésicule germinative perd la netteté de ses contours et se rapproche de la surface; elle
expulse de son sein un globule polaire, après quoi sa substance semble
s'étaler à la surface du vitellus. Les nouveaux noyaux prendraient origine,
aux deux pôles opposés du vitellus, aux dépens de cette couche qui provient de la substance de la vésicule. Je n'insiste pas davantage sur ces
observations que j'aurai à rappeler au sujet de la fécondation. Bütschli
a observé le premier dans la vésicule germinative en voie de métamor-

phose régressive, la formation d'un corps fusiforme, strié en long (partie médiane du premier amphiaster de rebut) et qui se déplace jusqu'à toucher la surface. Il considère ce corps fusiforme comme résultant d'une métamorphose de la tache germinative et comme donnant naissance aux globules polaires; mais cette opinion n'est pas fondée sur l'observation directe de ces processus. Chez les Gastéropodes pulmonés, ce naturaliste soigneux a vu, dans l'intérieur des globules polaires, un ensemble de petits grains brillants, tous disposés dans un même plan et munis de prolongements en forme de filaments parallèles; il en conclut avec raison que ces globules proviennent du corps fusiforme, et, comme il dérive ce dernier de la tache germinative, il en résulte qu'il considère les globules comme descendant de cette tache.

Dans mon mémoire sur le développement des Ptéropodes (CXIV, p. 105 et suivantes), j'ai décrit l'œuf pondu et déjà fécondé de ces animaux. J'ai cru voir dans le centre du vitellus, déjà dépourvu de sa vésicule germinative, une figure étoilée unique qui se diviserait ensuite en une double étoile (le premier amphiaster de rebut). Cette observation repose très-probablement sur une erreur; là où j'ai cru voir une seule étoile, il y en avait sans doute déjà deux dont l'une m'aura échappé. Plus tard cette double étoile se divise de telle manière que l'étoile périphérique constitue le globule polaire, lequel se divise en deux globules après sa sortie. J'ai donc signalé le premier le rôle que ces figures étoilées jouent dans la formation des globules polaires. Le corps fusiforme n'a pas attiré mon attention, de même que les étoiles ont échappé à Bütschli; chacun de nous a vu une moitié du phénomène et nos deux observations se complètent l'une l'autre. Quant à la formation d'un seul globule polaire qui se divise ensuite, cette description repose bien sur des observations positives mais peu nombreuses; je dois, jusqu'à plus ample informé, faire des réserves sur la généralité de ce processus même en ce qui concerne les Ptéropodes. Un autre fait important, signalé pour la première fois dans ce mémoire, concerne l'origine du noyau de l'œuf fécondé. J'ai montré que l'étoile (moitié interne de l'amphiaster de rebut) qui reste dans le vitellus après la formation des globules polaires, se change en un ensemble de vacuoles ou de petits noyaux qui se fusionnent entre eux et constituent de la sorte un nouveau nucléus (le pronucléus femelle).

Gœtte (CXVI) décrit la disparition de la vésicule germinative, avant la fécondation, chez l'œuf du *Bombinator*. Ses contours deviennent irréguliers et elle diminue de volume en perdant son suc; puis la vésicule réduite se mêlerait à la substance vitelline environnante, tandis que son suc serait expulsé au dehors. Enfin un nouveau noyau se montre dans le vitellus, mais il ne ferait son apparition qu'après la fécondation.

Hensen (CVI) démontre, d'après de nombreuses observations, que chez l'œuf de Lapine et de Cobaye, la vésicule germinative disparaît, que le vitellus subit son retrait et qu'un ou deux globules polaires effectuent leur sortie, quand même la fécondation n'a pas eu lieu. Cet observateur consciencieux établit ce point important de la manière la plus catégorique.

Le beau travail de Strasburger (CXIII) nous renseigne surtout sur la présence dans le règne végétal de phénomènes tout à fait analogues à ceux que des travaux récents avaient fait connaître d'abord pour le règne animal. Chez *Ephedra altissima*, l'ovule mûr est muni d'un grand noyau; cet ovule est surmonté de quelques petites cellules nommées « Canalzellen. » Le noyau disparaît après la fécondation pour être remplacé par un certain nombre d'amas protoplasmiques qui deviendront les nouveaux noyaux. Chez *Ginkgo bibola* la disparition du nucléus primaire est suivie de la formation de plus de trente noyaux. Chez *Phaseolus multiflorus* le noyau disparaît de même et un certain nombre de cellules se forment simultanément de toutes pièces dans le sac embryonnaire. Le noyau de ces nouvelles cellules n'apparaît pas avant mais en même temps que la cellule elle-même qui le renferme. Chez *Picea vulgaris*, l'ovule mûr est surmonté des cellules canaliculaires et possède un noyau; après le contact du tube pollinique, le noyau disparaît, sa substance se disperse suivant des lignes radiaires et quatre nouveaux noyaux se montrent à la fois; parfois il s'en forme huit du coup. La description que donne l'auteur de la disposition des quatre noyaux au moment de leur apparition fait songer aux phases avancées d'un tétraster. Plus loin, le savant botaniste remarque que si, chez les animaux, la vésicule germinative disparaît avant ou peu après la fécondation, ce fait constitue une différence notable avec les plantes où l'ancien noyau persiste toujours là où il existait. — Comme on le voit, ces résultats tirés en partie des travaux de Nægeli, Hofmeister, De Bary, Dippel et autres et en partie des propres observations de l'auteur, ne nous fournissent aucun renseignement suffisant pour permettre une comparaison véritable avec ce que nous savons maintenant du premier développement des animaux. Ce noyau de l'ovule des plantes est-il comparable à une vésicule germinative ou à un pronucléus femelle? Le règne végétal offre-t-il quelque chose d'analogue aux sphérules de rebut? présente-t-il, lors de la fécondation deux pronucléus distincts? Autant de questions que résoudra sans doute bientôt un botaniste au courant des récentes découvertes des zoologistes.

Chez *Phallusia mamillata*, Strasburger décrit l'ovule mûr comme dépourvu de vésicule germinative et ne présentant qu'une substance vitelline homogène qu'entoure une couche corticale de protoplasme (« Hautschicht »). Après la fécondation artificielle, cette couche corticale présente, en un point, un épaississement qui affecte d'abord la forme d'une lentille, puis celle d'un sac dont la partie intérieure se détache et s'enfonce dans le vitellus pour constituer un noyau. Ce noyau s'entoure de stries radiaires qui s'accentuent à mesure qu'il marche vers le centre du vitellus, et quelques vacuoles se montrent dans son intérieur. La marche centripète du noyau se ralentit quand il atteint le centre, les stries radiaires s'effacent et il devient homogène et difficile à voir. Plus tard il se divise pour produire le fractionnement de l'œuf. Ces observations fragmentaires et entachées d'idées préconçues, qui proviennent de la préoccupation de de retrouver ici des structures comparables à celles des cellules végétales, seraient difficiles à interpréter si mes propres observations sur *Phallusia* ne m'avaient montré que Strasburger a été témoin de la formation du pronucléus femelle. La naissance des globules polaires et celle du pronucléus mâle ont complétement échappé à son observation.

Avant d'aborder les résultats des recherches d'O. Hertwig sur les Oursins, je dois intercaler un résumé des travaux plus anciens sur ces animaux, travaux dont je n'ai pas encore rendu compte. Cette exception à l'ordre chronologique, que je me suis efforcé de suivre, se justifie par la nécessité de présenter ensemble toutes les observations faites sur un cas, qui diffère très-sensiblement de tous ceux que nous venons de passer en revue.

V. Baer (XXXIII) remarque que l'œuf mûr de l'Oursin présente près de la surface un cercle clair qui serait composé d'une substance molle. Le vitellus se tournerait toujours de façon que ce corpuscule se trouve en bas, d'où il faudrait conclure qu'il est formé d'une substance plus dense que celle du vitellus. Tout en avouant n'avoir pas suivi avec assez de soin la genèse de ce corpuscule, l'illustre embryogéniste lui donne le nom de « noyau de l'œuf » à cause de son rôle dans la suite du développement. Comparant entre eux les œufs tout jeunes et ceux qui approchent de la maturité avec les œufs complétement mûrs, l'auteur croit devoir déclarer que ce noyau est identique à la tache de Wagner de l'œuf mal mûr. La vésicule germinative est si grande qu'il hésite à la comparer à celle des autres animaux; elle disparaît assez longtemps avant la maturité complète de l'œuf. Le « noyau de l'œuf » jouerait, d'après v. Baer, dans l'œuf de l'Oursin, le même rôle que la vésicule germinative dans les œufs des autres animaux.

La description que donne Dufossé (XXXVI) de l'œuf de l'Oursin s'adresse exclusivement aux ovules mûrs; elle est trop inexacte pour mériter une analyse spéciale.

Derbès (XXXVII) décrit l'ovule mal mûr comme présentant trois contours concentriques, et sa figure montre qu'il entend par là le contour du vitellus, celui de la vésicule et celui de la tache germinative. La vésicule disparaîtrait purement et simplement, et la tache, restant en place, deviendrait le noyau de l'ovule mûr (pronucléus femelle) auquel Derbès applique le nom de vésicule germinative, parce qu'il n'a pas reconnu la nature de la véritable vésicule. Le vitellus est entouré d'une couche transparente (oolemme pellucide) qui serait sans structure.

Krohn (XLIII) prétend que la vésicule germinative de l'Oursin ne disparaît pas avant la fécondation, comme v. Baer et Derbès l'avaient observé; ce n'est qu'après la fécondation que la vésicule et la tache disparaîtraient. Malgré l'exactitude habituelle de ce chercheur, il est difficile de ne pas croire qu'il a commis dans cette occasion une grosse erreur Le vitellus fécondé présente dans son intérieur un élément sphérique, vésiculeux, transparent, dont les dimensions sont les mêmes que celles de la tache germinative.

J. Müller (LIV) considère la couche mucilagineuse comme complétement indépendante de la membrane vitelline avec laquelle elle n'a aucun rapport. Leydig (LXIV) pense que la membrane vitelline résulte du durcissement de la partie la plus interne de la couche mucilagineuse.

D'après Meissner (LXXI), le vitellus de l'*Echinus esculentus* est entouré d'une membrane vitelline très-délicate qui présenterait toujours une ouverture micropylaire. Cette membrane existerait dès l'origine de l'ovule et serait elle-même enveloppée d'une couche résistante d'albumen. Je donne l'analyse de cette description si superficielle, parce que quelques auteurs qui n'ont pu se procurer cette petite publication de Meissner ont cru à tort qu'elle pourrait renfermer des données importantes. — La vésicule germinative n'existe plus chez les œufs prêts à être pondus; il ne reste qu'une tache claire centrale autour de laquelle les granules vitellins présentent un arrangement radiaire distinct; une seconde membrane se forme en dedans de la membrane vitelline... nous entrons, comme on le voit, à pleines voiles dans une description des phénomènes qui suivent l'acte de la fécondation, sans qu'il soit possible de discerner, d'après la description de l'auteur, quelles sont les phases qu'il a eues sous les yeux; l'on ne sait en particulier si ce noyau entouré de lignes radiaires est un pronucléus femelle ou un noyau fécondé, ou si l'auteur n'a pas confondu et mêlé toutes ces phases.

A. Agassiz (LXXXIV et LXXXV) ne paraît pas avoir accordé une attention spéciale au premier développement des Oursins. Les remarques qu'il fait incidemment à ce sujet se bornent à dire que les premières phases de l'Oursin présentent les mêmes faits que celles de l'Astérie, que la formation des globules polaires est très-facile à suivre chez *Toxopneustes*, et que ces globules occupent, comme chez *Asterias*, une position constante relativement à l'axe de fractionnement, — autant de données qui sont en contradiction absolue avec les résultats de O. Hertwig et les miens. Chez *Asterias*, le zoologiste américain n'a étudié que l'œuf déjà fécondé. Peu après la rotation produite par les zoospermes, la vésicule germinative disparaît et, à en juger d'après les dessins dont le mémoire est illustré, le vitellus ne contiendrait plus qu'une tache germinative noyée dans la substance vitelline. Cette tache disparaîtrait à son tour et le vitellus prendrait un aspect uniformément granuleux. Puis le vitellus se retire et il apparaît un espace clair entre sa surface et la membrane vitelline, après quoi le fractionnement commence. Les globules polaires se montreraient au moment où le vitellus est divisé en deux sphérules. L'auteur n'a évidemment accordé à ces phénomènes qu'une attention distraite et sa description est trop inexacte pour que nous nous arrêtions à l'interpréter.

La description que donne Hoffmann (xcviii) des ovules des Oursins et des Astéries ressemble à celle de Dufossé. Nous ne nous y arrêtons pas. H. Ludwig (civ, p. 295 et suiv.) montre que les ovules des Oursins et des Astéries résultent du développement direct de cellules, distinctes les unes des autres dès l'origine, munies du noyau et du nucléole et tapissant, à la manière d'un épithèle, la face interne de la paroi des follicules ovariens.

O. Hertwig (cxvii) a fait du premier développement des Oursins une étude consciencieuse et détaillée qui fournit une réponse souvent juste et satisfaisante à beaucoup de questions qui n'avaient été qu'abordées par ses prédécesseurs. L'ovule de *Toxopneustes lividus*, renfermé dans l'ovaire, se constitue, aux approches de la maturité, d'un vitellus granuleux, renfermant une grande vésicule germinative et entouré d'une large couche gélatineuse (oolemme). La vésicule est composée d'une membrane, d'un contenu clair comme de l'eau et d'une tache germinative

généralement unique. La membrane de la vésicule est nettement limitée
en dedans comme en dehors. Suivant l'exemple d'Auerbach, Hertwig la
considère comme faisant partie du protoplasme qui entoure la vésicule.
J'ai indiqué les raisons pour lesquelles je ne puis adopter cette manière
de voir. Le nucléole, à peu près sphérique, mesure 0^{mm},013 en diamètre et se compose d'une substance albumineuse compacte qui prend
une coloration foncée dans le carmin et l'acide osmique et présente dans
son intérieur une grande ou plusieurs petites vacuoles. Quelques ovules
ont, outre ce nucléole régulier, deux ou trois petits nucléoles accessoires.
Chez l'Oursin, cet élément ne présente pas de mouvements amiboïdes.
L'auteur donne à la matière qui compose le nucléole le nom de « substance nucléaire » et au contenu de la vésicule germinative, celui de
« liquide nucléaire. » Ces dénominations s'expliquent par la notion erronée qu'avait le savant zoologiste sur le rôle de ces parties dans la suite
du développement; nous ne les emploierons même pas dans la présente
analyse qu'elles rendraient plus difficile à comprendre.

Un protoplasme transparent, parsemé de granules, entoure le nucléole
et s'étend sous forme de filaments anastomosés jusqu'à la paroi de la vésicule qu'il semble tapisser. Hertwig attribue à tort à Kleinénberg la découverte de ces réseaux intra-nucléaires; le lecteur trouvera à cet égard
des renseignements bibliographiques dans un très-bon travail de Flemming (CXXIII) sur ce sujet. Cette structure du noyau est très-répandue
dans le règne animal et ne nous autorise pas à considérer, avec O. Hertwig, la vésicule germinative comme un noyau particulièrement différen-
cié. La couche de gelée qui entoure l'ovule mal mûr est percée de
nombreux canalicules perpendiculaires à sa surface et par lesquels
s'opérerait la nutrition de l'ovule. Cette couche ne présente pas de solution de continuité, pas de micropyle.

L'ovule mûr tel qu'on le trouve dans l'oviducte est de composition
toute différente. Le vitellus homogène, sans vésicule germinative,
ne présente qu'une tache claire, mesurant 0^{mm},013 en diamètre.
Cette tache est en réalité un corps compacte, homogène, résistant, sans

10

membrane, et se colorant fortement par le carmin ou par l'acide osmique (pronucléus femelle). L'on pressent de suite la comparaison que l'auteur va faire entre ce corps compacte et le nucléole de l'ovule mal mûr. Il remarque, il est vrai, que cet élément de l'œuf mûr présente dans l'acide acétique une enveloppe distincte, mais il ne paraît pas avoir fait la même réaction sur l'ovule mal mûr; sans cela il n'eût pas manqué de s'apercevoir que le nucléole se comporte tout autrement sous l'action de cet acide. Hertwig désigne ce pronucléus femelle du nom, déjà proposé par v. Baer, de « noyau de l'œuf; » ce terme ne me paraît pas plus heureusement choisi que les autres désignations employées par notre auteur.

Les enveloppes de l'ovule ont subi, pendant sa maturation, des changements non moins grands. Une membrane résistante, à double contour, entoure le vitellus dont elle est séparée par une gelée, claire comme de l'eau, mais qui prend une teinte brune dans l'acide osmique. La membrane est encore entourée extérieurement d'une couche mucilagineuse mince et transparente. Comme on le voit, Hertwig considère comme propre à l'ovule mûr cette membrane soulevée qui est caractéristique pour l'œuf fécondé. L'ovule ne présente jamais avant la fécondation de membrane répondant à cette description.

Pour trouver les intermédiaires entre les deux états qu'il vient de décrire, O. Hertwig s'adresse soit à des animaux jeunes dont l'époque de maturité est plus tardive que chez les adultes, soit à des individus qui, par suite d'une réclusion prolongée, avaient évacué la majeure partie de leurs produits sexuels. Ne perdons pas de vue cette dernière méthode; elle nous donnera la clef d'une partie des erreurs commises par l'auteur que j'analyse, car nous savons maintenant que les œufs d'individus conservés en captivité ne présentent guère que des processus pathologiques. Le liquide employé par Hertwig pour faire ses préparations est le liquide du corps qui a l'inconvénient de se décomposer en peu d'heures.

O. Hertwig trouva, par ces méthodes, des ovules chez lesquels la vésicule germinative était complétement sortie du vitellus et lui était accolée extérieurement. Tantôt la tache germinative se trouvait dans la vésicule expulsée au bord du vitellus, tantôt elle était absente, mais dans ce cas le vitellus renfermait toujours le « noyau de l'œuf. » — J'ai cherché à revoir les images qui viennent d'être mentionnées, mais je n'ai pas pu les retrouver, jusqu'au jour où, ayant conservé sous un compresseur des ovules qui, par mégarde, se trouvaient un peu comprimés, j'ai vu effectivement se dérouler des processus de ce genre. Je suis donc porté à croire que, muni d'un outillage insuffisant, le savant naturaliste aura observé des œufs comprimés, à son insu, par le couvre-objet de la préparation. Il est souvent difficile de se rendre un compte exact des choses que Hertwig a pu avoir sous les yeux, à cause du genre purement schématique qu'il a adopté pour ses dessins. Il me semble cependant que dans les cas où il a trouvé la vésicule germinative expulsée à la surface et une tache claire dans l'intérieur du vitellus, cette tache représentait le nucléole et point du tout le noyau de l'œuf (pronucléus femelle).

D'autres fois, Hertwig trouve dans l'intérieur de l'ovule la vésicule germinative sans son nucléole et à côté, au milieu de la substance vitelline, une tache claire qu'il prend pour son « noyau de l'œuf. » L'interprétation que nous devons faire de cette observation n'est pas douteuse: nous avons affaire ici à ces ovules modifiés par un séjour dans un liquide corrompu, ou, ce qui revient au même, provenant de ces exemplaires d'Oursins gardés en captivité et qui répandent, au moment où on les ouvre, une odeur putride. J'ai décrit des cas analogues (p. 32) et je les ai représentés sur les fig. 3 et 4 de la pl. V ; j'ai montré que le corps rond que l'on rencontre à côté de la vésicule germinative n'est autre chose que le nucléole expulsé. Je n'insiste donc pas à nouveau sur ce sujet.

En résumé, O. Hertwig a pris pour normaux des cas pathologiques. Je me hâte d'ajouter que cette erreur trouve son excuse dans l'extrême difficulté que présente la recherche de ces phases de transition chez l'Oursin, difficulté dont une étude poursuivie pendant plusieurs mois a seule pu triompher. Nous devons aussi tenir compte à Hertwig de la réserve vraiment scientifique avec laquelle il s'exprime, malgré une conviction arrêtée qui se fait jour contre le gré de l'auteur. La conclusion générale des recherches du savant observateur ne pouvait être qu'erronée, puisqu'elle reposait sur des prémisses fautives.

E. van Beneden (cxviii), dans un récent mémoire sur le développement des Mammifères, constate la présence d'une substance granuleuse dans le noyau de l'ovule du Lapin avant la maturité. Cette substance à laquelle il donne le nom de *nucléoplasma*, affecte souvent la forme d'un réticulum et tient en suspension un nucléole accompagné de deux ou trois pseudonucléoles. Aux approches de la maturité, la vésicule se meut vers la surface du vitellus et vient s'aplatir contre la zone pellucide; elle s'entoure en même temps d'une couche de protoplasme. Le nucléole s'aplatit ensuite contre la membrane de la vésicule du côté où celle-ci affleure à la surface du vitellus; elle se soude avec cette membrane en une plaque que l'auteur nomme la « plaque nucléolaire. » Le reste de la membrane s'amincit et semble venir se réunir à cette plaque; le reste du contenu de la vésicule, à savoir le nucléoplasme et les pseudonucléoles, constituent un amas auquel l'auteur donne le nom de « corps nucléoplasmique. » Quant au liquide de la vésicule, il se mêle au protoplasme environnant. La plaque nucléolaire se ramasse en un corps ellipsoïdal, lenticulaire ou en forme de calotte, que l'auteur désigne du nom de « corps nucléolaire. » Les globules polaires, que v. Beneden persiste à appeler les « corps directeurs, » sont éliminés au moment de la disparition de la vésicule germinative. Ils ne sont pas tous deux de même composition et n'ont pas la même signification. Le premier répondrait au « corps nucléolaire, » le second au « corps nucléoplasmique; » l'un se colore en rouge par le carmin, l'autre ne prend pas la matière colorante. Le protoplasme amassé dans cette partie du vitellus se confond avec la couche corticale.

Le retrait du vitellus commence au moment de la disparition de la vésicule germinative et consiste dans l'expulsion d'un liquide transparent, nommé « périvitellin, » qui s'accumule entre le vitellus et la zone pellucide. Le vitellus reprend ensuite sa forme sphérique et, à en croire

v. Beneden, il redeviendrait « un cytode » et mériterait « le nom de
« Monerula qui a été donné par Hæckel à l'œuf dépourvu de sa vésicule
« germinative. »

Plus tard l'auteur trouve au centre du vitellus un noyau qu'il nomme
le pronucléus central, par opposition à un pronucléus périphérique. Ce
noyau central correspond évidemment à notre pronucléus femelle dont
l'auteur n'a pas vu le mode de formation.

« La disparition de la vésicule germinative, continue v. Beneden, la
« production des corps directeurs, le retrait du vitellus et la cessation
« de toute séparation en substance corticale et médullaire sont des phé-
« nomènes indépendants de la fécondation. Ils se rattachent à la matu-
« ration de l'ovule. Chez le Lapin, ils s'accomplissent dans l'ovaire. »

Ainsi, E. van Beneden abandonne complétement la thèse qu'il avait
été le dernier à soutenir, de la persistance de la vésicule germinative
malgré la maturation et la fécondation de l'œuf, et se convertit à l'opinion plus généralement reçue de la disparition de cette vésicule, accompagnée de la naissance des globules polaires. Le savant belge soutient
en outre l'opinion de Bischoff et de Hensen sur l'indépendance de ces
processus et de ceux de la fécondation. Les phénomènes d'attraction et
les figures étoilées, qui président à la sortie des globules polaires et qui
avaient été précédemment décrits (CXIV) ont complétement échappé à
son observation, puisqu'il ne les mentionne même pas. Il devient dès lors
très-difficile d'interpréter les données de ce savant sur la nature et l'origine des globules polaires; si sa description ne renferme pas de grandes
lacunes, il faudrait admettre que ces phénomènes diffèrent considérablement chez les Mammifères de ce qui a été observé jusqu'à présent dans
les autres classes du règne animal. Cette supposition n'est guère plausible. L'origine du pronucléus femelle a complétement échappé à l'attention de v. Beneden, et c'est sans doute à cette faute d'observation qu'il
faut attribuer l'appui donné par ce savant aux élucubrations et à la terminologie des soi-disant philosophes de la nature.

L'ensemble des recherches de Bütschli (CXIX), dont plusieurs fragments avaient été publiés précédemment, nous apporte une quantité de renseignements nouveaux et utiles. Chez *Nephelis vulgaris* l'auteur n'a étudié que les œufs déjà fécondés. Dans l'intérieur du vitellus se trouve, peu après la ponte, un corps fusiforme strié en long qui paraît résulter d'une métamorphose de la vésicule germinative. Les stries longitudinales de ce fuseau présentent, chacune à son milieu, un renflement brillant et granuleux; ses deux extrémités plongent dans des espaces clairs qu'entourent de toutes parts les granules vitellins rangés en rayons divergents. Le fuseau ainsi constitué arrive à la surface du vitellus par une de ses pointes; *il se pousse* hors du vitellus en traversant l'espace clair qui entourait cette pointe. La partie du fuseau qui dépasse la surface du vitellus s'arrondit pour constituer le globule polaire; dans son intérieur l'on voit une zone de granules foncés reliés par des filaments avec une seconde zone de granules qui se trouvent encore dans le vitellus. Les globules polaires, au nombre de trois, représentent la vésicule germinative métamorphosée et expulsée; ils se réunissent plus tard en un seul globule qui présente dans son intérieur une double figure radiaire. Au-dessous du point de sortie de la vésicule se montre le rudiment d'un noyau (pronucléus femelle), tandis qu'un autre petit noyau apparaîtrait près du centre de l'œuf (pronucléus mâle). L'on voit que Bütschli n'admet pas la formation successive de plusieurs amphiasters de rebut, mais d'un seul qui serait entièrement expulsé du vitellus.

Chez *Cucullanus elegans*, l'ovule mûr possède encore une grande vésicule germinative, mais la tache est déjà bien réduite. Après la réunion du zoosperme au vitellus, cette tache disparaît, et à sa place l'on voit un cercle de granulations entouré de petits bâtonnets, le tout renfermé dans un corps à contours déterminés. Un peu plus tard, la vésicule germinative disparaît aussi et se métamorphose en un fuseau, présentant au milieu un ensemble de bâtonnets, composés de granules réunis et se continuant par de fins filaments jusqu'aux deux extrémités du fuseau (premier amphiaster de rebut). Celui-ci arrive à la surface contre laquelle il se couche en long. Les deux globules polaires paraissent résul-

ter de la division de ce fuseau en deux portions égales; cependant cette
division doit être accompagnée d'une perte de substance, puisque les
deux globules polaires ont un volume inférieur à celui du fuseau. Au-
dessous des globules, le vitellus présente une petite accumulation de protoplasme transparent, parsemé de gros granules. Ce protoplasme s'étale
ensuite à la surface et les nouveaux noyaux se forment sans doute à ses
dépens. Chez *Tylenchus imperfectus*, peu après la descente de l'ovule, la
tache germinative disparaît, la vésicule devient indistincte sur les bords
et se rapproche de la surface; celle-ci s'enfonce en fossette au point où
la vésicule vient affleurer et, dans cette fossette, se montre tout à coup un
globule polaire. Puis la tache claire, dernier reste de la vésicule, se renfonce dans le vitellus et devient très-vague. Bientôt le premier noyau de
fractionnement se montre au centre du vitellus; il ne paraît donc pas,
dans ce cas, se former par la fusion de deux noyaux distincts. Chez *An-*
guillula rigida, la tache germinative disparaît chez l'ovule mûr; la vésicule arrive au bord du vitellus et donne probablement naissance au
globule polaire, après quoi sa substance s'étale à la surface du vitellus.
Puis il se forme des amas de protoplasme en divers points de cette surface, surtout aux deux pôles opposés et la substance étalée de la vésicule
semble se mêler à ces amas qui donnent naissance aux noyaux centripètes. Pendant tous ces processus, le vitellus exécute des mouvements amiboïdes, surtout chez le genre *Diplogaster*.

Les œufs pondus, et par conséquent fécondés, de *Limmæus auricularis*
ont, d'après Bütschli, dans leur intérieur une figure composée de deux
étoiles reliées par de minces filaments (premier amphiaster de rebut).
Ces deux systèmes rayonnés se rapprochent de la surface qu'atteint le
plus périphérique des deux. Ce dernier sort du vitellus pour devenir le
premier globule polaire, tandis que le système rayonné intérieur semble
constituer un corpuscule qui se délimiterait dans le vitellus, pour en être
ensuite expulsé en bloc. Toutefois l'auteur avoue n'être pas parfaitement
au clair sur le sort des deux systèmes rayonnés. Dans les globules polaires, Bütschli a remarqué les petits grains reliés par des filaments ténus

et disposés suivant des plans transversaux. L'étoile qu'il a observée au
centre du vitellus semble se rapporter au pronucléus mâle. Au-dessous
du point où se trouvent les globules polaires, se forme un certain nombre de petites vacuoles qui se réunissent entre elles jusqu'à former deux
noyaux qui marchent vers le centre du vitellus où ils se soudent à leur
tour. Le savant naturaliste a vu parfois quelques filaments reliant le point
où naissent ces vacuoles à celui où se trouve le second globule polaire,
mais il ne leur attribue aucun rôle.

Ainsi donc, malgré les résultats que j'avais obtenus chez les Ptéropodes et qui démontraient que le premier amphiaster de rebut donne à la
fois naissance aux globules polaires et à un nouveau noyau vitellin, Bütschli continue à admettre que cet amphiaster est expulsé en entier, et que
le nouveau noyau (pronucléus femelle) prend naissance indépendamment
de l'amphiaster. Enfin la formation, au-dessous des globules polaires, de
vacuoles qui se réunissent entre elles et la naissance des deux pronucléus aux pôles opposés du vitellus ne sont pour lui que des variations
d'un même processus.

Chez les Rotifères (*Notommata, Brachionus, Triarthra*) Bütschli observe
que la vésicule germinative de l'œuf mûr est devenue beaucoup plus petite que celle de l'ovule mal mûr et même, chez *Triarthra*, plus petite
de moitié que l'ancienne tache germinative. Aucune trace de globules
polaires n'a pu être découverte. Après la ponte, cette petite vésicule germinative disparaît et, aussitôt après, le vitellus se divise en deux. Si j'en
juge par analogie, je dirai que ce noyau du vitellus mûr n'est pas une
vésicule germinative, mais un pronucléus femelle; que les globules polaires n'ont pas été vus, probablement par ce qu'ils se forment déjà dans
l'ovaire; et que la disparition du noyau après la ponte répond à la formation de l'amphiaster de fractionnement et non à celle de l'amphiaster de
rebut. Telle est l'explication la plus plausible que j'aie pu trouver de ces
résultats.

Dans le *pseudovum* des Aphidiens (du genre *Aphis*) Bütschli nous apprend que la tache germinative tombe en morceaux, que la vésicule ar-

rive à la surface et disparaît tout à coup à la vue. Cependant aucun corps
fusiforme, aucun globule polaire n'a jamais été observé. Plus tard, l'on
retrouve dans le vitellus un noyau unique qui préside au fractionnement.

Dans un mémoire consacré au premier développement d'une Astérie
(CXX), E. van Beneden expose le résultat de quelques observations faites
deux années auparavant. L'ovule mûr, tel qu'on le trouve dans l'ovaire,
est entouré d'une couche mucilagineuse continue, présentant une striation, due à la présence de pores en canalicules. L'auteur compare avec
justesse, au point de vue physiologique, cette couche à la zone pellucide
de l'œuf des Mammifères et pense que ni l'une ni l'autre n'est sécrétée
par le vitellus; il fait du reste ses réserves quant à la similitude morphologique de ces couches molles. Dans la masse du vitellus, ce savant fait
une distinction entre une couche corticale et une substance médullaire
passant de l'une à l'autre par des transitions insensibles. Cette distinction
ne me paraît pas justifiée. En revanche, je souscris pleinement à ses conclusions, lorsqu'il nie la présence d'une membrane distincte à la surface
du vitellus.

La tache germinative renferme des vacuoles, et à côté d'elle se trouveraient de huit à quinze globules plus petits, les pseudonucléoles, formés
d'une substance beaucoup moins réfringente. L'auteur admet par analogie que le nucléole d'*Asterias* doit présenter des mouvements amiboïdes
quoiqu'il ne les ait pas observés chez cette espèce; je ne les ai pas vus
non plus et crois pouvoir nier leur existence. En revanche, v. Beneden a
positivement vu ces mouvements chez les œufs de *Polystomum* et de la
Grenouille; chez *Gregarina* les nucléoles disparaîtraient et feraient leur
réapparition alternativement. Le savant belge combat l'opinion d'Auerbach et de Hertwig, d'après laquelle la membrane de la vésicule germinative ferait partie du vitellus et non du noyau; je me suis rangé à son
point de vue, quoique mes motifs soient différents de ceux qu'invoque
notre auteur. Dans la vésicule germinative, il retrouve le réseau déjà
connu de filaments protoplasmiques.

11

Dans des ovaires tout à fait mûrs, v. Beneden a trouvé exceptionnellement des œufs dont la vésicule germinative se rapproche de la surface et d'autres où elle a disparu. Lorsque la vésicule est devenue superficielle, elle se trouve en contact immédiat avec la zone pellucide, à moins qu'elle n'en soit séparée par une mince couche de protoplasme. Le réseau de sarcode n'est plus visible dans son intérieur. Si l'on place les œufs mûrs dans l'eau de mer, la vésicule germinative disparaît, que l'œuf soit fécondé ou qu'il ne le soit pas. Cependant elle disparaît plus promptement lorsque les œufs sont fécondés.

Les particularités de la disparition du noyau de l'ovule sont les suivantes : le nucléoplasme réuni autour du nucléole disparaît, puis le nucléole lui-même devient de moins en moins réfringent, son contour pâlit, toutes ses vacuoles se réunissent en une seule, ses formes deviennent irrégulières, framboisées; enfin il se résout brusquement en fragments inégaux qui se dispersent dans le liquide de la vésicule germinative. Un de ces fragments, plus gros que les autres, renferme la vacuole de la tache germinative. Ces fragments se gonflent et se dissolvent, le gros fragment disparaissant le dernier. La vésicule germinative est encore sphérique, mais ses contours ont pâli, comme si la substance de sa membrane se fondait; cette membrane se perfore, toujours du côté qui regarde vers l'intérieur de l'œuf et, par cette ouverture, le liquide de la vésicule s'écoule dans le vitellus, formant une goutte claire à côté de la membrane flétrie. Puis la vésicule modifiée s'écarte de la surface et se dissout; la substance vitelline envahit la place qu'elle occupait. Après cela, le vitellus présente le phénomène du retrait, les corps directeurs (globules polaires) apparaissent dans le liquide périvitellin et le fractionnement commence; mais l'auteur ne fait que mentionner ces processus, qu'il ne paraît pas avoir observés lui-même, et n'en fait pas la description.

Jugeant par analogie avec ce qu'il a trouvé chez *Asterias*, v. Beneden combat les conclusions de Hertwig. Le jugement qu'il porte sur les conclusions de son prédécesseur se ressentent de l'ignorance où il se trouve lui-même des particularités présentées par l'œuf des Oursins. Toutefois

v. Beneden s'étonne avec raison de ne trouver chez Hertwig aucune mention des globules polaires, et combat l'identification tentée par le savant allemand de la tache germinative avec son « noyau de l'œuf » (le pronucléus central de v. Beneden, notre pronucléus femelle).

L'analyse de ces travaux récents dévoile donc une grande diversité d'opinions sur les relations des globules polaires avec la vésicule germinative et sur l'origine du pronucléus femelle. De tous les auteurs cités, c'est Bütschli qui s'est le plus rapproché de la vérité; mais il se trompa en admettant la sortie complète du fuseau de l'amphiaster de rebut (la seule partie de l'amphiaster à laquelle cet auteur accorde de l'importance) pour constituer à lui seul les globules polaires. Cette erreur le mettait dans l'impossibilité de comprendre l'origine du pronucléus femelle. Déjà dans mon mémoire sur les Ptéropodes, j'avais montré que l'aster intérieur de l'amphiaster de rebut est le centre de formation du nouveau noyau.

Ces données sont complétées et rectifiées dans mon mémoire sur les Hétéropodes (CXXII). Voici textuellement ce que j'écrivais alors sur ces phénomènes : « Le vitellus possède après la fécondation un noyau cen-
« tral dont l'origine est encore inconnue. Aux deux côtés opposés de ce
« nucléus apparaissent des centres d'attraction d'où partent des filaments
« sarcodiques disposés en étoiles. Les plus gros de ces filaments s'éten-
« dent dans l'intérieur du nucléus d'un centre d'attraction à l'autre cen-
« tre..... L'un des centres se rapproche de la surface du vitellus et l'autre
« le suit, quoique plus lentement. Le centre qui se trouve le plus près
« de la surface sort du vitellus sous forme de globule, entraînant avec
« lui une partie de ce que je crois être la substance du noyau primitif.
« Puis le centre, qui est resté dans l'intérieur du vitellus, se divise à nou-
« veau et sa moitié périphérique sort du vitellus de la même manière
« pour former le second corpuscule de rebut....... L'étoile restée dans le
« vitellus reprend ensuite la forme d'un noyau avec son nucléole et va
« se réunir à un second noyau etc. » Nous trouvons dans cette description, pour la première fois, l'histoire des deux amphiasters de rebut et

l'origine première du pronucléus femelle. Toutefois je dois ajouter qu'une lacune considérable subsistait dans mon exposé. J'étais resté dans l'incertitude sur la nature du noyau aux dépens duquel se forme le premier amphiaster de rebut; je n'avais pas reconnu dans ce noyau la vésicule germinative que je faisais disparaître avant sa formation. J'ai reconnu maintenant que ce noyau est identique à la vésicule germinative qui ne cesse d'exister qu'au moment où le premier amphiaster de rebut se forme à ses dépens.

La bibliographie, que nous venons de passer en revue renferme la plupart des résultats de mes dernières observations; seulement le bon grain est partout mêlé à l'ivraie. Il fallait faire le triage et ce triage ne pouvait s'opérer qu'à la lumière d'études nouvelles. C'est ce que j'ai tenté de faire.

CHAPITRE II

LA FÉCONDATION

I. PARTIE DESCRIPTIVE

Le processus normal.

LA PÉNÉTRATION DU ZOOSPERME DANS LE VITELLUS. J'aborde maintenant un sujet que je peux dire presque nouveau pour la science. Ce n'est pas qu'il n'ait depuis longtemps attiré l'attention des chercheurs et fait l'objet de nombreux travaux. Mais ces recherches furent couronnées de bien peu de succès comme nous le verrons en les analysant. Ce n'est que tout récemment que l'on a obtenu à cet égard quelques résultats importants; néanmoins la pénétration même du zoosperme chez des œufs normaux et doués de vie était restée à peu près inconnue, malgré tous les efforts de mes devanciers. L'on comprendra dès lors le soin que je mis à constater ces faits et l'on me pardonnera ce que ma description peut avoir de trop détaillé et de trop minutieux.

C'est encore l'*Asterias glacialis* qui m'a fourni les œufs les plus favorables à l'étude de cette série de phénomènes primordiaux. Mais tout en choisissant cette espèce comme base d'observation, je n'ai pas négligé de prendre comme point de comparaison d'autres animaux dont je disposais en abondance suffisante. Les Oursins présentent quelques variations instructives du type de l'*Asterias*. Les œufs de *Sagitta* et ceux des Hétéropodes ne se prêtent pas à l'étude de la pénétration du zoosperme dans le vitellus, mais il est facile d'y suivre la formation des deux pronucléus et leur réunion; ils diffèrent, sous ce rapport, des Échinodermes que j'ai étudiés, par plusieurs particularités intéressantes.

Les procédés que j'emploie pour obtenir la fécondation artificielle des œufs d'Astéries et d'Oursins méritent une mention spéciale, car de ces procédés dépend le succès des expériences. Il importe avant tout d'avoir des ovules mûrs et bien frais; la captivité ou la maladie des sujets affecte leurs produits sexuels avant de se manifester par l'aspect de l'individu atteint. Pour procéder avec une entière sécurité l'on devra donc opérer avec des animaux pêchés depuis peu d'heures et placés immédiatement dans des vases renfermant de grandes quantités d'eau de mer. Je me servais généralement d'animaux que j'allais pêcher moi-même, car il est difficile d'empêcher les pêcheurs d'amonceler les animaux en grand nombre dans une petite quantité d'eau. Pour avoir des ovules arrivés à complète maturité chez l'Astérie, l'on est obligé de se procurer une grande abondance de sujets et de choisir ceux dont les ovaires sont distendus d'œufs qui s'écoulent à la moindre piqûre faite aux parois de l'organe. Les ovules les plus mûrs sont ceux que l'on rencontre dans l'oviducte de ces sujets; mais l'oviducte est difficile à trouver et l'on peut

fort bien se servir des œufs qui sortent de petites déchirures de l'ovaire.
Chez les Oursins, la périodicité dans les époques du frai permet d'opérer avec plus de sécurité. L'évacuation des produits sexuels chez ces
animaux est liée à la lunaison; tout au moins les deux espèces qui ont
fait les frais de mes expériences, le *Toxopneustes lividus* et le *Sphœrechinus brevispinosus*, pêchés tous deux à l'entrée du port de Messine, sont
prêts à frayer avant la pleine lune et vides peu de jours après. Les pêcheurs, toujours très-versés dans les particularités des animaux man-
geables, connaissent fort bien ce fait. La quantité de produits sexuels
élaborés et évacués chaque mois varie avec la saison. En novembre cette
quantité est assez faible et se maintient à peu près la même pendant les
mois d'hiver. Au printemps elle augmente à tel point qu'en juin les organes génitaux occupent, au moment de la maturité, la majeure partie
de la cavité du corps. Mes observations ne s'étendent pas à l'été, mais au
dire des pêcheurs, les Oursins continuent à se remplir pendant toute
cette saison qui serait celle où ils sont le plus recherchés pour la table.
Pour obtenir des ovules mûrs l'on n'a donc qu'à prendre ces animaux en
toute saison, aux époques qui précèdent la pleine lune. Pour être sûr
que les produits, avec lesquels on opère, ne soient pas mêlés d'œufs mal
mûrs, l'on fera bien de les prendre dans les oviductes en exerçant au besoin une très-légère pression sur l'ovaire. Une remarque que j'ai faite
à Messine m'a permis d'étendre mes recherches au delà de l'époque très-
limitée que j'ai indiquée pour la maturité sexuelle. En effet les individus
provenant de diverses stations ne frayent pas tout à fait en même temps;
ceux qui se trouvent en mer sont vides aussitôt après la pleine lune,
tandis que ceux qui vivent dans le port ne se vident que quelques jours
plus tard, et ce délai s'étend à une semaine ou même dix jours pour les
Toxopneustes lividus qui vivent dans la lacune peu profonde qui s'étend
entre la citadelle et l'ancien lazaret.

Enfin une dernière précaution indispensable consiste à ne pas mélanger aux œufs le liquide de la cavité du corps. A cet effet, l'on n'a qu'à vider ce liquide après avoir ouvert le test et laver à grande eau

l'intérieur de l'Oursin ou de l'Astérie avant d'entamer les oviductes.
Les œufs, une fois extraits, doivent être placés dans des quantités relativement considérables d'eau de mer pure et fraîche, et utilisés le plus
tôt possible.

Le sperme est facile à avoir; les sexes étant en nombres à peu près
égaux, l'on trouvera toujours les mâles arrivés à maturité en cherchant
des femelles. Il suffit d'entamer le testicule et de recueillir un peu du
liquide blanc, de consistance crémeuse, qui s'écoule. On le mêlera aussitôt à un verre d'eau de mer fraîche; quelques gouttes du liquide opalin
ainsi obtenu suffisent à féconder des quantités d'œufs très-considérables.
Il ne faut pas oublier qu'après la mort de l'animal, sa liqueur séminale
perd assez promptement ses propriétés fécondantes. Au bout d'une heure
environ, le contenu du testicule se coagule en une masse de la consistance du lait caillé. Dispersée dans l'eau de mer fraîche et portée sous
le microscope, cette substance se montre uniquement composée de zoospermes morts et immobiles. Le sperme mêlé à de grandes quantités d'eau
de mer fraîche conserve sa vitalité un peu plus longtemps, mais la
plupart des zoospermes sont déjà immobiles au bout de deux heures et
si, à la cinquième heure, l'on mêle cette eau à celle qui contient des œufs,
aucun de ces derniers ne donne le moindre signe d'imprégnation. Plus
les zoospermes sont nombreux dans une même quantité d'eau et plus
leur mort est prompte; je crois pouvoir, dans ce cas, l'attribuer à une
asphyxie. C'est sans doute aussi par asphyxie que périssent les œufs fécondés avec du sperme trop concentré, si l'on ne prend pas la précaution
de les laver à grande eau aussitôt après la pénétration. Pour opérer la
fécondation artificielle d'œufs placés dans une très-petite quantité d'eau,
l'on devra diluer au second degré le liquide opalin ci-dessus décrit. Cette
mesure est indispensable pour l'observation directe des phénomènes de
pénétration.

La difficulté que j'éprouvai à voir directement sous le microscope la
réunion du zoosperme à l'ovule, dans des conditions normales, fut si
grande que je ne pus y réussir qu'après des mois d'efforts infructeux.

Aussi ne puis-je m'étonner beaucoup lorsque je m'aperçois par une étude soigneuse de toute la bibliographie du sujet, qu'à une ou deux exceptions près, et ces exceptions mêmes sont douteuses, personne n'a encore observé avant moi cette pénétration physiologique chez aucun animal.

Je ne fatiguerai pas le lecteur par le récit de tous mes mécomptes et me contenterai de décrire la seule méthode qui m'ait réussi. Et d'abord, il faut être muni d'un compresseur à lames parallèles; cet instrument m'est absolument indispensable, et sans lui je n'aurais certes jamais atteint mon but. Je suppose connu le modèle dont je me suis servi et que j'ai déjà décrit et figuré ailleurs (Gegenbaur, Morphol. Jahrbuch, t. II, p. 440, 1876). L'avantage de cet instrument est de permettre au travailleur de régler à volonté la distance du couvre-objet et du porte-objet, tout en maintenant entre ces deux lames un parallélisme parfait. L'on peut donc amincir la goutte d'eau, dans laquelle se trouvent les œufs à étudier, au point de les rendre accessibles aux plus forts grossissements, et cela sans les comprimer le moins du monde. La goutte d'eau s'oxygène par les bords, ce qui n'est pas le cas dans une simple cellule de verre, et elle ne se concentre que lentement, à l'inverse de ce qui se passe dans une préparation ordinaire, où le couvre-objet est maintenu à distance par de petits corps interposés. Enfin le plus grand avantage se révèle dans la fécondation artificielle sous le microscope. Je n'ai jamais réussi à observer la pénétration lorsque je plaçais, l'une à côté de l'autre, les deux gouttes d'eau renfermant le sperme et les œufs, pour les faire toucher par leurs bords au moment de l'observation; mais je réussis, pour ainsi dire à chaque essai, en plaçant la goutte qui renferme le sperme très-dilué sur le porte-objet et celle qui contient les ovules mûrs contre le couvre-objet du compresseur. Les deux gouttes étant ainsi disposées, je place l'instrument sous le microscope que j'ajuste et je n'ai plus qu'à tourner la vis du compresseur pour amener le mélange des deux gouttes superposées et observer à l'instant même. Les ovules, plus denses que l'eau, tombent à travers le liquide, les zoospermes s'élèvent en nageant et la rencontre a lieu dans des conditions à peu près normales. Quand une fois l'on connaît de vue les phases de la pénétration, l'on n'a pas de peine à les retrouver dans des essais faits dans des conditions moins favorables. Ainsi je les ai revues dans des fécondations faites avec du sperme trop épais et je n'ai pas négligé de m'assurer que, dans ce cas comme dans le premier, il ne pénètre jamais qu'un zoosperme par œuf.

Mais à côté de l'observation directe, il est indispensable de placer celle des mêmes phases fixées à l'aide des réactifs. L'on peut ainsi examiner à son aise et conserver pour la démonstration ces phénomènes si délicats et si passagers; on peut les rendre visibles chez des œufs fécondés dans les conditions que présente la nature ou dans les conditions les plus variées et montrer que les processus importants restent, dans tous ces cas, les mêmes que ceux que l'on a observés directement sur le vivant. Les acides acétique et picrique m'ont rendu peu de services dans l'étude de ces stades chez les Étoiles de mer et les Oursins. L'acide osmique, suivi de bichromate de potasse ou mieux de carmin de Beale, m'a donné les images très-exactement décrites par O. Hertwig, mais rien de plus. La seule méthode qui m'ait parfaitement réussi consiste à plonger les œufs, d'abord dans de l'eau de mer additionnée de deux pour cent d'acide acétique cristallisable, ensuite dans de l'acide osmique à un pour mille, et enfin dans un carmin ammoniacal additionné d'alcool et d'un peu de glycérine. Dans l'acide acétique les œufs ne restent que deux ou trois minutes, trois ou quatre minutes dans l'acide osmique, et quelques heures dans le carmin. Ils sont ensuite conservés dans de la glycérine étendue d'alcool et d'eau, avec une petite quantité d'une substance antiseptique. J'indiquerai plus loin les effets de ces réactions.

Dans le premier chapitre, nous avons laissé les œufs d'*Asterias glacialis* au point qu'ils atteignent après quatre heures environ de séjour dans l'eau de mer (en janvier par une température de 12 à 15° centigr.). Le vitellus est dépourvu de membrane, mais sa surface est formée d'une couche enveloppante; dans son intérieur, il ne présente qu'un pronucléus femelle qui se trouve près du centre du vitellus, mais du côté des globules polaires (voyez fig. 8). A la surface se trouvent ces derniers globules, sou-

Fig. 8.

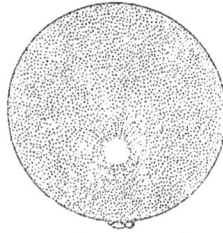

L'ovule entier, sans son enveloppe, avec ses globules polaires, retenus par une mince pellicule, et son pronucléus femelle achevant sa croissance et encore entouré de stries radiaires peu nettes. Œuf vivant. ³⁰⁰/₁.

vent entourés déjà d'une membrane propre. Enfin le vitellus et les globules sont enfermés étroitement dans la couche muqueuse ou l'oolemme pellucide. Faisons sous le microscope la fécondation artificielle de ces ovules parfaitement mûrs. Nous verrons bientôt le champ du microscope parcouru par les zoospermes qui avancent lentement et droit devant eux grâce aux mouvements ondulatoires de leur cil vibratile. Toutes les fois que le corps du zoosperme rencontre la couche muqueuse d'un œuf, il reste pris et les mouvements continus de sa queue tendent à l'y faire enfoncer; il est bien rare qu'il se dégage pour continuer sa course. L'on ne peut observer avec attention la manière dont se comportent ces éléments mâles, sans garder la conviction que leurs mouvements sont tout à fait automatiques; la différence qu'ils présentent sous ce rapport avec le moindre infusoire est très-frappante.

La plupart des zoospermes qui s'accolent à l'oolemme pellucide ne pénètrent que peu dans son épaisseur et restent près de sa surface. Tous s'implantent perpendiculairement à la surface du vitellus grâce à la structure particulière de la couche mucilagineuse. Quelques-uns réussissent à se frayer peu à peu un chemin, mais leur nombre est très-restreint

et leur marche très-lente. L'on n'a donc pas de peine, si l'on opère un
peu vite, à trouver un œuf qui présente au bord un zoosperme profondément engagé dans l'oolemme, tandis que les autres sont encore voisins
de la surface. Suivons ce zoosperme et nous verrons que sa marche tend
plutôt à se ralentir à mesure qu'il avance dans cette couche molle. Mais
le voisinage du zoosperme exerce bientôt sur le vitellus une action, sur la
nature de laquelle je m'abstiens pour le moment de me prononcer. Nous
voyons la couche hyaline superficielle se soulever en forme de cône plus
ou moins effilé et venir ainsi à la rencontre du zoosperme le plus rapproché. Je donne à cette apophyse hyaline le nom de *cône d'attraction*. Ce
cône présente des formes très-diverses. Tantôt il est mince et allongé
en forme d'aiguille ou de languette (Pl. III, fig. 1 a et 2 b, *Sa*), tantôt il
est large et relativement court (Pl. III, fig. 3, *Sa*). Cette forme varie surtout suivant la rapidité de progression du zoosperme. Au moment de sa
première apparition, ce cône se présente toujours sous la forme d'une
éminence mamelonnaire ou conique à base large. Si le zoosperme avance
lentement, cette proéminence s'allongera jusqu'à ce qu'elle l'ait rencontré (fig. 1a); elle atteindra en longueur jusqu'à la moitié du diamètre
de la couche mucilagineuse. Si le zoosperme se rapproche rapidement du
vitellus, il touchera le sommet du cône avant que celui-ci ait eu le temps
de s'allonger beaucoup (fig. 3c), car aussitôt que le contact est établi, le
cône cesse de s'étirer et commence au contraire à rentrer dans le vitellus.
Ainsi s'explique la relation qui existe entre la marche du zoosperme et
la forme du cône.

Une fois le contact établi, le gros bout du spermatozoïde se trouve
réuni au vitellus par une traînée continue de sarcode, et cette union
n'est plus interrompue que dans des cas très-exceptionnels et pathologiques. Le corps de l'élément mâle commence à changer de contours; il
diminue de volume (Pl. III, fig. 1 b) et sa forme régulièrement ovoïde
devient variable. Souvent il présente l'aspect d'une crosse (fig. 1 c, *Zc*)
ou d'une gourde (fig. 3 c et 4a, *Zc*), d'autres fois celle d'une larme ou
d'un fuseau. Ces formes sont changeantes, mais ne subissent pas ces alté-

rations rapides que l'on désigne du nom de mouvements amiboïdes. A mesure que le cône se raccourcit, le corps du zoosperme diminue de volume et perd en même temps son pouvoir de réfraction. Il devient toujours plus semblable à la substance pâle du cône dans laquelle il semble se dissoudre (Pl. III, fig. 4 c, Z). Cependant cette dissolution n'est que partielle; le cône est presque toujours terminé par un renflement plus ou moins accentué, dernier reste du corps du spermatozoïde (fig. 1 d et 4 c). Le renflement est surmonté par la queue déjà réduite de volume et de longueur et devenue plus pâle (Pl. III, fig. 1 d et 5 b, zq). Parfois la queue ou cil vibratile semble surmonter directement le cône aminci et présente des renflements arrangés en chapelet. Il ne semble pas que ce cil perde de la substance par décomposition, aucun fait observé ne m'autorise à le croire. Il est donc plus probable qu'il rentre petit à petit et se fond à mesure dans le cône, en sorte que son extrémité effilée reste seule sans changement. Celle-ci semble devenir un peu plus courte, plus large et plus pâle, au moment où le cône d'attraction avec le gros bout du zoosperme est presqu'entièrement rentré dans le vitellus. Il est rare que le cône disparaisse entièrement; le plus souvent le sommet pointu, extrêmement pâle, de cette apophyse molle persiste au-dessus du niveau de la surface (Pl. III, fig. 4 c) et devient aussitôt le point de départ d'une nouvelle formation. Le reste de la queue du zoosperme s'élargit à vue d'œil, en commençant par la base, et ainsi se forme un nouveau cône auquel je donne le nom de *cône d'exsudation* (Pl. III, fig. 5 c et 5 d, Se). L'extrémité de la queue du zoosperme et le sommet du cône d'attraction sont le point de départ de ce cône exsudé; mais son mode de croissance indique clairement que la plus grande partie de sa substance doit provenir, par expulsion, du vitellus. La base de cette dernière excroissance continue à s'élargir, mais elle tranche nettement sur la surface du vitellus qui n'est pas soulevée autour de cette base. Ses bords présentent des languettes dirigées en arrière comme les barbes d'une plume (Pl. III, fig. 4 d, Se). Ces languettes sont aussi pâles que le cône lui-même; elles changent constamment de forme. Les premières languettes se dispersent et d'autres plus nombreuses apparaissent à leur place. Pendant ce temps le cône aussi passe successivement par une série de formes diverses; puis il pâlit de plus en plus et cesse bientôt d'être visible. Tous ces phénomènes se succèdent avec une rapidité telle qu'il est bien difficile d'en retenir les phases à l'aide du crayon ou de la plume. Aussi les séries très-nombreuses d'esquisses et de descriptions que je possède sont-elles presque toutes assez incomplètes. Celles qui présentent le plus de suite ont été reproduites sur la planche III.

Tous ces phénomènes se suivent avec une extrême rapidité. Ils commencent et se terminent dans l'espace de peu de minutes. La phase qui précède le contact du cône d'attraction avec le zoosperme peut se prolonger quelques minutes, mais une fois la communication établie, les événements s'accélèrent de plus en plus. Le cône d'exsudation peut aussi persister quelques minutes. Ce sont donc le début et la fin de l'acte qui sont les plus faciles à observer.

Chez l'œuf mûr de l'Astérie, l'orientation du vitellus est nettement indiquée par la position des globules polaires. Ces corpuscules désignent au premier coup d'œil le pôle formatif; il est donc facile de déterminer la position du point de pénétration par rapport à l'axe de l'œuf. Cette position est loin d'être constante. La plupart des spermatozoïdes entrent il est vrai par l'hémisphère nutritif et même, le plus souvent, dans le voisinage du pôle opposé à celui qu'occupent les sphérules de rebut; mais l'on voit aussi trop souvent le corpuscule mâle atteindre le vitellus dans son hémisphère formatif et jusque dans le voisinage immédiat des globules polaires (Pl. III, fig. 4) pour pouvoir établir une règle à cet égard.

Pour simplifier la description, j'ai réservé jusqu'à présent toute une série de phénomènes importants qui sont simultanés avec ceux que je viens de décrire. Le cône d'attraction, au moment où il apparaît et grandit, semble être en continuité de substance avec cette couche hyaline de sarcode qui occupe la surface du vitellus et que j'ai déjà décrite sous le nom de couche enveloppante (Pl. III, fig 1 a, *Ev*). Le contact entre le sommet du cône et le corps du spermatozoïde est à peine établi depuis quelques instants, que déjà nous voyons la couche enveloppante prendre un contour extérieur plus foncé, auquel s'ajoute maintenant un contour interne bien tranché (Fig. 1 a, *Ev*). La couche enveloppante est devenue une membrane et nous la désignerons désormais de ce nom. Au-dessous de cette membrane se trouve le vitellus, dépourvu de couche enveloppante, et granuleux jusqu'au bord. Puis il se montre un espace, d'abord très-mince, entre la surface du vitellus et la membrane vitelline et cela sur une petite étendue, autour de la base du cône d'attraction (Pl. III, fig. 1 b et 4 a). Pendant ce temps, le cône se raccourcit et reste évidemment en continuité avec le vitellus à travers la membrane. Celle-ci doit donc présenter en cet endroit une solution de continuité, une petite ouverture, un micropyle d'occasion, si l'on veut ; je n'ai pas réussi à voir directement cette ouverture par le microscope, mais son existence me paraît mise hors de doute par la continuité bien évidente du cône. Autour de celui-ci, la membrane présente une dépression en forme de tasse ou de cratère (Pl. III, fig. 1 b et 4 a, *Km*), dépression qui s'expliquerait difficilement si l'on n'admettait l'existence d'une ouverture dans son centre. L'enfoncement n'est pas produit par un amincissement de la membrane en cet endroit; la membrane présente partout la même épaisseur, elle est seulement infléchie.

Au moment où un espace commence à se montrer sous la membrane vitelline dans le voisinage du point de fécondation, la différenciation de la membrane s'étend déjà tout autour du vitellus. Elle n'est pas encore soulevée, mais elle présente déjà un contour intérieur bien net, même du côté opposé à celui où la pénétration a lieu. Dès cet instant l'œuf est inaccessible à tout autre zoosperme qui viendrait à toucher la membrane. Le vitellus ne peut plus fournir de ces prolongements nommés cône d'attraction, et comme le zoosperme ne pénètre guère, chez Asterias, sans l'aide de cette excroissance, l'on comprend aisément que la pénétration d'un second élément mâle est devenue impossible. Enfin si l'on se rappelle l'extrême rapidité de ces processus et si l'on tient compte du fait que c'est le zoosperme le plus rapproché du vitellus, celui qui avançait le plus rapidement à travers l'oolemme qui est entré en communication avec le sarcode vitellin, l'on s'expliquera aisément comment il se fait qu'il ne pénètre jamais qu'un seul zoosperme dans un vitellus normal. Je donnerai plus loin les preuves de la justesse de cette dernière assertion.

L'espace qui s'est produit entre la membrane et le vitellus gagne de proche en proche jusqu'au pôle opposé au point de fécondation. La membrane se trouve entièrement soulevée vers le moment où le cône d'attraction achève de rentrer et se voit remplacé par le cône exsudé (Pl. III, fig. 1 d et 5 d); dans cette phase aussi, le cratère de la membrane devient moins profond et tend à s'effacer (Pl. III, fig. 1 d, *Km*). La distance entre la membrane et le vitellus augmente ensuite d'une manière uniforme pendant quelques minutes; l'espace compris entre les deux est occupé par une substance transparente qui ne peut être un liquide, mais qui doit être une gelée très-claire; si c'était un liquide, le vitellus se déplacerait et l'espace ne pourrait rester d'une épaisseur uniforme tout le tour. Cette substance provient-elle uniquement d'une sécrétion de la surface du vitellus, ou bien y a-t-il en même temps imbibition à travers la membrane vitelline? Si elle provenait uniquement du vitellus, ce dernier devrait subir une diminution de volume. La mensuration exacte du diamètre du vitellus présente de grandes difficultés, à cause des changements de forme qu'il subit pendant le soulèvement de la membrane; aussi ne suis-je pas arrivé à des résultats bien concluants. Je puis seulement dire que, si le vitellus diminue de volume, ce ne peut-être que d'une quantité bien faible. Presque tous les auteurs qui traitent de ce phénomène, chez *Asterias* et chez d'autres animaux, parlent d'un retrait du vitellus et non pas d'un soulèvement de la membrane. Sans oser nier absolument le retrait en ce qui concerne *Asterias*, je crois m'être assuré que le vitellus avec sa membrane présente un diamètre supérieur à celui qu'il possédait avant la formation de cette membrane. Je parlerai donc du soulèvement de cette dernière et non d'un retrait qui me paraît douteux.

Au moment où le cône d'exsudation va en croissant, la base du cône est visible en dedans de la membrane vitelline, tandis que sa partie ex-

terne se trouve en dehors de cette membrane. Il doit y avoir encore continuité entre ces deux parties du cône et conséquemment l'ouverture de
la membrane vitelline doit encore exister. Plus tard, lorsque le cône exsudé se décompose et disparaît par diffusion, il est possible que l'ouverture n'existe plus; le cratère a certainement disparu. Après la dispersion
complète du cône d'exsudation, il n'est plus possible de trouver la moindre trace d'un orifice, même si l'on place par une rotation de l'œuf, la
région dont il s'agit de manière à pouvoir la regarder de face.

Après avoir passé en revue les phénomènes qui se voient à la surface
nous devons encore consacrer quelques mots à ceux que présente le vitellus lui-même. Ce dernier ne subit aucun changement jusqu'au moment
où le cône d'attraction rentre à travers le cratère de la membrane soulevée. Au-dessous de cet enfoncement l'on aperçoit une autre dépression,
généralement peu accentuée, de la surface du vitellus. Au milieu de
la dépression surgit le cône qui renferme le zoosperme; tandis que ses
bords se soulèvent en une sorte de petit cratère (Pl. III, fig. 2 i, *Kv*). Au-
dessous de ce point, le vitellus présente une petite tache claire et
dépourvue de granulations (Pl. III, fig. 5 d, *♂*). C'est l'origine du
pronucléus mâle. Le cratère de la surface du vitellus est encore visible
lorsque la membrane vitelline est entièrement soulevée, mais avant que
le pronucléus ne soit constitué. Comme ce cratère est très-facile à voir,
il fournit un moyen de s'assurer que chez les œufs normalement fécondés
il n'y a jamais qu'un seul point de fécondation et il permet en outre de
contrôler rapidement sur un grand nombre d'œufs la position de ce point
comparée à celle des globules polaires. L'on peut ainsi s'assurer que, si
la pénétration du spermatozoïde se fait, dans la majorité des cas, dans
l'hémisphère opposé à celui que surmontent les globules, cette règle
n'est pas sans exceptions et que souvent le cratère se trouve jusque dans
le voisinage immédiat de ces globules (Pl. III, fig. 4, *Cr*).

Je n'ai parlé jusqu'ici que de la fécondation d'œufs parfaitement mûrs
et chez lesquels les globules polaires étaient constitués au moment de
l'imprégnation. Il peut cependant arriver que des œufs bien frais, fécon-

dés au moment où la première sphérule de rebut va se montrer, suivent ensuite un développement normal. Ces œufs diffèrent de ceux que j'ai décrits jusqu'ici par le fait que les globules polaires, au lieu de se trouver en dehors de la membrane vitelline restent accolés à la surface du vitellus (voyez fig. 9 et 10).

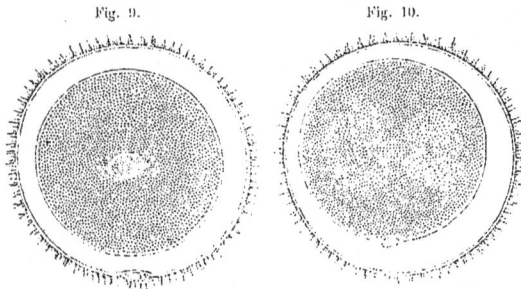

Fig. 9.   Fig. 10.

Œufs normaux d'*Asterias glacialis* arrivés à la phase où se montre le premier amphiaster de fractionnement. L'un des deux (fig. 9) a été fécondé *après* la formation des sphérules de rebut et présente ces sphérules en dehors de la membrane vitelline, recouvertes seulement par l'oolemme pellucide ; l'autre (fig. 10) fécondé *avant* la sortie des globules polaires, montre ces globules en dedans de la membrane et appliqués contre la surface du vitellus. Préparations à l'acide picrique. Grossissement $\frac{350}{1}$.

Rien ne peut mieux démontrer le fait important que la membrane vitelline prend naissance seulement au moment de la fécondation, car s'il en était autrement, les sphérules de rebut se trouveraient toujours en dedans de la membrane.

La description détaillée que je viens de donner de la pénétration de l'élément mâle dans le vitellus chez *Asterias* me permettra d'être plus bref au sujet des mêmes phénomènes chez l'Oursin. Dans cette famille, la couche mucilagineuse est plus mince que chez les Astéries ; le vitellus est aussi de dimensions plus restreintes, comparées à celles du zoosperme.

13

Les éléments mâles m'ont paru présenter une locomotion plus énergique et plus rapide. Leur corps a la forme d'un cône régulier, avec la queue implantée au milieu de la base du cône (Pl. V, fig. 9 a, Z). De toutes ces particularités il résulte que le zoosperme traverse l'oolemme bien plus facilement et plus rapidement que chez *Asterias* et qu'il arrive en peu d'instants à toucher le vitellus. Celui-ci ne se soulève pas pour envoyer une apophyse de sarcode à la rencontre du spermatozoïde; il reste lisse, et c'est dans sa couche enveloppante unie que l'élément mâle vient implanter la pointe de sa tête conique (Pl. V, fig. 9b, Zc). Nous avons vu que chez *Asterias* le cône d'attraction est d'autant plus petit que le zoosperme s'avance plus vite. Le cas des Oursins est donc un extrême que des transitions relient à l'autre extrême, souvent présenté par les œufs d'Étoiles de mer. Ces différences ne sont donc pas tranchées et s'expliquent aisément d'après les remarques que j'ai faites sur l'Astérie.

Aussitôt que le contact a lieu, la membrane vitelline commence à se soulever avec une rapidité et une énergie bien plus grandes que chez l'Étoile de mer. Il ne se forme point d'enfoncement ni de cratère dans cette membrane, qui du premier coup se gonfle au point de passer en dehors du zoosperme implanté. Elle doit donc présenter une ouverture qui correspond au corps de ce spermatozoïde et qui doit le laisser passer lorsque la membrane se soulève. S'il n'en était pas ainsi, la membrane repousserait devant elle l'élément mâle et le séparerait du vitellus, ce que je n'ai jamais observé. Du reste, l'existence de cette ouverture est démontrée, encore après le soulèvement de la membrane, par la queue du zoosperme qui passe droite et sans interruption à travers la membrane vitelline; celle-ci doit donc nécessairement être perforée en cet endroit (Pl. V, fig. 10 a, Zq). Je n'ai jamais pu voir directement au microscope, ni en ce moment ni plus tard, ce pore dont l'existence me paraît pourtant démontrée.

En pénétrant dans le vitellus, le zoosperme change peu de forme; il entre progressivement par l'action du sarcode vitellin et non par l'impulsion de sa queue qui s'est raccourcie et a cessé d'exécuter ses mouvements ondulatoires. Cependant, la membrane vitelline continue à se détacher. Elle est différenciée sur tout le pourtour du vitellus à peu près à l'instant où le corps du zoosperme est à moitié enfoncé dans la substance vitelline (Pl. V, fig. 10a, *Mv'*), et son soulèvement a gagné tout le tour de l'œuf vers le moment où le corps du spermatozoaire a pénétré tout entier (Pl. V, fig. 10b, *Mv'*).

Après la différenciation de cette membrane, le vitellus ne se montre pas uniformément granuleux jusqu'à son extrême bord comme chez *Asterias*. Sa couche superficielle est hyaline et constitue une couche enveloppante comme celle de l'ovule mal mûr (Pl. V, fig. 9c - 9f, *Ev''*). Cette couche se comporte à la façon d'une substance molle. En effet nous la voyons former, autour du zoosperme qui pénètre, un petit bourrelet entourant une dépression centrale (Pl. V, fig. 9d, *Kv*), bref un petit cratère semblable à celui que présente, chez *Asterias*, la surface du vitellus au-dessous de la membrane soulevée. Cette dépression à bords relevés ne tarde pas à disparaître, tandis qu'au point de fécondation apparaît une excroissance de forme très-irrégulière (Pl. V, fig. 9f et 10b, *Se*), extrêmement pâle et très-mobile. Cette exsudation du vitellus ne vient pas toujours s'ajouter aux restes de la queue du zoosperme, car celle-ci disparaît souvent sans laisser de vestiges; aussi sa forme n'est-elle pas droite et effilée comme chez *Asterias*, mais plus généralement arrondie au sommet et quelquefois déjetée de côté. L'excroissance dont je parle n'a donc pas toujours la forme d'un cône et rarement celle d'un cône régulier; je crois néanmoins devoir lui donner le même nom que pour l'Étoile de mer, celui de cône d'exsudation. Ce cône change continuellement de forme (Pl. V, fig. 9g, 9h et 10c, *Se*), avec assez de rapidité pour que ces mouvements soient directement visibles. Je ne sais s'il faut attribuer ce phénomène à des contractions amiboïdes ou s'il ne s'agit pas plutôt d'une éruption continue d'une substance presque liquide qui se disperserait à mesure sur les bords? Quoi qu'il en soit, ce cône d'exsudation persiste quelques minutes après que l'imprégnation est accomplie et permet de reconnaître que, chez des œufs fécondés normalement, il n'y a pas un exemplaire sur cent qui ait reçu plus d'un zoosperme.

La couche enveloppante, dont nous avons reconnu l'existence après la formation de la première membrane vitelline, est d'abord très-mince et ne présente pas de contour interne autre que la limite atteinte par les dernières granulations vitellines (Pl. V, fig. 9a et 9b, Ev''). Pendant la durée du cône d'exsudation, cette couche devient plus épaisse et son contour interne commence à se marquer, pour devenir assez net au moment où le cône va disparaître (Pl. V, fig. 9h et 10 c, Mv''). La couche limitante est devenue une véritable membrane qui reste en général accolée au vitellus sur toute sa surface, dont elle ne se détache que plus tard et seulement par places (Pl. V, fig. 10d et Pl. VI, fig. 6 et 8, Mv''). Nous la nommerons la seconde membrane vitelline, ou la membrane vitelline interne. Son procédé de formation est intéressant en ce qu'il nous montre les mêmes phases que la membrane qui se soulève chez l'Astérie au moment de la fécondation, mais avec une lenteur qui permet de mieux saisir tous les détails. Au-dessous de cette membrane interne, le vitellus paraît homogène, ses granulations s'étendant jusqu'à son extrême bord. Il ne s'entoure d'une nouvelle couche limitante qu'après les premiers stades du fractionnement.

Le corps du zoosperme, une fois plongé dans le vitellus, est souvent visible sans l'aide des réactifs; il présente l'aspect d'un grain assez réfringent (Pl. V, fig. 9f, Z). Autour de lui, le vitellus est dépourvu de granulations et constitue une tache claire de peu d'étendue (Pl. V, fig. 9g et 9h, $\varphi\sigma$).

La position ordinaire du point de pénétration, comparée à l'axe de l'œuf, est moins facile à vérifier chez l'Oursin que chez l'Astérie. Cependant nous savons que le pronucléus femelle ne se déplace pas, après sa formation, jusqu'à atteindre le centre du vitellus. Si nous prenons cette position excentrique comme guide dans notre orientation de l'œuf, nous reconnaîtrons que la pénétration a lieu en un point quelconque de la surface, bien qu'elle soit peut-être un peu plus fréquente sur l'hémisphère nutritif.

Les phases de la pénétration, fixées à l'aide des réactifs, ajoutent aux

résultats de l'observation directe quelques renseignements importants.
La préparation des œufs d'Oursins m'ayant beaucoup mieux réussi que
celle des œufs d'Astéries, je me bornerai à décrire quelques phases des
premiers. Les images les plus remarquables sont fournies par l'acide
acétique suivi d'acide osmique et de carmin. Dans les partis d'œufs traités de cette manière aussitôt après la fécondation artificielle, l'on voit
sur chaque vitellus un seul zoosperme implanté verticalement dans sa
surface, et dans ceux qui présentent de profil ce point de pénétration, l'on
peut étudier et dessiner à loisir tous les détails de structure. Les œufs
les plus récemment fécondés (Pl. V, fig. 13) présentent, sur un point de
la surface du vitellus, une membrane soulevée en forme de verre de
montre (*Mv′*). Cette membrane recouvre un espace lenticulaire, limité
inférieurement par la surface légèrement enfoncée du vitellus, et traversé
verticalement par un corps conique dont la pointe entre déjà dans la surface vitelline. C'est le corps du zoosperme facilement reconnaissable à
la teinte foncée que lui a donnée le carmin; la comparaison de cet élément mâle avec ceux qui se trouvent en grand nombre dans la préparation, autour des œufs, ne laisse aucun doute sur sa nature, car l'aspect
de tous est identique. Si l'on pouvait encore conserver quelque incertitude, elle s'évanouirait à l'aspect de la queue dont ce corps conique est
surmonté et qui est très-visible tant que la préparation n'est pas trop
ancienne (Pl. V, fig. 13, *Zc*). Cette queue traverse la membrane et s'étend
en dehors de celle-ci.

De nombreuses transitions relient cette phase à la suivante représentée sur la fig. 14 (Pl. V). Ici la membrane soulevée a déjà une étendue
plus grande. Elle est toujours posée sur le vitellus comme un verre
de montre dont la surface vitelline serait le cadran, tandis que la
place du pivot des aiguilles est occupée par le zoosperme. L'on pourrait aussi comparer l'œuf à un œil de mammifère; la membrane soulevée
correspondrait à la cornée, et l'espace plan-convexe qu'elle recouvre, à la
chambre antérieure de l'œil. La surface aplatie ou même concave de la
portion de vitellus que recouvre la membrane ne s'observe pas chez l'œuf

vivant. Elle provient d'un gonflement, dû à l'action de l'acide acétique, de l'espace recouvert par la membrane, gonflement qui exagère la courbure de cette dernière et repousse le vitellus. Les proportions sont donc modifiées par le réactif; mais une fois que nous connaissons cette modification et ses causes, nous pouvons sans danger profiter de la clarté plus grande qu'elle donne aux images.

Le zoosperme est maintenant implanté au point que tout son corps se trouve dans le vitellus (Pl. V, fig. 14, *Zc*). A la place de la queue nous distinguons une excroissance de substance pâle (fig. 14, *Se*), à bords irréguliers, un véritable cône d'exsudation. Les bords de la portion soulevée de membrane vitelline passent, d'une manière continue et sans aucune limite ni solution de continuité, à la couche limitante qui occupe le reste de la surface du vitellus. Cette couche existe aussi sur la portion recouverte par la membrane vitelline. Cette dernière ne résulte donc pas chez l'Oursin du durcissement de toute la couche limitante, ainsi que cela s'observe chez l'Astérie, mais seulement du durcissement d'une lamelle superficielle ou peut-être d'une simple excrétion de la surface du vitellus. La manière dont cette membrane se continue avec la couche limitante est favorable à la première supposition et s'accorderait difficilement avec la dernière (voyez fig. 11 et 12, p. 103).

Le soulèvement de la membrane s'accomplit rapidement, et bientôt nous arrivons à la phase que représente la fig. 15 de la planche V. Le zoosperme, entièrement noyé dans le vitellus (*Zc*) conserve encore sa grosseur normale et sa forme conique. Il est facile à distinguer grâce à la coloration foncée qu'il a prise dans le carmin. Immédiatement au dessus, se voit une vésicule de forme irrégulière (Pl. V, fig. 15, *Se*) dont les parois présentent par places des contours doubles. Cette vésicule est attachée au vitellus et souvent aussi, par son extrémité opposée, à la membrane vitelline; elle est tantôt simple, tantôt divisée en deux ou composée de lobes (fig. 12, p. 103). Sa paroi présente toujours des plis variables. Les œufs traités simplement à l'acide acétique et mis ensuite dans la glycérine présentent cette même structure avec les mêmes caractères.

Fig. 11.   Fig. 12.

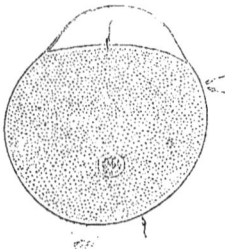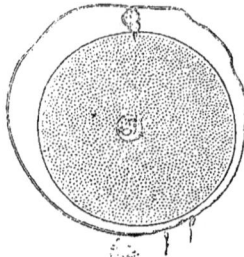

Œufs de Toxopneustes lividus plongés dans l'acide acétique, puis dans l'acide osmique et teints dans le carmin.

Fig. 11, œuf coagulé au moment où le corps du zoosperme est enfoncé à moitié dans le vitellus; il possède encore son cil vibratile et il est surmonté et entouré par la première membrane vitelline soulevée en forme de verre de montre. Dans le bas du vitellus se voit le pronucléus femelle.

Fig. 12, œuf coagulé au moment où le corps du zoosperme est entièrement enfoncé dans le vitellus. Il est surmonté par le cône d'exsudation que l'acide acétique a changé en une vésicule. La première membrane vitelline est soulevée tout autour de l'œuf. Le pronucléus femelle se trouve près du centre du vitellus. Grossissement $\frac{400}{1}$.

Pour arriver à la certitude à cet égard, j'ai jeté dans l'acide acétique des œufs arrivés à la phase de la figure 10G (Pl. V). Presque tous présentèrent cette vésicule telle que je viens de la décrire; il n'est donc pas douteux que nous avons affaire au cône d'exsudation dont la surface a été coagulée par l'acide acétique et qui a été ensuite gonflé par ce réactif. La forme irrégulière que présente souvent la vésicule répond aux formes variables du cône (Pl. V, fig. 9 g et 9 h, *Se*).

Dans l'acide picrique suivi de glycérine, les œufs de cette phase prennent un aspect différent (Pl. V, fig. 12). La membrane vitelline est plus régulière et moins distendue, le vitellus parfaitement sphérique. En un point de sa surface se montre une tache dépourvue de granulations ($v\male$)

que surmonte une excroissance hémisphérique (*Se*). Cette dernière est régulière de forme et se compose d'une substance transparente mais assez réfringente. Quelques essais comparatifs m'ont démontré que cette tache claire et cette excroissance se trouvent au point de pénétration du zoosperme qui reste lui-même invisible dans les préparations à l'acide picrique. Je ne sais si l'excroissance arrondie doit être considérée comme résultant d'une condensation du cône d'exsudation ou de l'expulsion d'une certaine quantité de sarcode qui serait chassé par le vitellus contracté par l'acide. Il n'y a jamais qu'une seule excroissance de ce genre à la surface d'un vitellus.

La réunion des pronucléus. Pendant que ces phénomènes d'imprégnation se passent à la surface du vitellus, le pronucléus femelle reste immobile à la place où nous l'avons quitté dans le premier chapitre. Il présente toujours le même aspect clair et homogène; il sort du vitellus écrasé comme le ferait un corps compacte et pâteux. Je ne réussis pas à distinguer une membrane enveloppante à l'état de vie.

Chez des œufs traités par les acides acétique et osmique et par le carmin, le pronucléus femelle (Pl. V, fig. 13-15, $\u2640$) prend une coloration vive et un aspect particulier; sa couche superficielle se coagule de manière à prendre l'apparence d'une membrane à double contour. Le contour externe est régulier, mais non pas le contour interne qui manque même par places. Dans l'intérieur de ce pronucléus se trouvent presque toujours des granulations de diverses grandeurs, parmi lesquelles se voit d'habitude un corpuscule plus gros, auquel on peut appliquer le terme de nucléole (Pl. V, fig. 13 et 15, *n*). Je n'oserais affirmer, cependant, qu'il s'agisse d'un nucléole véritable plutôt que d'un précipité provoqué par l'acide.

Sur le phénomène de la réunion des deux noyaux chez l'Astérie et l'Oursin je puis être très-bref, car O. Hertwig nous a donné pour l'Oursin une description soigneuse et très-exacte; or l'œuf de ces divers animaux se comporte à peu près de même sous ce rapport.

Chez *Asterias glacialis*, la petite tache claire qui se forme à la surface du vitellus, au point où un zoosperme a pénétré, devient le point de départ du pronucléus mâle. D'abord cette tache reste immobile et sans changements apparents pendant plusieurs minutes; puis elle se met à croître et se déplace en même temps, quittant la surface pour se rapprocher du centre de l'œuf (voyez fig. 13). Autour de l'espace clair, se forment des

Fig. 13.

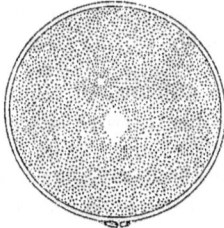

Le vitellus d'*Asterias glacialis* entouré de sa membrane vitelline sur laquelle sont placés les globules polaires. Près du centre se voit le pronucléus femelle et au-dessus l'aster mâle ayant le pronucléus mâle dans son centre. Œuf vivant. Grossissement $300/1$.

rayons en apparence constitués par les granules vitellins qui s'arrangent en lignes droites. Ces lignes sont toutes dirigées vers le centre de la tache claire; quelques-unes d'entre elles se courbent légèrement pour venir aboutir au point de la surface que domine encore le cône d'exsudation. Les lignes de granules sont la partie la plus apparente de cette figure étoilée que nous nommerons l'*aster mâle;* mais il ne faut pas oublier que ces lignes sont séparées les unes des autres par des lignes transparentes qui présentent en somme la même disposition que les lignes foncées. Les lignes claires sont constituées par du sarcode vitellin. La tache claire, que nous nommerons le pronucléus mâle, croît rapidement; la substance qu'il emprunte pour sa croissance ne peut provenir que du vitellus en-

14

vironnant; et comme le pronucléus reste libre de toute granulation, il
est probable qu'il n'absorbe que le sarcode vitellin. Il semble donc ad-
missible que les lignes claires de l'aster ne sont en réalité que des courants de sarcode qui viendraient confluer en un amas central. Cette
hypothèse ne repose sur aucune observation directe de courants protoplasmiques, mais elle semble pouvoir rendre compte de toutes les
particularités connues jusqu'à présent de ce phénomène.

A mesure que l'aster mâle s'avance dans le vitellus, ses rayons deviennent toujours plus longs et plus accentués; sa liaison avec son point
d'origine à la surface du vitellus se perd. Sa direction, d'abord centripète,
change, lorsque le pronucléus femelle n'occupe pas le centre de l'œuf,
pour se rapprocher de ce dernier noyau. Enfin le pronucléus femelle,
jusqu'alors immobile, se met en mouvement au moment où il est atteint
par les rayons de l'aster mâle et la réunion des deux noyaux s'opère
promptement (voy. fig. 14, 15 et 16). Les deux taches claires, formées

Fig. 14.	Fig. 15.	Fig. 16.

Trois phases successives de la réunion des deux pronucléus mâle et femelle.
D'après le vivant. ³⁰⁰/₁.

par les pronucléus au milieu du vitellus granuleux, se réunissent par
un bord et ressemblent à un huit de chiffres; lorsque la réunion est plus
avancée, l'espace clair affecte la forme d'une semelle. Enfin, la fusion
achevée, nous ne voyons plus qu'un seul noyau rond, dont le volume
semble correspondre à celui des deux noyaux réunis (voy. fig. 17, p. 107).

Dans le cas, déjà mentionné ci-dessus, où l'œuf est fécondé avant la
formation complète des globules polaires, le pronucléus mâle reste au
bord du vitellus à l'état de petite tache immobile et à peine visible, jus-

Fig. 17.

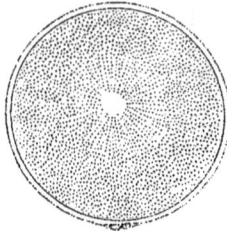

Le même que sur la fig. 13, après la réunion des deux pronucléus en un noyau
central complet entouré de stries radiaires. ³⁰⁰/₁ .

qu'au moment où l'élimination des sphérules de rebut est achevée. L'on
voit alors les deux pronucléus prendre naissance simultanément et mar-
cher de part et d'autre vers le centre du vitellus. La rencontre a lieu,
dans ce cas, entre le centre et le pôle formatif, car le pronucléus mâle
marche plus vite que son congénère.

Les phénomènes sont exactement les mêmes chez l'Oursin, sauf qu'ici
l'imprégnation a toujours lieu chez un ovule débarrassé depuis longtemps des matières de rebut qui proviennent de sa vésicule germinative.
La formation de l'aster mâle suit de plus près le moment de la pénétration. Pendant que la tache claire, origine première de cet aster, est encore attenante à la surface, l'on distingue souvent dans son intérieur un
globule réfringent, arrondi, qui paraît répondre au corps du zoosperme
déjà modifié dans sa forme (Pl. V, fig. 9 g et 9 h). Ce corpuscule cesse
bientôt d'être visible chez le vivant. Dans les premiers temps de la croissance de l'aster mâle, l'on voit, comme chez l'Astérie, un certain nombre
de rayons se rendre à la base du cône d'exsudation (Pl. V, fig. 10 c). La
réunion des deux pronucléus est pareille au même processus d'*Asterias*;
de même que chez cette Étoile de mer, le produit de la fusion des

deux pronucléus, c'est-à-dire le noyau de la première sphère de fractionnement, s'entoure de lignes radiaires qui s'étendent jusque près de la
surface du vitellus. Cette figure étoilée s'efface ensuite petit à petit; mais,
tant qu'elle dure, elle paraît être l'expression d'attractions ou de mouvements accentués, car la surface du vitellus paraît peu régulière et
celui-ci change même, dans une mesure restreinte, la forme générale de
ses contours.

L'acide osmique suivi de carmin donne des préparations instructives
de ces diverses phases; c'est le seul réactif qui m'ait donné des résultats satisfaisants. Les images ainsi obtenues ont été fort bien décrites
par O. Hertwig, aussi me contenterai-je de les rappeler en peu de mots.
Chez l'Oursin, le zoosperme qui, dans les premiers instants, conservait
sa forme conique, devient arrondi et se présente sous l'aspect d'un corpuscule fortement coloré, entouré d'un champ clair autour duquel les
granules vitellins sont arrangés en lignes divergentes; cet arrangement,
si frappant à l'état de vie, n'est visible dans les préparations à l'acide osmique que si l'on emploie un éclairage très-intense. En se rapprochant
du pronucléus femelle, le corpuscule central de l'aster mâle grossit sensiblement; au moment où il va se réunir au premier, il atteint près du
double de son volume primitif (Pl. VII, fig. 1, $\nu\sigma$). Dans les préparations, coagulées au moment où le noyau femelle est déjà entouré des
rayons de l'aster mâle, ce noyau n'est plus sphérique; il est ovale et
s'étire en pointe à l'extrémité la plus voisine du pronucléus mâle (Pl. VII,
fig. 1, $\nu\varphi$). Cette déformation est à peu près constante; si l'on se rappelle que le noyau femelle se meut à l'encontre du pronucléus mâle au
moment où il est atteint par les rayons qui entourent ce dernier et que
l'on compare ce fait à celui que je viens de décrire, l'on ne pourra guère
se refuser à admettre que le pronucléus femelle subit une attraction
très-sensible de la part de l'élément mâle. Chez des œufs un peu plus
avancés, nous rencontrons les deux pronucléus juxtaposés, puis fusionnés en un seul noyau, qui devient le centre de la figure rayonnée.

Chez *Asterias glacialis*, les images que présentent des œufs traités de la même manière sont presque identiques à celles que je viens de décrire. Cependant je trouve dans mes préparations des partis d'œufs où le pronucléus mâle n'est guère plus gros que chez l'Oursin et d'autres où ce noyau est deux fois plus gros. Dans ce dernier cas, le pronucléus mâle n'a plus l'aspect d'un corps compacte; il se montre entouré d'une couche enveloppante plus foncée que le contenu. Je ne puis me rendre compte de la cause de ces différences, mais elles n'en méritent pas moins toute notre attention, car elles établissent une transition entre les pronucléus si inégaux de l'Oursin et ceux des Hétéropodes qui sont tous deux de même grandeur et de même texture. Si nous ne possédions pas cette transition, nous pourrions être très-embarrassés de savoir si le corpuscule foncé qui occupe le centre de l'aster chez l'Oursin répond au pronucléus mâle des Hétéropodes ou seulement au nucléole de ce pronucléus; si l'amas central de l'aster mâle de l'Oursin est l'homologue du noyau mâle des Hétéropodes ou du sarcode qui entoure ce noyau. Chez l'Astérie nous voyons, dans les cas où le corpuscule central de l'aster mâle prend de grandes dimensions, l'amas sarcodique qui l'entoure se réduire d'autant; de là au cas des Hétéropodes il n'y a qu'un pas et nous savons par conséquent que le corpuscule en apparence homogène de l'Oursin est le véritable pronucléus mâle. Je n'insiste pas davantage sur ce sujet qui sera encore l'objet de quelques remarques dans le dernier chapitre.

La naissance et la conjonction des deux pronucléus présente chez *Sagitta* une série de particularités dignes de remarque. Je n'ai pas réussi à voir l'entrée du zoosperme dans le vitellus et passe donc immédiatement à la formation des deux noyaux. Quoique fécondé au moment de la ponte, le vitellus ne présente pas d'aster mâle jusqu'au moment où les globules polaires sont constitués. C'est un phénomène analogue à celui que j'ai décrit chez *Asterias* pour les œufs fécondés trop tôt. L'aster mâle existe probablement dans le bord du vitellus de *Sagitta*, mais il doit être bien petit puisqu'il échappe à l'observation; il devient très-apparent aussitôt après la sortie des matières de rebut. L'on voit alors apparaître près du bord du vitellus, généralement au pôle opposé à celui qu'occupent les globules polaires, une vacuole (Pl. X, fig. 5, ♀♂) ronde ou ovale qui grossit rapidement en se dirigeant vers le centre du vitellus. A peu près au même moment apparaît, immédiatement au-dessus des globules polaires, une seconde vacuole qui grossit tout aussi vite et marche vers le centre du vitellus avec une rapidité un peu inférieure à celle de l'autre vacuole (Pl. X, fig. 6). Jugeant par analogie, nous pouvons dès maintenant dire que nous avons affaire aux deux pronucléus ou tout au moins à des parties de ces noyaux.

L'aster mâle est peu apparent au moment où se montre le premier rudiment de sa vacuole; mais à mesure que cette vacuole augmente et avance dans le vitellus, la figure étoilée devient toujours plus nette et plus étendue (Pl. V, fig. 6). Nous remarquons aussitôt que les rayons de l'aster ne se dirigent pas vers le centre de la vacuole, mais bien vers un point situé au-dessous de celle-ci (fig. 6, a); la cavité de la vacuole est entourée d'un bord net sur la majeure partie de sa circonférence, mais il n'en est pas de même à l'endroit où elle touche au centre de l'aster. Là elle paraît en quelque sorte ouverte et il semble que le contenu de la cavité passe par gradations à la substance qui constitue l'amas central de l'aster. Nous voyons aussi sur la fig. 6 la forme ovoïde que cette vacuole prend toujours pendant sa marche rapide; c'est à peu près la forme d'une vessie gonflée ou d'un pepin de melon. L'aster mâle est toujours placé de telle sorte que, pendant le déplacement de tout cet ensemble, il avance le premier et se voit suivi par la vacuole. La forme de cette dernière, sa position, bref, tous les détails de sa structure imposent en quelque sorte à l'esprit de l'observateur l'idée qu'elle est entraînée d'une manière passive et que l'agent moteur doit être cherché dans l'aster mâle. J'ai donc cherché à mettre en évidence par les réactifs quelque élément particulier tel qu'un corps de zoosperme ou un corpuscule compact dans le centre de la figure étoilée, mais sans succès. Je dois donc considérer la vacuole et l'amas central de l'aster pris ensemble comme l'homologue du pronucléus mâle des autres animaux.

Les deux vacuoles se rencontrent bientôt près du centre du vitellus,

mais toujours plus près du pôle formatif que du pôle opposé, à cause de
la lenteur relative du déplacement du pronucléus femelle (Pl. X, fig. 7).
Dans chacune des vacuoles se voit généralement, à cette époque, un
corpuscule suspendu dans le liquide de la cavité, mais voisin de la partie par laquelle les deux noyaux sont sur le point de se rencontrer (Pl. X,
fig. 7, *m*). Ces corpuscules, assez apparents grâce au faible pouvoir de
réfraction du liquide dans lequel ils sont plongés, semblent comparables
au nucléole que l'on trouve dans les pronucléus de divers animaux. Les
deux vacuoles ont à présent cette même forme de grains de raisins dont la
tige serait arrachée (Pl. X, fig. 7, $v\sigma$ et $v♀$). C'est par ce côté tronqué
qu'elles se rapprochent l'une de l'autre, séparées seulement par une
mince couche de substance vitelline. Les rayons de l'aster mâle existent
toujours et sont même très-accentués (fig. 7, *f*), mais ils ne sont plus
disposés aussi régulièrement autour d'un centre unique. Ils convergent
en partie vers l'espace qui sépare encore les deux pronucléus et en partie
vers l'extrémité inférieure du pronucléus mâle (Pl. X, fig. 7, et fig. 10, *f*).
Lorsque les deux noyaux se touchent, les rayons s'étendent autour de
tous deux, en se dirigeant vers leur ligne de séparation (Pl. X, fig. 8 et 9, *f*).
En s'accolant l'un contre l'autre, les pronucléus s'aplatissent mutuellement et passent de la forme étirée en longueur à une forme un peu plus
large que haute (fig. 8 et 9). Leur aspect est toujours le même à l'état
de vie: ils se comportent optiquement comme des vacuoles pleines de
liquide au milieu d'une substance plus dense. Les contours sont parfaitement nets, mais simples et sans indice de membrane ni de couche limitante. Dans l'intérieur des pronucléus se voient des formations sarcodiques très-variables; les amas arrondis, semblables à des nucléoles, de la
phase précédente ont disparu, et, à leur place, l'on voit tantôt des filaments,
tantôt des parois, d'autres fois encore des traînées de sarcode tendues à
travers la cavité, dans les sens les plus divers (voyez fig. 8, 9 et 10). Sur
ces lignes de sarcode se voient le plus souvent des amas, des renflements
de toutes les formes et de toutes les dimensions. L'on ne voit généralement qu'une seule traînée de protoplasme dans chaque noyau; il est

probable que l'on en verrait d'autres plus petites, si l'épaisseur du vitellus et sa délicatesse qui empêche d'employer une forte compression, ne
rendait sa partie centrale inaccessible au foyer si court des lentilles à
immersion. Lorsque les deux pronucléus sont déjà fortement aplatis l'un
contre l'autre (Pl. X, fig. 9), il apparaît souvent, aux bords latéraux opposés de chacun d'eux, de petits amas lenticulaires qui font saillie dans leur
cavité (fig. 9'). Ces amas paraissent indiquer le commencement des phénomènes de fractionnement.

Les pronucléus juxtaposés se fusionnent en un seul par la rupture ou
la destruction de la lame de sarcode qui les séparait. Le noyau conjugué
devient alors le centre de la figure rayonnée et ne tarde pas à entrer
en fractionnement. Les œufs de *Sagitta* ont, à côté de bien des inconvénients, l'avantage immense de permettre de voir sur le vivant bien des
détails qui ne deviennent visibles, dans la plupart des œufs, qu'après
l'action des réactifs; or les réactifs ne laissent pas que d'inspirer une
méfiance trop justifiée des images qu'ils nous fournissent, tant que ces
images n'ont pas été controlées par l'observation de l'objet vivant.

Les Hétéropodes pondent malheureusement des œufs trop peu transparents pour que leur étude directe soit bien instructive; mais ils se re-
commandent par la beauté des images qu'ils donnent avec les réactifs,
images que nous chercherons à utiliser en les comparant à celles que l'on
observe directement chez d'autres animaux. Les œufs sont tous fécondés
au moment de la ponte, et ceux qui ne le seraient pas ne pourraient plus
être imprégnés artificiellement. Nous avons vu comment la vésicule germinative de ces œufs fécondés est éliminée en majeure partie et comment
le pronucléus femelle prend naissance (Pl. VIII, fig. 1-8). Lorsque le second globule polaire achève de se détacher du vitellus, le pôle opposé ou
nutritif présente encore la grande protubérance déjà décrite, avec son
accumulation de protoplasme et parfois des pseudopodes à sa surface
(Pl. VIII, fig. 9, *Ev'*). Au-dessus des globules polaires se trouve une petite tache qui se colore fortement dans le picrocarminate d'ammoniaque:
le rudiment du pronucléus femelle (fig. 9, ♀). Parfois, le vitellus ar-

rivé à cette phase présente, au lieu d'un seul corpuscule, un ensemble de grains fusiformes, arrangés en demi-rosette (Pl. VIII, fig. 10, *Fc*) et qui, comme nous le verrons dans le troisième chapitre de ce mémoire, proviennent des renflements de Bütschli et se fusionnent pour former le pronucléus. D'autres fois, le petit pronucléus déjà constitué est encore surmonté d'un aster (Pl. VIII, fig. 16, *a*), qui ne tarde pas à disparaître. Entre le pronucléus et la seconde sphérule de rebut s'étend un ensemble de filaments parallèles, dernier reste de la partie moyenne du second amphiaster de rebut (Pl. VIII, fig. 9-11, *Ft*). Ces filaments et le pronucléus sont plongés dans un amas assez considérable de protoplasme granuleux, dépourvu de globules lécithiques (fig. 9, 10 et 11 *σ*).

Dans les préparations à l'acide picrique teintes au picrocarminate, l'on voit à distance du pronucléus femelle un autre corpuscule à peu près de même grandeur; sa coloration et son aspect sont identiques à ceux du rudiment du noyau femelle. La suite de son histoire nous apprendra que c'est le pronucléus mâle. A sa première apparition, il est toujours situé immédiatement au-dessous de la surface du vitellus, rarement dans le voisinage immédiat du pôle nutritif, mais pourtant le plus souvent dans l'hémisphère nutritif (Pl. VIII, fig. 10 et 11, » ♂'). Le vitellus représenté sur la figure 9 nous montre que ce pronucléus mâle n'a aucune relation avec la protubérance du pôle nutritif, puisque, chez cet œuf, il a pris naissance dans l'hémisphère formatif. J'ai cru remarquer au contraire que la protubérance est plus accentuée dans les cas où les deux pronucléus apparaissent dans la moitié formative du vitellus. Quoi qu'il en soit, la protubérance ne tarde pas à s'effacer, tandis que le pronucléus mâle s'enfonce dans l'intérieur du vitellus, tout en déviant un peu dans la direction de l'autre pronucléus. Tous deux croissent rapidement et suivent dans leur développement une marche assez exactement parallèle (Pl. VIII, fig. 15 et Pl. IX, fig. 1 et 2). Chacune présente bientôt dans son intérieur un gros nucléole. Le noyau femelle s'avance peu dans la direction du centre du vitellus, car il est bientôt rejoint par le noyau mâle dont la marche est infiniment plus rapide. Quelquefois même le pronucléus

15

femelle ne se déplace pas du tout et la rencontre a lieu tout près des sphérules de rebut (Pl. IX, fig. 6, ν ♀).

Les pronucléus des Hétéropodes paraissent, dans des préparations à l'acide picrique, homogènes au moment de leur apparition. Ils ont la propriété de se colorer fortement par le carmin. Lorsqu'ils sont un peu plus gros (Pl. VIII, fig. 12, ν ♂ et ν ♀) les mêmes réactifs font apparaître dans leur intérieur un certain nombre de petits grains sphériques dont chacun est muni d'un point noir dans son centre. Plus tard, les pronucléus prennent l'aspect vésiculeux des vrais noyaux. Leur limite est formée par une couche irrégulière et d'inégale épaisseur qui prend, par l'action de l'acide picrique, l'aspect d'une membrane sans régularité et sans continuité (Pl. VIII, fig. 15 et Pl. IX, fig. 4 et 6, $E\nu$). L'acide acétique donne sous ce rapport des images identiques à celles de l'acide picrique. L'alcool absolu (Pl. IX, fig. 1 et 2) et l'acide osmique (fig. 3) ne font pas apparaître de couche enveloppante. Le contenu des noyaux est granuleux dans les œufs traités par les acides picrique, acétique ou par l'alcool absolu; il reste pur et transparent dans l'acide osmique (Pl. IX, fig. 3). Le nucléole est très-variable d'un œuf à l'autre; le plus souvent il n'y en a qu'un gros dans chaque noyau. Il grossit alors en même temps que ce dernier et d'une manière proportionnelle; homogène dans l'acide picrique ou osmique, il devient granuleux et foncé dans l'alcool absolu (Pl. IX, fig. 1 et 2 νn). Lorsque le pronucléus femelle se compose de deux ou trois petits noyaux juxtaposés qui se fusionneront plus tard, chacun de ces petits noyaux a son petit nucléole (Pl. VIII, fig. 13, ν ♀). Il arrive souvent qu'un pronucléus possède plusieurs petits nucléoles au lieu d'un seul gros; ce cas se présente surtout dans les phases moins avancées, ce qui donne à croire que ces nucléoles peuvent se fusionner ou que l'un d'entre eux peut se développer à l'exclusion des autres. Ainsi dans la fig. 3 (Pl. IX) le pronucléus femelle est muni d'un gros et de deux petits nucléoles. Tantôt c'est le noyau mâle (Pl. VIII, fig. 14, ν♂), tantôt le noyau femelle (Pl. IX, fig. 6, ν ♀) qui présente des nucléoles multiples. Le nucléole est donc un élément variable.

Le pronucléus mâle est entouré, pendant son déplacement, de rayons formés en apparence par l'arrangement rectiligne des traînées de sarcode entre les globules lécithiques; cette figure étoilée est visible chez le vivant, mais disparaît dans les réactifs. Les deux noyaux se rencontrent dans le voisinage du pôle formatif, c'est-à-dire près des globules polaires et se juxtaposent. Ils peuvent, à ce moment-là, avoir atteint toute leur croissance (Pl. IX, fig. 2), ou bien ils peuvent être encore relativement peu développés (fig. 7) et dans ce dernier cas le noyau conjugué devra encore croître après sa formation. Les nucléoles existent encore au moment où les pronucléus se juxtaposent (fig. 2, *m*), mais ils disparaissent au moment où ces derniers se fusionnent ensemble (Pl. IX, fig. 7). Pendant cette fusion, les préparations à l'acide picrique font encore apparaître une couche enveloppante (fig. 7, *Ev*) et, dans l'intérieur du noyau, des granulations arrangées en lignes qui partent du point de réunion.

Pendant que tous ces phénomènes se succèdent dans l'intérieur du vitellus, la protubérance du pôle nutritif s'est effacée peu à peu (Pl. VIII, fig. 12 et 15, *Ev'*), mais il reste de ce côté une accumulation superficielle de protoplasme dépourvu de protolécithe (Pl. IX, fig. 1, 3, 6 et 7, *Ev'*) qui jouera un rôle pendant le fractionnement.

Le cas des Hétéropodes me paraît intéressant à plusieurs points de vue. La formation et la croissance du pronucléus mâle montrent que si le zoosperme entre dans sa composition, ce noyau n'en est pas moins en majeure partie formé de substance empruntée au vitellus. Elle montre qu'il s'agit ici d'un noyau véritable et non pas d'un zoosperme gonflé comme on pourrait le croire si l'on ne connaissait que la fécondation de l'Oursin. Elle présente enfin un cas extrême que l'on n'oserait pas comparer à celui de l'Oursin si l'Astérie et *Sagitta* ne fournissaient les intermédiaires.

Les processus pathologiques.

L'un des résultats les plus importants au point de vue théorique de mes observations sur l'entrée du zoosperme dans l'œuf a été de montrer que chez des œufs sains et normalement fécondés, il ne pénètre qu'un élément mâle dans chaque vitellus, tout au moins en ce qui concerne les animaux que j'ai étudiés. Une autre série d'études non moins importantes m'a appris qu'il peut entrer plusieurs spermatozoïdes dans un seul vitellus, *mais que ce phénomène est toujours d'ordre pathologique.*

Mes expériences ont porté presque uniquement sur *Asterias glacialis* qui se prête particulièrement bien à cette étude. Cherchant à faire des fécondations artificielles dans les conditions les plus diverses, afin de me rendre compte de l'influence de ces conditions sur les phénomènes d'imprégnation, je m'aperçus bientôt que ces changements altéraient les processus au point de produire un développement embryogénique anormal et la formation de larves monstrueuses. Je trouvai que les conditions du développement normal sont très-limitées et que dès que l'on s'en écarte l'on n'obtient plus que des produits pathologiques.

Si l'on ouvre une Astérie femelle dont les ovaires sont mûrs et que l'on féconde aussitôt les œufs que l'on en a retirés, tels qu'ils sont, c'est-à-dire encore munis de leur tache et de leur vésicule germinative, l'on obtiendra un essaim de larves presque toutes monstrueuses. La cause de cette anomalie est facile à trouver par l'observation directe du processus de la fécondation. Au lieu d'un seul zoosperme pour chaque vitellus l'on en voit pénétrer plusieurs. La proportion des larves normales aux larves monstrueuses va en augmentant si l'on opère la fécondation sur des œufs qui ont séjourné un certain temps dans l'eau de mer; lorsque ces derniers ont perdu leur vésicule germinative au moment de l'imprégnation, les larves que l'on élève sont en majorité normales. Les œufs qui présentent un commencement de bourgeonnement du premier globule polaire, fécondés artificiellement, donnent des produits qui suivent la norme. Il résulte de ces faits que l'ovule n'est pas mûr et n'est pas prêt à être fécondé, tant que les matières de rebut que contenait la vésicule germinative ne sont pas éliminées ou en voie d'expulsion.

Un cas à peu près parallèle se présente lorsqu'on opère la fécondation artificielle sur des œufs qui ont séjourné dans l'eau de mer plusieurs heures après la formation des sphérules de rebut. Ces œufs-là sont trop mûrs; ils ont déjà perdu une partie de leur vitalité et n'auraient pas tardé à la perdre complétement s'ils n'avaient été vivifiés par l'imprégnation. Dans ce cas, comme dans le précédent, les larves sont monstrueuses pour la plupart et cela d'autant plus que l'on a attendu plus longtemps avant d'ajouter la semence aux œufs. En janvier les œufs, plongés dans l'eau de mer, n'arrivent à maturité qu'au bout de quatre heures environ. Ils sont susceptibles de recevoir une fécondation normale encore pendant quatre à cinq heures, c'est-à-dire de neuf à dix heures après leur extraction de l'ovaire. Après ce terme ils commencent à s'altérer, et quoique l'altération ne soit pas appréciable par l'examen direct du vitellus, elle se manifeste, aussitôt que l'on ajoute la semence, par la manière dont la fécondation s'opère. Après vingt heures de séjour dans l'eau de mer, le vitellus est mort et n'est plus susceptible de fécondation; il a encore un aspect presque normal, mais il ne tardera pas à se décomposer. Par une température plus élevée, la maturation et l'altération de l'œuf sont accélérées d'une manière très-notable.

Une troisième cause d'altération du vitellus mérite toute notre attention parce qu'elle se présente très-fréquemment à l'insu de l'expérimentateur et peut ainsi devenir une cause d'erreur d'autant plus dangereuse qu'elle lui échappe, à moins qu'il n'y donne une attention spéciale. C'est ainsi que les observations antérieures aux miennes, à peu d'exceptions près, ont porté sur ces cas pathologiques que l'on considérait comme normaux et que des notions complétement erronées sur la fécondation ont été accueillies dans la science. Lorsque des animaux sauvages sont gardés en captivité, ils souffrent en général, à moins que l'on ne réussisse à imiter exactement les circonstances extérieures où ils sont accoutumés à vivre; ils se reproduisent rarement. Cela est vrai surtout des animaux marins que l'on place en général dans une étroite captivité où leurs fonctions de respiration et de nutrition s'accomplissent fort mal. Les signes de malaise et de maladie sont difficiles à reconnaître chez ces animaux inférieurs, et l'on croit souvent opérer sur un animal sain tandis qu'il est déjà malade. Or l'état de maladie du sujet se traduit presque aussitôt par une altération des produits sexuels, surtout des produits femelles. Dans les cas moins accentués, l'altération n'est appréciable ni sur le parent ni sur ses produits; la fécondation a lieu et ce n'est qu'en étudiant la suite du développement que l'on peut s'assurer de l'existence de causes pathologiques. L'on ne devra donc considérer comme régulière aucune fécondation qui n'a pas été le point de départ d'un développement embryogénique normal; par ce contrôle l'on ne tardera sans doute pas à reconnaître que les cas, jusqu'à présent décrits comme naturels, où le vitellus reçoit plusieurs éléments mâles sont en réalité des cas maladifs.

Si l'on garde en captivité des Astéries et des Oursins, pour avoir à sa disposition un matériel d'études suffisant, l'on s'apercevra bien vite que ces animaux ne résistent pas longtemps à ce changement dans leurs conditions d'existence. Même dans un courant d'eau continu, ils périssent au bout de peu de jours, et ceux qui résistent finissent toujours par mourir d'inanition. Mais longtemps avant cette fin inévitable, les animaux, en apparence sains, ont déjà souffert. Des fécondations artificielles faites avec les produits sexuels d'Oursins qui ont séjourné 24 heures dans un grand aquarium donnent déjà une forte proportion de larves monstrueuses; l'Asterias glacialis résiste un peu plus longtemps, mais présente le même phénomène après 48 heures de réclusion. Dans des vases de quelques litres seulement de contenance, surtout en été, les animaux souffrent dans l'espace de peu d'heures, souvent même pendant le trajet du lieu où ils ont été pêchés jusqu'au laboratoire. Ces remarques ne sont pas superflues; elles ont une portée pratique qui n'échappera pas aux chercheurs.

Que les œufs que l'on féconde soient mal mûrs ou trop mûrs ou altérés, les modifications qui en résultent dans le processus de la fécondation sont à peu près les mêmes, aussi vais-je les décrire en bloc, me réservant d'indiquer ensuite ce qui est spécial à chacun de ces cas.

Le premier zoosperme qui se rapproche de la surface du vitellus à travers la couche mucilagineuse provoque la même réaction que dans le cas normal; le sarcode vitellin s'élève à sa rencontre sous forme de protubérance conique (Pl. III, fig. 2 b, *Sa*). Il m'a semblé pourtant que les choses vont plus lentement et que l'on a plus de facilité pour les observer et les dessiner. La membrane vitelline, en tous cas, se forme et se soulève plus lentement que chez un œuf normal et surtout elle reste longtemps limitée à une portion circonscrite du vitellus. La lenteur relative de formation de cette membrane est un fait facile à observer et qui nous donne la clef de toute une série de phénomènes pathologiques. En effet, la partie de la surface du vitellus qui n'est pas atteinte par l'extension de la membrane reste susceptible de recevoir d'autres zoospermes qui ne manquent pas d'y entrer par les mêmes procédés que le premier. Chaque point de pénétration devient le centre de formation d'une nouvelle portion de membrane vitelline; petit à petit ces portions de membrane vitelline finissent par se rejoindre pour constituer une enveloppe continue et dès cet instant toute introduction de nouveaux zoospermes devient impossible. Entre le cas normal et les cas où de nombreux éléments mâles se frayent un chemin jusque dans le vitellus l'on trouve toutes les transitions possibles. Chez des œufs qui ne s'écartent que peu de l'état de maturité régulière, les phénomènes ressemblent aussi aux phénomènes normaux. La membrane se forme assez rapidement pour ne laisser entrer dans le vitellus qu'un second, tout au plus un troisième zoosperme; et encore les points de pénétration sont-ils très-éloignés les uns des autres. L'on obtient dans certaines fécondations artificielles des centaines d'œufs qui tous présentent deux ou trois centres de fécondation (Pl. IV, fig. 2), rarement quatre et rarement un seul centre. Les cas qui s'écartent davantage de la norme sont fournis surtout par des œufs qui ont séjourné très-longtemps dans l'eau de mer ou qui proviennent de sujets malades. Ici la membrane ne se forme qu'avec une grande lenteur et ne s'étend pas au delà d'une petite fraction du vitellus. Il faut donc toute une série de centres de formation c'est-à-dire de points d'imprégnation pour qu'elle se complète (Pl. IV, fig. 1); j'ai compté en pareil cas jusqu'à quinze zoospermes en train de pénétrer à la fois dans un même vitellus.

Ces zoospermes n'entrent naturellement pas à la fois; ils arrivent successivement, de telle façon qu'il suffit d'examiner un de ces œufs pour embrasser d'un seul coup d'œil toutes les phases de la pénétration. Ainsi sur la figure 1a (Pl. IV) nous voyons des zoospermes plus ou moins rapprochés du vitellus (*Z*) et les diverses formes du cône d'attraction (*Sa*). Deux zoospermes sont déjà entrés et l'on voit en ces endroits le cône d'exsudation (*Se*) et la membrane vitelline soulevée (*Mv*). La figure 1b est copiée d'après le même œuf, dans la même position peu de minutes plus tard. Les zoospermes rapprochés du vitellus sont maintenant entrés et l'on voit à leur place des cônes d'exsudation (*Se*). La membrane vitelline se soulève en une foule d'endroits, mais elle n'est pas encore complétée et l'on voit encore un zoosperme nouvellement arrivé qui va entrer, puisqu'un cône d'attraction (*Sa*) vient déjà à sa rencontre. Quelques minutes plus tard en effet, tous les éléments mâles dessinés sur ces figures se trouvaient dans le vitellus et la membrane s'était complétement formée. Les points de pénétration étaient encore marqués par les cratères vitellins que j'ai comptés au nombre de quinze. Ces œufs-là se sont développés ensuite et ont produit des blastosphères et des larves tout à fait monstrueuses (Pl. IV, fig. 5, 6 et 7).

Une fois j'ai observé, dans un de ces cas pathologiques, l'entrée de deux zoospermes dans le vitellus par un même cratère vitellin. Le cas est très-rare mais me paraît pourtant intéressant. Le premier spermatozoïde était en train de pénétrer par l'intermédiaire d'un cône d'attraction (Pl. III, fig. 2a, 2b, 2c, *Z*), lorsqu'un second élément mâle étant venu se placer près de lui put encore soulever un second cône d'attraction (fig. 2d, *Z"*). Les deux spermatozoaires entrèrent presqu'en même temps, le second restant toujours d'une phase en arrière du premier (fig. 2e, *Se'* et *Z"*). Les deux cônes d'exsudation bien distincts (fig. 2g, *Se'*, *Se"*) parurent ensuite se confondre momentanément (fig. 2h, *Se*), mais se séparèrent à nouveau. Je ne sais si la membrane vitelline était perforée en deux endroits, mais il ne se forma qu'un seul cratère à la surface du vitellus. Ce cratère différait des autres par sa grandeur et sa forme allongée.

Il serait théoriquement très-intéressant de savoir si un œuf malade et susceptible de recevoir plusieurs zoospermes pourrait présenter un développement normal dans le cas où il ne serait atteint que par un seul élément mâle. Ce vitellus finirait-il à la longue par s'entourer tout entier d'une membrane? se développerait-il et ce développement serait-il régulier? Les essais que j'ai tentés afin de résoudre ces questions intéressantes n'ont pas abouti, et le temps m'a manqué pour les poursuivre. Je me promets de les reprendre à la première occasion et d'arriver à savoir si l'état pathologique du vitellus suffit à altérer le développement régulier ou si cette altération est produite uniquement par le nombre des éléments mâles qu'il a laissés entrer dans son sein.

Une fois que le spermatozoïde est entré, il provoque dans la substance vitelline les mêmes phénomènes que dans le cas normal. Il se forme autour du point de pénétration une petite tache claire (Pl. IV, fig. 1b), qui reste stationnaire pendant un certain temps. Dans les cas où les matières de rebut ne sont pas encore expulsées au moment de la fécondation, ces petites taches restent immobiles au bord du vitellus jusqu'au moment où le second amphiaster de rebut est formé ou même jusqu'à ce que la seconde sphérule de rebut se mette à bourgeonner. Dans un vitellus déjà débarrassé de ses matières de rebut, la tache claire ne tarde pas à se mettre en mouvement vers le centre de l'œuf, et s'entoure de lignes rayonnées qui vont en croissant. Lorsqu'un œuf ne présente que deux de ces asters mâles, il arrive invariablement que l'un des deux, se trouvant plus rapproché du pronucléus femelle, se réunit à celui-ci (Pl. IV, fig. 2a, $v \female$ et $v \male$). L'autre aster continue sa marche et vient à son tour s'unir au noyau conjugué (fig. 2b, $v \female$ et $v \male$). Si le vitellus renferme trois asters mâles, ils viennent successivement s'unir au pronucléus femelle. Nous verrons dans le prochain chapitre de quelle manière ces noyaux conjugués, qui résultent de l'union du pronucléus femelle à deux ou trois asters mâles, se comportent dans la suite du développement.

Dans les cas où les asters mâles sont nombreux, ces asters se déplacent bien aussi dans la direction du centre de l'œuf, mais ils ne tardent pas à s'arrêter, après avoir parcouru à peu près le tiers du rayon du vitellus. L'aster le plus rapproché du pronucléus femelle se conjugue avec ce dernier; puis le noyau combiné s'unit encore à l'aster le plus voisin et souvent encore à un troisième, mais le processus de conjugation ne va pas plus loin (Pl. IV, fig. 4, ⋙). L'affinité qui se manifestait entre les pronucléus de noms différents semble éteinte par neutralisation. Les autres asters mâles se trouvent à des distances irrégulières les uns des autres, dans des situations qui répondent aux points de pénétration de chaque spermatozoïde (Pl. IV, fig. 4, ⋙♂). Ils viennent avec lenteur se mettre régulièrement à égale distance les uns des autres au tiers extérieur du rayon du vitellus, se plaçant ainsi sur un cercle idéal, ou pour mieux dire sur une sphère idéale dont le cercle n'est que la coupe optique. Le noyau conjugué est placé sur ce même cercle; il ne vient pas se mettre au centre de l'œuf. Jamais l'on ne voit deux asters mâles se réunir entre eux ni se conjuguer avec un noyau combiné et neutralisé déjà par l'absorption de deux ou trois asters mâles. La place que prennent ces asters semble indiquer qu'ils trouvent une position d'équilibre dans laquelle leur tendance à gagner le centre du vitellus est tenue en échec par une répulsion qu'ils exerceraient l'un sur l'autre. Le noyau de conjugation dans lequel l'élément mâle prédomine sur l'élément femelle semble se comporter vis-à-vis des asters mâles de la même manière que ces derniers entre eux. Lorsque les asters mâles sont nombreux, ils restent plus rapprochés de la surface du vitellus et forment un cercle plus grand que dans le cas contraire. Les rayons qui sont voisins de la ligne idéale réunissant les centres de deux asters voisins se joignent souvent bout à bout, de façon à constituer un ensemble fusiforme qui rappelle vivement l'arrangement des lignes d'un amphiaster (fig. 18). Il y a pour-

Fig. 18.

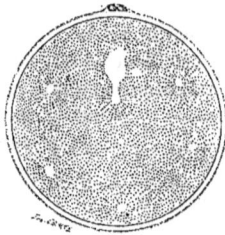

Œuf d'*Asterias glacialis* provenant d'une mère malade, le vitellus a reçu plusieurs zoospermes. L'on distingue à la fois cinq asters mâles isolés et deux autres qui se réunissent simultanément au pronucléus femelle. Dessiné d'après le vivant. $^{300}/_1$.

tant, entre cette figure étoilée et un amphiaster résultant de la division d'un noyau, cette différence, que les filaments bipolaires sont, dans le premier cas, beaucoup moins marqués et moins réguliers que dans le dernier cas. La suite du développement de ces œufs fait partie du troisième chapitre.

Pour terminer cette énumération des processus si variés que l'on rencontre chez des œufs altérés, je dois encore signaler un cas extrême présenté par les œufs d'une Astérie conservée plusieurs jours dans un bocal de petite dimension et qui présentait déjà un commencement de décomposition de ses appendices cutanés. La fécondation artificielle fut pratiquée sur les produits sexuels aussitôt après leur sortie de l'ovaire. Les zoospermes pénétrèrent en nombre dans chaque vitellus, la membrane vitelline finit par devenir continue et se souleva faiblement (Pl. IV, fig. 8, *Mv*). Les éléments mâles qui se trouvaient dans la substance vitelline, au lieu de disparaître à la vue, de devenir le point de départ d'une tache claire et d'un aster, conservèrent leur forme et parfois même une partie de leur queue (fig. 8 *Zc* et *Zq*). Au lieu de rester au bord du vitellus jusqu'à l'expulsion des sphérules de rebut, ils s'avancèrent aussitôt dans l'intérieur où ils se distribuèrent sans ordre. Quelques lignes rayonnées peu accentuées, peu nombreuses et très-courtes entourèrent quelques-uns d'entre eux (fig. 8 *Zc*). La vésicule germinative commença à se réduire (Pl. IV, fig. 8, *N*) et son nucléole diminua de volume (fig. 8, *no*). Chez quelques œufs je vis un aster de rebut (*ae*) se former entre la vésicule germinative réduite et la surface, ainsi qu'un commencement de formation de l'amphiaster de rebut (*Ar*). Mais tel fut le dernier point atteint par ces œufs qui entrèrent ensuite tous en décomposition, malgré le soin que je pris de changer leur eau. Comme on le voit d'après cet exemple, la formation de la membrane vitelline est un des derniers phénomènes qui persistent chez un vitellus fécondé, au moment où sa mort naturelle est devenue inévitable. La réunion des éléments mâles au sarcode vitellin pour constituer des asters mâles ne se fait déjà plus; c'est à peine si la substance vitelline montre encore quelques traces d'une réaction provoquée par la présence de ces corps étrangers dans son intérieur. L'expulsion des parties usées du noyau et du nucléole de l'ovule commence faiblement, mais ne peut pas se terminer. Cet exemple nous apprend quel rôle important revient au sarcode vitellin dans les processus intimes de l'imprégnation. Il est intéressant en outre parce qu'il nous fait comprendre la portée réelle de ces observations rapportées par divers auteurs qui ont décrit des vitellus renfermant dans leur intérieur des zoospermes nombreux et intacts. Ces observations se rapportent à des cas hautement pathologiques, et bien loin de nous rien enseigner sur les phénomènes de la fécondation ils n'ont fait qu'introduire des notions erronées dans la science.

II. PARTIE BIBLIOGRAPHIQUE.

C'est à un étudiant de l'Université de Leyde nommé en latin Hammius (v. Hamm) que nous devons la découverte, contrôlée et annoncée au

monde savant par Leeuwenhoek (1), des animalcules que contient la semence du mâle. Cette découverte donna lieu à beaucoup de discussions.
Elle fut confirmée et mise hors de doute par Swammerdam (11) et par
Spallanzani (111). Ce dernier naturaliste démontra que l'action fécondante
de la semence est due à la présence des spermatozoïdes; son expérience
très-probante consistait à filtrer le sperme, après quoi la liqueur, privée
de ses corpuscules vivants, n'exerçait plus, dans la plupart de ses expériences, la moindre action sur les œufs. Prévost et Dumas (iv et v), par
une longue série d'expériences fondées sur le même principe que celles
de l'illustre zoologiste italien mirent ce fait hors de doute. Ils démontrè-
rent en outre que le sperme ne garde ses propriétés fécondantes que tant
qu'il contient des spermatozoïdes vivants et mobiles. Spallanzani et plus
tard Prévost et Dumas établirent par des expériences soigneusement faites qu'une très-faible quantité de sperme suffit pour opérer la fécondation. Les derniers auteurs cités firent même la numération des zoospermes contenus dans une quantité donnée d'eau spermatisée, et plongeant
des œufs fraîchement pondus dans cette eau les virent se développer
pour la plupart. Outre ces expériences indirectes, ils arrivèrent par l'observation des phénomènes de pénétration à un résultat important : ils
reconnurent la présence de zoospermes dans l'intérieur de l'enveloppe
gélatineuse de l'œuf de la Grenouille. Plus tard Wagner (*Éléments de
Physiologie*) fit la même observation chez les Poissons.

Il ne restait plus après cela qu'à chercher quel est le mode d'action
du zoosperme sur le vitellus. Le faire pénétrer tel quel était une idée si
naturelle que Leeuwenhoek l'avait déjà émise; il croyait même que ce
corpuscule devenait le système nerveux de l'embryon. Mais d'autres hypothèses étaient permises et ont été effectivement proposées. L'observation directe de la fécondation normale d'œufs sains et vivants pouvait
seule répondre à ces questions; malheureusement cette observation n'a
guère été faite jusqu'à ces tout derniers temps. Cette assertion étonnera
peut-être le lecteur; j'éprouvai en tous cas une profonde surprise, lorsqu'après avoir parcouru consciencieusement la bibliographie, je dus

me convaincre que les idées qui ont cours à cet égard dans la science ne sont pas fondées sur des observations bien satisfaisantes.

Barry (XIX) est, si je ne me trompe, le premier auteur après Prévost et Dumas qui ait fait des efforts sérieux pour résoudre directement la question de l'action du zoosperme sur le vitellus et cela chez un Mammifère, le Lapin. Malheureusement, l'on découvre aussitôt, par la lecture de ses travaux, une série d'idées préconçues qui obscurcissent complétement ce qu'il peut encore y avoir de juste dans les remarques d'un observateur dont la compétence est contestable. Le troisième de ses mémoires sur ce sujet est encore rempli d'une description des générations de cellules qui remplissent, d'après Barry, le vitellus et même la vésicule germinative. Le mémoire presque tout entier est consacré à l'histoire de ces générations continues et innombrables de cellules endogènes qui se forment constamment au centre et se dissolvent à la circonférence. Je ne sais quelle illusion d'optique, peut avoir donné lieu à une si étrange méprise; peut-être est-ce la projection des cellules de la membrane granuleuse et leur déplacement apparent lorsqu'on fait mouvoir la vis du microscope? Barry confond la copulation des parents avec la fécondation des œufs et il compte les heures à partir du premier de ces actes qu'il désigne du nom de fécondation. Pour Barry la fécondation a lieu au sein de l'ovaire. Incidemment l'auteur remarque qu'il a vu un ovule, *cinq heures et quart* après la « fécondation, » qui présentait un orifice dans sa membrane (zone pellucide) et, dans cet orifice, « un objet qui ressem- « blait beaucoup à un spermatozoaire qui aurait acquis des dimensions « plus considérables. » La figure par laquelle l'auteur représente cette soi-disant pénétration d'un zoosperme grossi dans un orifice de la zone pellucide d'un ovule tiré de l'ovaire d'une lapine accouplée cinq heures auparavant, ne nous montre à l'endroit indiqué que deux petits grains l'un au dessus de l'autre et placés *dans la tache germinative* qui est arrivée à la surface (sans doute en vertu de la manipulation qui avait fait crever la zone pellucide et expulsé les masses vitellines que l'auteur a prises pour un zoosperme grossi). Les figures sont vaguement dessinées, à un grossissement trop faible pour rendre visible un véritable zoosperme. Cela n'est pas sérieux et l'on a peine à concevoir que de telles observations soient encore aujourd'hui citées comme autorité par des écrivains qui certainement ne se sont pas donné la peine de remonter aux sources. Quiconque aura lu la relation que Barry donne de la maturation de l'ovule et du fractionnement comprendra que ce naturaliste n'a jamais pu voir un phénomène d'une observation aussi délicate que l'est la pénétration du zoosperme dans le vitellus.

Dans une note publiée plus tard (xxvii), Barry rapporte des observations sur l'entrée des zoospermes dans la zone pellucide de l'œuf des Mammifères. Trompés sans doute par le titre de cette note *(Spermatozoa observed within the Mammiferous Ovum)* des auteurs subséquents ont cru que le naturaliste anglais avait vu les zoospermes entrer dans le vitellus et lui ont attribué la priorité de cette découverte. Rien n'est plus faux que cette interprétation, et en lisant l'écrit cité, l'on a de la peine à concevoir comment cette erreur a pu prendre naissance, et comment tant d'auteurs ont pu la recopier les uns des autres sans s'être jamais donné la peine de recourir à l'original. La première observation de Barry portait sur des œufs de Lapin recueillis 24 heures après la « fécondation » (lisez copulation) dans la trompe de Fallope. Tout à coup il discerna dans leur intérieur un certain nombre de spermatozoaires et fit vérifier ce fait par Owen, Sharpey et autres. En note l'auteur ajoute « several ova from the « Fallopian tube of another rabbit, in a somewhat earlier stage, having « presented spermatozoa in their interior, — *i. e. (as in the first observa-* « *tion) within the thick transparent membrane (zona pellucida) brought* « *with the ovum from the ovary.....* » C'est donc dans la zone pellucide qu'étaient logés les zoospermes dans ces deux observations. Enfin dans un troisième cas les œufs étaient déjà fractionnés en deux et les zoospermes se trouvaient en dedans de la zone pellucide autour des sphères de fractionnement. L'auteur ajoute qu'il croit avoir discerné des « traces » de zoospermes dans les sphérules de fractionnement. Si les deux premières de ces observations ne nous apprennent rien de plus que ce que

Prévost et Dumas avaient déjà vu, la troisième se rapportant à des œufs fécondés depuis longtemps ne peut non plus nous apprendre la moindre chose sur la pénétration du zoosperme dans le vitellus, et ne contient rien que Bischoff n'eût déjà fait connaître l'année précédente. Quant aux traces de zoospermes dans les sphérules de fractionnement, j'ai à peine besoin de dire qu'il ne peut s'agir ici que d'une erreur d'observation ou d'œufs en voie de décomposition. Si l'analyse que je viens de faire des travaux de Barry pouvait engager les auteurs subséquents à prendre connaissance de ses mémoires, le prestige dont ils ont joui jusqu'à ce jour ne survivrait pas à cet examen.

Déjà une année avant la dernière note de Barry, Bischoff publiait ses belles recherches sur l'embryogénie du Lapin (xxiv). Toutes les circonstances qui précèdent et accompagnent la rencontre des produits sexuels chez les Mammifères y sont rapportées avec une parfaite exactitude et la bibliographie du sujet est consciencieusement traitée. Je ne puis songer à donner une analyse de cet admirable travail et me borne à rappeler que Bischoff a vu souvent et très-bien figuré, non-seulement la pénétration des zoospermes dans la zone ou mieux l'oolemme pellucide, mais encore leur passage à travers cette membrane jusque dans l'espace périvitellin. Toutefois cette dernière observation ne porte que sur des œufs dont le vitellus a déjà subi le retrait et qui sont par conséquent déjà fécondés, si nous en jugeons par analogie avec ce qui se passe chez d'autres animaux. Bischoff nie avec raison la pénétration de zoospermes dans le vitellus; je dis avec raison, non que cette pénétration ne soit un fait positif et actuellement établi, mais parce que sans l'emploi des réactifs l'existence de ce phénomène est impossible à constater avec quelque certitude dans le vitellus des Mammifères. Même à l'aide des réactifs l'on ne trouve pas dans le vitellus récemment fécondé un zoosperme mais bien un noyau mâle; l'acte même de la pénétration ne pourrait être observé qu'en employant la fécondation artificielle. Encore faudrait-il un bonheur tout particulier pour que ce phénomène eût lieu précisément dans la partie de l'œuf qui serait accessible à l'observation et même je ne sais si la couche granuleuse qui enveloppe l'œuf permettrait de le distinguer.

Bischoff obtint plus tard des résultats analogues pour le Chien (xxx) et le Cobaye (lIII). Il émit aussi une théorie (xxxvIII) d'après laquelle l'action du zoosperme sur le vitellus serait de nature catalytique, soit qu'il y ait entre les deux une fusion ou seulement un simple contact. Kölliker (xxvI) avait précédemment attribué l'influence des corpuscules spermatiques à une action mécanique ou dynamique.

De Quatrefages (xlI), décrivant le résultat de ses expériences sur la fécondation des Hermelles, ne rapporte qu'un seul fait strictement relatif à ce phénomène. Les autres processus qu'il décrit comme conséquences de l'imprégnation de l'œuf sont, à proprement parler, des processus de maturation; j'ai analysé déjà dans mon premier chapitre cette partie de son mémoire. Ayant opéré la fécondation artificielle d'œufs récemment extraits de l'ovaire, le naturaliste français observe que la membrane qui entoure le vitellus, et qu'il nomme membrane ovarienne, se soulève immédiatement; elle reste cependant plissée, tandis qu'elle se gonfle progressivement jusqu'à la rupture chez des œufs mis sans fécondation dans l'eau de mer. Il ne se forme pas de membrane vitelline à l'intérieur de cette première enveloppe. Dans un second mémoire, plus spécialement consacré à la fécondation artificielle chez les Hermelles et le Taret (xlvIII), le même auteur confirme un résultat obtenu par Prévost et Dumas, à savoir que le sperme n'a d'action fécondante que tant qu'il renferme des spermatozoïdes vivants et mobiles, et que la fécondation réussit mieux avec du sperme assez dilué qu'avec du sperme concentré. « En général, dit Quatrefages, j'ai toujours mieux réussi dans « mes couvées en employant un liquide *à peine* troublé par la présence « des Spermatozoïdes. » Néanmoins les expériences rapportées sont toutes assez peu favorables, puisque le maximum obtenu est de 26 %, d'œufs fécondés, et pour obtenir ce résultat, il fallut employer un liquide renfermant un nombre de zoospermes qui est un multiple élevé de celui des œufs. En plongeant les œufs dans un liquide composé d'une partie d'eau

17

douce sur trois parties d'eau de mer, 95 °/₀ furent fécondés et dans un
mélange d'eau de mer et d'eau douce par parties égales, il y eut encore
88 °/₀ d'œufs féconds. L'on ne s'explique pas comment ces conditions,
toutes différentes de celles que présente la nature, peuvent avoir une influence favorable.

Quant aux phénomènes mêmes de pénétration, le savant expérimentateur n'a réussi à recueillir que bien peu de renseignements. Après avoir
noté que les Spermatozoïdes ne sont nullement attirés par les œufs, il
ajoute : « mais j'en ai vu souvent qui, adhérents à la membrane ovarique
« par l'extrémité de leur queue, s'agitaient avec un redoublement d'ac-
« tivité comme s'il y avait eu de leur part un effort violent et continu
« pour se détacher. Le plus souvent ils n'y parvenaient pas et ne tar-
« daient pas à périr. Dans ce cas ils m'ont paru parfois comme flétris et
« diminués de volume. » Cette observation n'a donc aucune relation
avec la pénétration véritable. Plus loin je lis que les œufs des Hermelles
et des Tarets, qui sont à nu dans le liquide, ne sont pourtant fécondés
qu'autant que les Spermatozoïdes vivants viennent les heurter. Il ne faut
pas oublier cependant que d'après Quatrefages ils ne viennent pas heurter le vitellus mais seulement la membrane qui l'entoure. « Je crois inutile, » s'écrie le savant observateur, « d'insister sur un point, savoir que
« jamais je n'ai vu un spermatozoïde pénétrer dans l'œuf et s'y étaler. Je
« pense qu'aujourd'hui le seul auteur survivant de cette théorie y a lui-
« même renoncé. » Cette dernière assertion était singulièrement hasardée,
mais il existait réellement à cette époque un courant d'idées favorables à
la théorie d'une simple action mécanique ou catalytique du zoosperme
sur l'œuf.

En même temps que ce dernier mémoire, paraissait à Moscou un travail admirable d'exactitude, mais qui n'en resta pas moins oublié, mé-
connu et même faussement interprété; j'ai eu la satisfaction de pouvoir,
dans mon mémoire sur les Ptéropodes, mettre un terme à une injustice
en attirant l'attention sur ce mémoire important. Warneck (XLIX) est le
premier observateur qui ait vu et décrit avec justesse les deux pronucléus

de l'œuf récemment fécondé. Ses études ont porté sur les œufs fraîchement pondus de *Limnæus* et de *Limax*. La tache claire, de forme conique,
qui occupe la portion de la surface du vitellus dont les globules polaires
viennent de se détacher, rentre dans l'intérieur en reprenant une forme
arrondie. Chez *Limax* l'on distingue maintenant deux taches claires qui
ont des contours parfaitement distincts et renferment chacune un corpuscule très-net et quelques autres granulations : ce sont des noyaux. Les
contours de ces noyaux redeviennent vagues et mal définis et les deux
taches claires qui résultent de ce changement se fusionnent en une seule
masse transparente; en écrasant le vitellus l'on peut s'assurer qu'il y a
eu fusion réelle. Ensuite cette tache centrale prend une forme allongée,
dont le grand axe est perpendiculaire à l'axe de formation des globules polaires et des deux noyaux : c'est le commencement du fractionnement.
Ainsi donc, Warneck a vu la formation du pronucléus femelle; il décrit
les deux pronucléus et leur réunion en un seul noyau qui va présider
aux phénomènes du fractionnement. S'il n'a pas compris la signification
véritable de ces noyaux par rapport à la fécondation, il est tout au moins
le premier observateur qui les ait vus; sa description renferme tout ce
qu'il est possible de voir sans l'aide des réactifs chez des œufs médiocre-
ment favorables.

Newport, dans un premier mémoire (LI) sur la fécondation chez les
Amphibiens, nie la pénétration, déjà observée par Prévost et Dumas,
des zoospermes dans l'enveloppe mucilagineuse de l'œuf. Il reconnaît, il
est vrai, que le sperme suffisamment filtré a perdu sa propriété fécondante, mais il pense que les spermatozoïdes ne parviennent au vitellus
que par endosmose, après leur dissolution dans l'eau que l'enveloppe de
l'œuf absorbe en se gonflant. Dans un second mémoire (LX) sur le même
sujet, Newport contredit les assertions de son premier mémoire. Il a vu
cette fois-ci les zoospermes implantés et enfoncés dans l'enveloppe gélatineuse, arrivant même jusqu'à la couche la plus interne de l'enveloppe
(à laquelle Newport donne à tort le nom de membrane vitelline). Ils sont
tous placés perpendiculairement à la surface; c'est dans cette position

que l'auteur les trouve longtemps après la fécondation et jusqu'au moment où ils s'altèrent et se décomposent. Il ne les a jamais vus traverser la couche interne de l'enveloppe. A côté de ces observations directes qui ne nous apprennent rien de nouveau ni d'important, l'auteur rend compte d'un grand nombre d'expériences qui démontrent une série de points déjà mis hors de doute par ses prédécesseurs, à savoir : que le sperme ne féconde qu'en tant qu'il renferme des zoospermes vivants et actifs, et qu'il suffit d'une quantité minime de ce liquide pour imprégner un œuf. Le premier effet de la fécondation sur le vitellus est, selon Newport, la production d'un espace vide qu'il nomme la chambre respiratoire, et qui se trouve entre le globe vitellin et ses enveloppes. Cet espace se montre environ une heure et quart après la rencontre des deux produits sexuels, et constitue un signe certain de fécondation de l'œuf. Si la production de cet espace n'est pas suivi du fractionnement du vitellus, ou si le fractionnement commence mais ne mène pas à la formation d'un embryon, Newport attribue ces arrêts de développement à une « fécondation partielle. » Ces cas de fécondation partielle se produisent lorsque les conditions de l'expérience diffèrent des conditions normales, lorsque l'œuf a trop séjourné dans l'eau, lorsque le sperme n'est pas frais etc. Appliquant sur les œufs une gouttelette pouvant contenir 6 à 10 zoospermes, l'auteur n'observe que quelques « fécondations partielles. » Il faut une goutte renfermant de 50 à 100 spermatozoaires pour produire une « fécondation totale, » d'où l'auteur conclut que la fécondation exige le concours d'un assez grand nombre d'animalcules spermatiques. Ces conclusions diffèrent tout à fait des résultats de mes propres études; mais ce n'est pas à mes yeux un motif suffisant pour les mettre en doute. Il pourrait y avoir sous ce rapport une grande diversité suivant les espèces. L'observateur anglais fait à ce propos une remarque qui ne manque pas d'intérêt. Par un assez grand nombre d'essais comparatifs, il a trouvé que le côté foncé du vitellus est celui par lequel la fécondation réussit le mieux; si l'on applique une gouttelette de sperme sur le côté blanc, les fécondations sont très-rares et peuvent s'expliquer par une dispersion du liquide fécondant jusqu'au côté opposé de l'œuf. Or l'hémisphère foncé du vitellus est, comme on le sait, celui qui renferme la vésicule germinative de l'œuf mûr et celui par lequel cette vésicule est éliminée; en un mot c'est l'hémisphère formatif. Chez la Grenouille, à l'inverse de ce qui s'observe chez d'autres animaux, c'est donc la moitié formative du vitellus qui est la plus propre à recevoir la fécondation. Dans une note, ajoutée après coup au mémoire que j'analyse, l'auteur annonce qu'il vient de voir des zoospermes dans la cavité vitelline et en communication directe avec le vitellus.

Un troisième mémoire posthume de Newport (LXVI) publié l'année suivante nous donne les détails de cette dernière observation. Étudiant, à l'aide d'un compresseur à lames parallèles, des œufs qu'il venait de mettre en contact avec de l'eau spermatisée, le zoologiste anglais a vu les zoospermes traverser l'enveloppe gélatineuse et venir s'implanter dans la couche la plus interne. Lorsque la « chambre respiratoire » s'est montrée au bord du vitellus, il a vu des zoospermes pénétrer dans cette cavité où ils restaient emprisonnés et se décomposaient par la suite. Quelques-uns de ces spermatozoaires sont restés collés de flanc à la surface du vitellus, et, dans cette position, ont fini par disparaître à la vue. Si l'on se rappelle que cette « chambre respiratoire » ne prend naissance que plus d'une heure après la fécondation, que son apparition est, d'après Newport lui-même, un signe certain de la fécondation accomplie, l'on comprendra que la pénétration réelle dans le vitellus doit être bien différente de cette pénétration dans la chambre respiratoire, que les phénomènes décrits, sont postérieurs à cet acte et ne prouvent absolument qu'une chose, à savoir la perméabilité des enveloppes de l'œuf pour les zoospermes. Cependant ce naturaliste a fait une observation qui pourrait bien se rapporter à la pénétration véritable. Dans son second mémoire (p. 274) il déclare qu'il a vu parfois que des zoospermes, implantés dans ce qu'il nomme la membrane vitelline, disparaîtraient tout à coup et il ajoute que c'est bien ainsi que l'on doit s'attendre à les voir disparaître s'ils entrent dans le vitellus. Cela paraît juste; cependant l'on devrait, après la pénétration, voir encore la queue du zoosperme, ne fût-ce que pendant un moment. Si l'élément mâle disparaît subitement en entier, il paraît plus naturel d'attribuer cette disparition à un déplacement de l'œuf qui aurait fait sortir le filament spermatique du foyer du microscope.

Bischoff avait d'abord critiqué avec assez de justesse les travaux de Barry et de Newport; mais il était allé trop loin en cherchant à nier la pénétration du zoosperme à travers la membrane vitelline. Ayant ensuite vu par lui-même ce phénomène chez la Grenouille et les Mammifères, il dépassa la mesure dans l'autre sens (LXI) et alla même jusqu'à donner aux observations de Barry une valeur qu'elles n'ont jamais eue. Comme ses prédécesseurs, Bischoff n'a vu la pénétration des zoospermes que dans les enveloppes du vitellus, ou dans le liquide périvitellin d'œufs fécondés ou dans les sphérules de fractionnement d'œufs sans doute déjà morts. A ses yeux l'action des éléments mâles reste une action catalytique.

Je ne cite que pour mémoire un travail de Keber (Ueber den Eintritt der Samenzellen in das Ei) dans lequel cet auteur prend pour un zoosperme un certain corpuscule lenticulaire qui se trouve dans le canal micropylaire des ovules de Naïades longtemps avant la ponte. L'absurdité profonde des conclusions de ce mémoire a été bien établie par Bischoff (LVIII), par Hessling et plus récemment par Flemming (CVIII et CXV); ce qui n'empêche pas quelques auteurs (voy. LXXXIII, p. 362) de citer encore Keber parmi les travailleurs qui ont contribué à étudier la question du rôle du zoosperme dans la fécondation! Quelle n'est pas l'influence du titre d'un mémoire!

Sur ces entrefaites, Nelson publiait une série de recherches (LVII) sur la reproduction de l'*Ascaris mystax;* ce fut le point de départ d'une longue controverse, pour un résumé de laquelle je puis renvoyer le lecteur au dernier mémoire de Claparède sur ce sujet (LXXVII). Je me borne à rapporter les observations instructives soit par elles-mêmes soit par la lumière qu'elles jettent sur le sens véritable des résultats obtenus par chaque auteur.

Nelson pense que l'ovule mûr, descendant dans l'utérus sans être fécondé, s'entoure d'un chorion rugueux ; sa vésicule germinative se résout en un ensemble de taches d'aspect huileux qui sont expulsées de la surface. Dans le cas normal, l'ovule arrivant dans l'utérus est encore dépourvu de membrane et se trouve ainsi en contact immédiat avec les zoospermes coniques dont cet organe est rempli. En ce moment la surface du vitellus est comme rompue, la substance vitelline est à nu en un ou plusieurs endroits, et les zoospermes s'enfoncent en grand nombre dans cette matière molle, la pointe des conules tournée en avant. Arrivé au point de l'utérus où se forme le chorion, ce vitellus fécondé est entouré d'une membrane mince à laquelle s'ajouteront plus tard d'autres couches membraneuses. Les zoospermes se dissolvent et constituent des taches claires qui se dispersent ensuite dans le vitellus auquel ils donnent un aspect bigarré. La vésicule germinative existe encore au centre du vitellus mais ne tarde pas à disparaître. La tache germinative se gonfle et devient le noyau de l'œuf fécondé, le nucléolin de l'ovule devient la tache germinative de l'œuf fécondé. Ces résultats ont été obtenus par l'examen microscopique d'œufs tirés de différentes parties de l'oviducte ouvert dans l'eau et placés dans de l'eau pure. Cette méthode défectueuse suffit à expliquer les erreurs nombreuses du travail analysé ; le vitellus crevant par endosmose peut laisser pénétrer les zoospermes, l'ovule mal mûr et muni de sa vésicule germinative peut se trouver ainsi bourré de conules spermatiques qui sont entrés par le point de rupture, sans que ces images puissent donner le moindre renseignement sur les phénomènes de la fécondation normale. Il faut, en outre, qu'il y ait eu de grandes confusions pour que l'auteur décrive l'œuf fécondé comme dépourvu d'un chorion rugueux qui entourerait l'œuf infécond, tandis que c'est précisément le contraire qui a lieu ; Munk a plus tard élucidé ce point (LXXVI).

Les résultats de Nelson ont été combattus par Bischoff (LVIII et LXVI) ; l'illustre embryogéniste allemand cherche à établir que les conules spermatiques sont des productions épithéliales. Il avait tort et son intervention ne fit qu'augmenter l'obscurité qui enveloppait ce sujet.

Très-différente de la description de Nelson est celle que nous donne Meissner (LXII) des mêmes phénomènes chez *Ascaris mystax* et *Mermis albicans*. L'ovule de ces espèces, arrivé à parfaite maturité, conserverait une forme plus ou moins triédrique; il serait entouré d'une membrane vitelline, interrompue seulement à l'angle le plus aigu du trièdre qui répond au point d'attache de l'ovule au raphé. L'auteur s'étonne que l'on n'ait pas encore reconnu l'existence de la membrane de l'ovule; néanmoins l'erreur parait être plutôt de son côté, car ni Bischoff ni aucun des auteurs subséquents n'a pu reconnaître ici une membrane véritable. Les conules spermatiques sont recouverts d'une membrane en forme d'éteignoir laissant une large surface libre et c'est en cet endroit que le contenu du conule présente à l'extérieur une surface floconneuse. C'est par ce gros bout ouvert et non par la pointe que les conules adhéreraient au vitellus et cela seulement à l'orifice micropylaire; ils s'introduiraient ainsi dans le vitellus les uns après les autres et s'y transformeraient petit à petit en globules de graisse. Les spermatozoïdes qui n'ont pas servi à la fécondation subissent, en dehors des œufs, la même métamorphose graisseuse que Meissner croit avoir reconnue chez ceux qui ont pénétré. L'œuf fécondé est ensuite enveloppé d'un chorion; puis il perd sa vésicule germinative, les globules de graisse, dont nous venons de voir l'origine supposée, disparaissent, les granulations vitellines s'accumulent au centre et des gouttelettes claires font leur apparition au bord du vitellus. Celui-ci subit le retrait, qui lui fait perdre la moitié de son volume, et entre en fractionnement. Chez les *Gordius*, Meissner a fait des observations moins complètes mais qui concordent avec sa théorie de la fécondation des Nématodes.

D'après les résultats obtenus par les naturalistes qui se sont occupés après Meissner du même sujet, il est clair que cet observateur a vu l'entrée des zoospermes dans des œufs mal mûrs qui n'ont ensuite présenté que des phénomènes de décomposition. L'existence de la rupture à laquelle il donne le nom de micropyle est propre à l'ovule mal mûr et la dégénérescence graisseuse est caractéristique d'une décomposition lente. Ces recherches faites, comme celles de Nelson, non par l'étude suivie d'un même œuf, mais par la comparaison des images présentées par les produits sexuels arrachés à diverses portions de l'oviducte et examinés dans des liquides altérants, ne pouvaient le conduire à reconnaître que des processus étrangers à la fécondation régulière. Enfin la membrane rigide qu'il croit trouver autour des zoospermes n'existe pas, ainsi que le démontrent les belles observations de Schneider sur les mouvements amiboïdes de ces corpuscules (LXXII).

Chez le Lombric, Meissner (LXII) vit des œufs hérissés de zoospermes qui les font tourner sur eux-mêmes, observation bien souvent faite avant et après lui chez des animaux marins. Il croit voir aussi ces zoospermes pénétrer en grand nombre et se changer en graisse. Chez le Lapin le naturaliste allemand a vu ces images, déjà bien connues, d'œufs en voie de fractionnement et présentant des zoospermes logés entre les sphérules de fractionnement et la zone pellucide; un œuf même, arrivé au stade de la blastosphère, montrait des spermatozoaires dans la cavité de fractionnement. L'on se demande comment ces zoospermes étaient arrivés là; peut-être s'agit-il d'une simple erreur d'observation.

Dans un écrit dont la tendance est de défendre Nelson contre les attaques dont son travail a été l'objet, A. Thompson (LXXIV) reconnaît qu'il n'a jamais réussi à voir un conule spermatique réellement enfoncé dans le vitellus des Nématodes et que les globules de graisse que le vitellus présente plus tard ne paraissent nullement provenir d'une métamorphose de ces conules. Dans un autre article (LXIX), le même auteur émet l'opinion que la véritable membrane vitelline résulte d'une condensation de la zone limitante primitive de la substance du vitellus.

Claparède enfin (LXVIII, LXXV et LXXVII) mit un terme à ce long débat par une de ces expositions lucides dont il avait le secret et par une critique consciencieuse des publications précédentes. Comme résultat de ses propres observations, l'illustre naturaliste genevois nous apprend que dans l'ovule avant la maturité « il y a deux choses à distinguer: d'abord « les granules vitellins..... puis une substance transparente, glutineuse,

18

« qui sert à réunir les granules entre eux. La partie périphérique de
« l'œuf est formée uniquement par cette substance transparente inter-
« granulaire; l'œuf paraît en conséquence entouré d'une zone claire
« très-mince dont Meissner a fait sa membrane vitelline. Si les granules
« vitellins ne pénètrent pas dans cette couche périphérique de substance
« intergranulaire, c'est parce que cette substance est plus dense dans
« cette région que dans le reste du vitellus. » Dès que l'œuf a été en
contact avec les zoospermes, on le voit s'entourer d'une membrane bien
décidée. Cette membrane ne semble pas être sécrétée par les parois de
l'oviducte; « il nous semble au contraire plus vraisemblable qu'elle soit
« formée par une différenciation plus complète de la couche externe du
« vitellus...... Cette différenciation a lieu aussi bien chez les femelles qui
« n'ont pas été fécondées que chez celles qui le sont. » Cependant « la
« membrane est beaucoup plus mince et plus délicate chez les œufs non
« fécondés que chez les œufs fécondés. »

Claparède ne se laisse pas induire en erreur par les images artificielles
étudiées par Nelson et Meissner. Sans nier absolument la pénétration
physiologique, il ne croit pas qu'elle ait encore été observée; lui-même
n'apporte aucune observation propre sur ce sujet. Les modifications
qu'éprouve le vitellus après la fécondation sont, outre la formation d'une
membrane vitelline épaisse, la disparition de la vésicule germinative au
milieu d'un obscurcissement de l'œuf et la réapparition d'une vésicule
plus grosse au moment où le vitellus s'éclaircit de nouveau.

J'ai quitté un peu l'ordre chronologique afin de ne pas éparpiller dans
ce compte rendu les divers travaux relatifs aux Nématodes. Je dois
maintenant revenir en arrière pour enregistrer une découverte mar-
quante qui a fait faire un grand pas à la théorie de la fécondation; cette
découverte est relative à des végétaux et c'est à un botaniste que nous
la devons. Jugeant certaines petites spores émises par les Algues à la
lumière des idées admises par les zoologistes sur les spermatozoaires,
quelques botanistes se mirent à rechercher s'il n'y aurait pas réunion de
ces spores ou de ces spermatozoïdes végétaux avec l'ovule. Suminski et

Hofmeister réussirent à voir, chez les Fougères, l'entrée des spermatozoïdes dans l'archégone, mais ne purent les suivre jusqu'à l'œuf.

Plus heureux que ses prédécesseurs, Pringsheim (LXVII) réussit à voir
et décrivit avec précision ce phénomène important. Chez *Vaucheria ses-
silis*, le protoplasme (Hautschicht) se porte dans la partie supérieure de
l'ovule à l'époque où celui-ci atteint sa parfaite maturité, tandis que la
chlorophylle se réunit dans le bas de l'ovule. Le protoplasme se gonfle
ensuite et fait sauter par une pression interne la portion de la membrane
enveloppante qui est allongée en forme de bec; en ce moment, une partie
du protoplasme se sépare de l'ovule en présentant des mouvements qui
démontrent clairement l'absence de toute membrane à la surface même
de cet élément. La portion de sarcode détachée du reste entre bientôt en
décomposition. L'organe mâle s'ouvre en même temps, pour livrer passage à un essaim de petits bâtonnets mis en mouvement par deux cils
dont un long et un court. Ces bâtonnets entrent en grand nombre dans
le col de l'enveloppe déchirée de l'ovule et s'y livrent à un mouvement
de va-et-vient. Tout à coup, la partie libre de l'œuf se couvre d'une membrane qui en ferme l'accès et qui gagne ensuite le reste de sa surface en
dedans de l'enveloppe déchirée. En dedans de cette membrane, l'illustre
botaniste vit plusieurs fois un corpuscule dont l'aspect était celui d'un
spermatozoïde. La membrane de l'œuf, que nous nommerions vitelline, se
forme tout à coup par durcissement du sarcode superficiel (Hautschicht)
et s'épaissit aux dépens de ce sarcode.

Les observations de Pringsheim sur *OEdogonium ciliatum* sont
encore plus complètes. Chez cette Algue, les spermatozoïdes sont relativement de dimensions énormes et ne sont produits qu'au nombre de deux
pour chaque ovule. Ils renferment toujours quelques grains de chlorophylle. L'ovule subit au moment de la maturité les mêmes changements
que chez Vaucheria; son sarcode s'amasse à la partie supérieure, se gonfle,
fait sauter l'enveloppe de l'ovule et sort en partie par la déchirure. Mais
au lieu de se détacher, ce prolongement sarcodique se transforme à la
surface en une membrane en forme d'entonnoir, après quoi tout le

sarcode se réunit de nouveau à la partie supérieure de l'ovule. Cet entonnoir membraneux tourne vers l'extérieur son petit orifice tandis que le grand orifice est exactement bouché par l'ovule. Vers ce moment, le gros spermatozoaire cilié se dégage et, après avoir cherché son chemin, vient s'engager dans l'entonnoir membraneux et touche la surface de l'ovule. Mais ici je laisse la parole à l'éminent botaniste : « Un instant « après que le spermatozoïde a touché la sphère de fécondation (vitellus) « on le voit encore rester identique dans sa forme et tâtonner de ci de là « avec sa pointe la surface de l'ovule. Mais déjà l'instant d'après, le sper- « matozoïde perd sa forme sous les yeux de l'observateur, en crevant « pour ainsi dire, et se voit admis dans le sein de l'ovule; sa masse se « réunit immédiatement à la substance ovulaire. Après cet acte presque « instantané de la fécondation, il ne reste aucune trace du spermatozoïde « en dehors de l'ovule..... Par contre la partie muqueuse antérieure « (partie sarcodique) de l'ovule, qui, avant la fécondation, se composait « d'une mucosité très-finement ponctuée et légèrement jaunâtre, présente « maintenant quelques grains verts qui sont sans nul doute ceux-là mêmes « que renfermait le spermatozoïde. Peu après la fécondation, l'œuf « présente une limite de plus en plus marquée et enfin sa surface con- « stitue une membrane à double contour bien distinct. »

Ces observations furent continuées par le même auteur et par d'autres et leur exactitude fut bientôt reconnue; des faits analogues furent signalés chez d'autres Cryptogames. Ces travaux sortent complétement du cadre de ce mémoire; je n'ai cité ceux de Pringsheim que parce qu'ils renferment la toute première observation qui se trouve dans la bibliographie biologique de la pénétration physiologique du zoosperme dans le vitellus. La zoologie était destinée à attendre encore longtemps une observation analogue!

Les belles études de Lacaze-Duthiers sur le Dentale (LXXIII) nous donnent quelques renseignements intéressants, bien qu'indirects, sur la fécondation chez ce Mollusque. L'œuf pondu se compose d'une coque percée d'un micropyle, dans l'intérieur de laquelle est suspendu le vitellus.

Les zoospermes s'implantent perpendiculairement à la coque qui en
devient toute hérissée. Ce fait donne à penser qu'il existe autour de la
coque un oolemme pellucide à texture radiaire, quoique cette couche
ne soit pas mentionnée par l'auteur. Quelques zoospermes trouvent l'ouverture du micropyle et pénètrent par là dans l'intérieur de la coque.
L'illustre zoologiste français n'a pas vu la pénétration qu'il est à peu près
impossible de voir chez un œuf aussi gros et aussi parfaitement opaque
que celui du Dentale. Il rapporte néanmoins une observation fort intéressante et qui trouve, si je ne me trompe, son explication dans les phénomènes que j'ai observés chez les Échinodermes: « Les œufs, » écrit
de Lacaze-Duthiers, « lorsqu'ils viennent d'être pondus, sont parfaite-
« ment sphériques, et la plupart entourés d'une zone claire que limite
« la coque; mais j'ai vu fréquemment, après l'arrivée des spermatozoïdes
« (je crois du moins ne pas l'avoir rencontrée avant), une sorte de proé-
« minence vers l'un des pôles de la masse vitellaire formée par quatre ou
« cinq petits monticules qui semblaient laisser entre eux une dépression,
« une espèce de petit cratère, et en face de ce point se trouvait une
« matière granuleuse que l'on aurait dit sortir de l'œuf par la dépression. »
Les zoospermes étaient plus nombreux qu'ailleurs dans le voisinage de
cette dépression, qui occupe le pôle opposé à celui qui donne naissance
aux globules polaires. Il me semble que le sagace observateur a vu ici
un cratère vitellin et des matières expulsées par le vitellus analogues au
cratère vitellin et au cône d'exsudation des Échinodermes.

Chez les Hirudinées, Robin (LXXX) voit les spermatozoaires pénétrer
dans l'œuf au moment où la membrane vitelline se gonfle par suite du
contact de l'eau; ils entrent par un point de la membrane qui est toujours
le même et se promènent dans l'espace compris entre la membrane et le
vitellus: tel est le phénomène que l'auteur décore du nom de pénétration.
Ce phénomène a lieu dans l'intérieur de l'ovo-spermatophore et semble
indiquer l'existence d'un micropyle dans la membrane vitelline. L'auteur
paraît admettre que les zoospermes, qui sont entrés dans l'espace circonscrit par la membrane, se désagrègent et sont absorbés graduelle-

ment à l'état de dissolution soit par le vitellus soit par l'embryon en voie de développement, et attribue à cette absorption successive la diminution du nombre des zoospermes. La pénétration véritable a donc entièrement échappé à Robin et l'emploi qu'il fait de ce terme est fautif.

Un travail très-important pour la théorie de la fécondation est celui de v. Bambeke (xcvi) sur une structure spéciale que présentent les œufs fécondés des Amphibiens. Le vitellus de ces œufs, aussitôt après la fécondation, a des dépressions de la surface plus foncées que l'entourage, dont le nombre peut aller jusqu'à douze ou se limiter à une seule; elles se trouvent surtout sur l'hémisphère foncé du vitellus. Remak (lxv) avait déjà aperçu ces taches, mais sans en comprendre la signification. Sur des coupes de l'œuf, on voit que chaque trou de la surface se continue en une traînée foncée qui se dirige en somme vers l'intérieur du vitellus mais suit une direction sinueuse, irrégulière et souvent dévie latéralement. A l'extrémité intérieure de chaque traînée se trouve un espace de forme ovoïde et clair dans l'intérieur duquel on découvre un corpuscule plus foncé. L'auteur leur donne les noms de dilatation nucléaire et de nucléole. Il ne paraît pas que les contours de ce noyau soient bien nets; les limites de ce dernier ne sont rendues visibles que par la présence d'un pigment et de stries radiaires qui l'entourent. Bien qu'il ne considère encore cette interprétation que comme une hypothèse, v. Bambeke soutient avec talent l'idée que ces trous sont dus à la pénétration de zoospermes dans le vitellus. Tout en rejetant quelques-uns des motifs que l'auteur fait valoir à l'appui de son opinion, nous devons souscrire sans arrière-pensée à sa conclusion et cela à cause de l'analogie frappante que présente sa dilatation nucléaire, avec l'aster et le pronucléus mâle d'animaux chez lesquels ces phénomènes ont pu être étudiés dès l'origine et suivis pas à pas. Le naturaliste belge laisse indécise la question de savoir quel est le cas que l'on doit considérer comme normal, celui où il n'y a qu'un trou vitellin ou celui dans lequel chaque vitellus présente plusieurs trous et a reçu par conséquent plusieurs zoospermes. La question est théoriquement d'une haute importance et demande à être éclaircie par de nouvelles expériences.

Le mémoire de v. Beneden sur l'œuf (xcvii) ne renferme aucune donnée nouvelle sur la fécondation, mais confirme la présence, chez l'œuf récemment fécondé, de zoospermes logés dans l'oolemme pellucide et même dans l'espace compris entre l'oolemme et la surface du vitellus. D'après ce savant, le vitellus serait entouré d'une membrane vitelline distincte de l'oolemme et située à l'intérieur de ce dernier. Cette membrane se soulève après la fécondation et v. Beneden rapporte qu'il a vu alors des zoospermes dans l'espace compris entre la membrane et la surface du vitellus. Ce qui mérite surtout notre intérêt, ce sont deux figures d'une phase, que l'auteur prend pour l'origine du fractionnement, mais dans lesquelles nous n'avons pas de peine à reconnaître les deux pronucléus marchant à la rencontre l'un de l'autre. Ces deux vitellus ont déjà subi le processus du retrait et présentent à leur bord, en dedans de l'oolemme pellucide, deux globules polaires. Chez l'un des deux, représenté sur la fig. 1 de la Planche xii du mémoire cité, et se rapportant au *Vespertilio murinus*, les pronucléus sont munis chacun d'un nucléole ; chez l'autre œuf (fig. 4) qui provient d'une lapine, ils n'ont pas de nucléoles. Ces figures sont intéressantes surtout parce qu'elles tendent à montrer que chez les Mammifères il n'y a qu'un pronucléus mâle et que la fécondation a lieu par conséquent à l'aide d'un seul zoosperme par œuf.

Les observations assez nombreuses, mais très-brièvement décrites, de Weil (cm) sur le Lapin sont intéressantes surtout comme stimulant à de nouvelles recherches. Je commence par décrire le manuel opératoire de l'auteur parce qu'il semble donner la clef de quelques-uns des résultats obtenus. Les lapines furent ouvertes de 12 à 20 heures après un accouplement effectif et les œufs recueillis dans les oviductes et exposés au froid pendant la recherche (qui est toujours assez longue) furent réchauffés de nouveau sur le porte-objet avec addition de sérum sanguin. Sous l'influence de cette chaleur artificielle, les zoospermes engourdis par le froid redevinrent plus actifs et il semble même qu'un œuf ait continué le processus de fractionnement déjà commencé. Les observations de l'auteur ne nous renseignent qu'indirectement sur les modifications pathologiques que ces changements de température peuvent avoir fait subir au vitellus.

Plusieurs des œufs décrits par Weil présentaient vers leur centre deux vésicules ou noyaux dont chacun renfermait, dans un cas, un nucléole. Le mémoire n'étant malheureusement pas accompagné de figures, nous ne saurions dire si ces noyaux répondent dans tous les cas aux deux pronucléus; dans plusieurs des cas, la description ne laisse aucun doute à cet égard, quoique l'auteur considère ces pronucléus comme résultant de la division d'un noyau unique, c'est-à-dire comme un premier phéno-mène de fractionnement. Dans deux cas, Weil a observé, outre ces deux vésicules centrales, une ou deux vésicules semblables mais plus petites et situées près de la périphérie du vitellus, ainsi que des taches claires mal définies. Les taches claires se trouvent, comme nous le savons déjà, dans le vitellus non fécondé du lapin ; les petites vésicules périphériques pourraient être des pronucléus mâles, mais ce n'est là qu'une simple supposition. Enfin dans quelques-uns de ces œufs, l'auteur a vu des zoo-spermes implantés ou pénétrés dans le vitellus. Ici nous devons faire une distinction : Dans deux cas, le zoosperme était placé de telle façon que sa tête était engagée entre les deux noyaux, au centre du vitellus, sa queue se dirigeant vers la périphérie; mais la queue seule put être reconnue avec quelque certitude. Dans des œufs plus avancés et en voie de frac-tionnement, ce n'est plus un zoosperme que Weil a vu dans l'intérieur des sphérules de fractionnement, dans le voisinage du noyau, ce sont des paquets de filaments spermatiques dont les queues se présentaient sous la forme de stries divergentes. L'interprétation de ces observations est toute simple. Weil a pris pour des zoospermes ou des queues de zoo-spermes les filaments d'un amphiaster de fractionnement. Dans le cas des œufs non fractionnés, l'auteur aura vu les filaments particulièrement accentués qui se forment autour du point de contact de l'aster mâle avec le pronucléus femelle et les a pris pour des queues de filaments sperma-tiques.

Dans la seconde catégorie d'observations nous voyons l'auteur parler, cette fois-ci avec beaucoup plus d'assurance, de la présence de zoospermes véritables, munis de leur tête, mais logés dans la partie périphérique de vitellus qui présentaient déjà à leur centre deux noyaux; il en a même trouvés qui étaient implantés dans les sphérules de fractionnement. Ces cas ne peuvent s'accorder avec les observations bien plus variées et plus certaines que nous possédons maintenant sur la fécondation des animaux inférieurs, à moins d'admettre que les œufs observés par Weil n'étaient plus dans un état normal. Ils étaient déjà fécondés; mais comme le vitellus des Mammifères ne paraît pas s'entourer d'une membrane spéciale au moment de la fécondation, il reste accessible aux zoospermes qui peuvent continuer à pénétrer lorsque la vitalité du vitellus est réduite ou éteinte. Or il est incontestable que le refroidissement et l'échauffement rapides que Weil fait subir à ces œufs, sans parler des différences de milieu, doivent avoir sur leurs manifestations vitales une influence pernicieuse; nous ne pouvons nous expliquer autrement comment il a pu rencontrer des zoospermes intacts dans le vitellus. Ces zoospermes n'étaient entrés qu'après le refroidissement de l'œuf, comme le montre le fait qu'aucun n'avait encore pénétré bien profond; et ils étaient entrés dans un vitellus mort ou presque mort, car si le vitellus eût été doué de vie, ils auraient aussitôt perdu leur forme et se seraient changés en asters. La seule des observations de Weil qui se rapporte à une fécondation réelle est donc celle à laquelle il attribue un sens tout différent : c'est celle qui constate la présence des deux pronucléus dans le sein du vitellus de plusieurs œufs. La présence de trois et même de quatre pronucléus dans un seul vitellus semble indiquer que, chez le Lapin, il peut pénétrer plus d'un zoosperme par œuf, et il resterait alors à décider si ce dernier cas doit être considéré comme normal ou comme monstrueux.

Hensen (CVI) confirme la présence de nombreux zoospermes dans l'oolemme pellucide et jusque dans l'espace périvitellin d'œufs fécondés du Cobaye et du lapin. Il se prononce contre l'existence d'un micropyle dans l'oolemme de ces œufs avant la fécondation et fait observer que les zoospermes traversent l'oolemme sans difficulté en un point quelconque (mes propres observations sur le lapin confirment pleinement tous ces faits). Étudiant des œufs extraits de lapines en moyenne 12 heures après le coït et de Cobaye environ 16 heures après la parturition, Hensen trouva fréquemment les zoospermes en train d'avancer lentement à travers l'oolemme dans des directions radiaires ou de nager rapidement dans l'espace périvitellin. Ces derniers furent observés surtout chez le lapin; leurs mouvements natatoires réussissaient parfois à mettre le vitellus en mouvement, mais aucun ne pénétra dans son intérieur. Le vitellus avait subi le retrait. Mais ce chercheur distingué est allé encore plus loin : il a voulu constater la présence des zoospermes dans l'intérieur du vitellus, puisqu'il n'avait pas réussi à les voir entrer. Je laisse Hensen nous exposer lui-même la plus importante de ses observations. Elle se rapporte à une femelle de Cobaye tuée 12 à 15 heures après la parturition et dont les oviductes renfermaient trois œufs situés à quatre millimètres de la trompe de Fallope :

« Dans chacun des trois œufs se trouvait un filament spermatique :
« dans le premier, la queue sortait du vitellus à la distance d'un quart
« de cercle des globules polaires, la tête n'était pas distincte; dans le
« second, la queue était implantée dans le vitellus à côté des globules
» polaires; dans le troisième la queue se trouvait presque à l'opposé du
« globule polaire et implantée dans le vitellus jusque au delà de sa par-
« tie moyenne. Chez ce dernier œuf la vésicule germinative était visi-
« ble. » Deux de ces vitellus furent examinés après avoir été durcis et dépouillés de leurs enveloppes. Dans l'un des deux « la tête du zoos-
« perme se montra implantée profondément dans le vitellus suivant une
« direction oblique, mais cette tête n'était pas bien distincte et ne put
« être isolée. L'autre vitellus présentait une légère bosse à l'endroit où la
« queue était fixée. L'on y voyait la tête du zoosperme, mais grossie et
« renfermant une masse granuleuse, sphérique qui s'était retirée de la
« paroi, c'est-à-dire du contour de la tête. Ce vitellus fut mis en pièces
« afin d'isoler la tête du morceau où elle se trouvait, mais elle tenait bon
« et finit par être détruite. »

Ces observations soigneuses s'accordent, comme l'on voit, fort bien avec les miennes et y trouvent leur explication toute naturelle. Il n'en est pas tout à fait de même des observations faites par Hensen chez le lapin. Plusieurs œufs récemment fécondés de cette dernière espèce présentaient un aspect taché et l'auteur croit pouvoir attribuer ces taches à la pénétration de spermatozoïdes dans le vitellus; il fait cependant observer qu'il a rencontré des taches toutes semblables dans un œuf extrait directement de l'ovaire. D'autres fois il trouva des têtes de zoospermes dans le vitellus préalablement durci et quelques-unes de ces dernières étaient devenues granuleuses. D'autres fois encore il rencontra dans le vitellus des vésicules renfermant un corpuscule qui avait l'apparence d'un noyau; la plupart de ces vésicules étaient en continuité avec une queue de zoosperme. Ces observations sont donc soigneusement faites et très-positives. Elles ne permettent guère de douter que les vitellus observés du lapin renfermaient plusieurs zoospermes. Mais ici surgit la même grave question que pour les Amphibiens, celle de savoir si ces cas sont normaux ou monstrueux et s'il est des animaux chez lesquels il peut pénétrer plus d'un zoosperme par vitellus sans qu'il en résulte un développement anormal.

Mes observations sur les Méduses de la famille des Géryonides (cvii) n'apportent aucun fait relatif à la fécondation, si ce n'est que le vitellus fécondé est muni d'un noyau vésiculeux tout différent de la tache germinative de l'ovule et que ce vitellus est flanqué d'un corpuscule que je crois maintenant pouvoir considérer comme un globule polaire.

Bütschli (cx) est, après Warneck, le premier auteur qui ait vu et décrit les deux noyaux qui se forment dans le sein du vitellus fécondé et se réunissent entre eux avant le fractionnement. Ce phénomène fut étudié chez un Nématode, la *Rhabditis dolichura*. La description qu'en fait l'auteur est si brève que je préfère citer textuellement : « Les œufs rangés « en série les uns derrière les autres à l'extrémité inférieure de l'ovaire « présentent, à côté du grand noyau, encore un nombre considérable de « vésicules claires qui ont l'aspect de noyaux. Mais aussitôt que les œufs

« ont passé dans l'utérus, ces vésicules sont expulsées du vitellus.....
« phénomène qui semble en tous cas être en relation avec la motilité du
« vitellus qui exécute des mouvements amiboïdes avec assez de vivacité.
« En même temps la vésicule germinative, si nette jusqu'à présent, de-
« vient tout à fait invisible. » L'auteur qui n'a pas observé la disparition même ne sait s'il doit l'attribuer à une expulsion de la vésicule ou
à un obscurcissement momentané; il penche vers cette dernière hypothèse. Puis il continue : « Après que l'œuf est resté un certain temps
« dans cet état, apparaît, comme je l'ai toujours observé, une vésicule
« claire au pôle qui regarde dans la direction du vagin et après quelque
« temps, une seconde vésicule semblable à peu de distance de la pre-
« mière. Naturellement la formation de ces vésicules n'est pas directe-
« ment observable; elles ne se marquent que lorsqu'elles atteignent une
« certaine grosseur, en sorte que je ne puis considérer la supposition
« que la seconde vésicule dérive de la première comme tout à fait écar-
« tée, quelque invraisemblable qu'elle paraisse. L'on voit bientôt un cor-
« puscule foncé dans ces vésicules et ne peut donc plus rester dans le
« doute sur leur qualité de nucléus..... après quelque temps on les re-
« trouve très-rapprochées l'une de l'autre; elles sont maintenant poussées
« vers le centre du vitellus tandis qu'elles s'unissent entre elles toujours
« plus intimement et les granules du centre du vitellus s'arrangent su-
« bitement en rayons autour des noyaux qui semblent maintenant pres-
« que fusionnés. » Le vitellus rentre en repos le noyau seul continuant
à changer de forme. Il semble que la fusion soit complète, mais l'auteur
pense qu'en réalité il ne s'agit que d'une superposition des deux noyaux
qui resteraient distincts jusqu'au moment où se forme le premier amphiaster de fractionnement. Ces observations s'accordent trop bien avec
les miennes pour qu'il soit nécessaire de les commenter.

Vers l'époque où parut ce mémoire de Bütschli, Auerbach reprit ses
études sur les noyaux des cellules (CXI), et les dirigea vers les points que
Bütschli venait d'élucider d'une manière si inattendue. Déjà précédemment (CIV) Auerbach avait consacré à l'étude des noyaux une somme de

travail évidemment considérable, mais sans arriver à aucun résultat relatif aux phénomènes qui nous occupent; les résultats de ce premier
travail, qui parut au printemps de 1874, à peu près en même temps que
le mémoire de Bütschli, montrent qu'à cette époque l'auteur n'avait aucune notion des phénomènes intimes qui venaient d'être découverts et
ne connaissait même pas le réticulum intranucléaire déjà décrit par
Heitzmann. Les nouvelles études d'Auerbach, *entreprises* donc à l'époque
où parut le mémoire de Bütschli, amenèrent cette fois-ci plusieurs résultats importants, sinon originaux, consignés dans un mémoire qui fut
déjà publié vers la fin de la même année. J'insiste sur cet épisode de
l'histoire de la découverte des phénomènes intimes de la fécondation et
du fractionnement, parce que la plupart des auteurs récents, tels que
Schwalbe, E. v. Beneden, J. Priestley, Kölliker, A. Brandt, Hoffmann et
tant d'autres ont attribué à Auerbach un mérite de priorité qui ne lui revient en aucun cas[1].

Après ces remarques je me sens plus à l'aise pour rendre pleine justice aux études soigneuses d'Auerbach. Ses observations ont porté surtout sur *Ascaris nigrovenosa* ainsi que sur *Strongylus auricularis*. L'ovule
de ces Nématodes est dépourvu de membrane vitelline. Cette membrane
ne se forme qu'après la fécondation. Avant que la membrane apparaisse,
les granules lécithiques se retirent de la surface du vitellus qu'occupe
alors une couche de protoplasme transparent. Cette couche donne naissance à la membrane par un durcissement de sa lame la plus superficielle. La membrane n'est d'abord qu'une pellicule très-mince et s'épais-

---

[1] La manière dont Auerbach a traité son sujet est peut-être une des causes principales de cette
méprise. En effet cet auteur ne compare ses derniers résultats qu'à des travaux déjà très-anciens
tels que ceux de Kölliker et de Reichert et les donne lui-même comme entièrement nouveaux (bisher
nicht geahnter Verlauf, etc., p. 189, 195, 202, 242). Le mémoire de Bütschli (cx) paru depuis sept mois
et le mien (cvii) publié depuis plus d'une année ne sont cités que tout à la fin (p. 244) dans un endroit
où ils ont sans doute échappé à l'attention de bien des lecteurs ; ils sont en outre critiqués peut-être
au delà de ce que la justice exige, voire même travestis.

Loin de moi, du reste, la pensée qu'il y ait eu de la part de l'auteur que je critique la moindre in-
tention d'exalter indûment son propre mérite. L'injustice commise est sans aucun doute tout à fait
involontaire; mais elle n'en existe pas moins, elle a eu des conséquences et mérite pour cette raison
d'être relevée.

sit ensuite progressivement. Les granules vitellins se répandent après cela jusqu'au bord du vitellus qui subit le retrait et qu'une couche de liquide sépare de la membrane. Tous ces phénomènes sont postérieurs à la fécondation. La réunion du zoosperme à l'ovule n'a pas été observée par Auerbach, mais cet observateur suppose que cette réunion doit avoir lieu au pôle antérieur ou pointu du vitellus (p. 197), celui-là même où se trouvent le plus souvent les deux globules polaires. Aux deux extrémités de ce vitellus ovale apparaissent les pronucléus déjà décrits par Warneck et par Bütschli; ils marchent à la rencontre l'un de l'autre et se fusionnent au centre de l'œuf. Toutefois cette fusion n'est pas immédiate; les noyaux se juxtaposent et feraient ensuite d'après Auerbach un quart de tour auquel cet auteur attribue une immense importance. A l'en croire, ce demi-tour serait le plus important de tous les phénomènes de la fécondation, et Bütschli qui n'a pas vu le demi-tour avait perdu ainsi la clef de tous ces phénomènes! Il ne me semble pas que la rotation ait complètement échappé à Bütschli, puisqu'il parle tout au contraire d'une superposition des deux noyaux; comme l'observateur regarde toujours le vitellus d'un Nématode par le côté et non de pointe, le terme de superposition employé par Bütschli indique bien qu'il a vu les noyaux se placer dans le petit axe de l'œuf. Du reste il s'agit ici d'un phénomène particulier aux Nématodes et qui ne se retrouve chez aucun des animaux que j'ai étudiés; il ne saurait donc avoir l'importance qu'Auerbach lui attribue. L'auteur remarque que, pendant la marche des noyaux, le vitellus présente une activité propre qui donne à sa surface une forme bosselée. C'est à cette activité de la substance vitelline qu'il attribue le déplacement des pronucléus. Ces corpuscules laissent derrière eux une traînée claire qui provient de l'absence de granules vitellins dans la partie qu'ils viennent de parcourir.

Le pronucléus qui prend naissance à l'extrémité pointue du vitellus se forme d'après Auerbach dans la région où le zoosperme a pénétré et répondrait par conséquent à notre pronucléus mâle; l'autre se formant au pôle opposé serait notre pronucléus femelle. Dans cette hypothèse nous aurions de la peine à comprendre pourquoi les globules polaires se montrent précisément au pôle qui donne naissance au pronucléus mâle. Mais nous savons maintenant, d'après les observations de Bütschli, que ce pronucléus qui se forme près des globules polaires au petit bout de l'œuf descend de la vésicule germinative; c'est donc le noyau femelle. Nous savons aussi, d'après le même auteur, que le zoosperme ne s'attache pas forcément au pôle antérieur de l'œuf; il est donc permis de soupçonner qu'Auerbach a simplement pris le pronucléus mâle pour un pronucléus femelle et vice versâ. Je dois du reste rappeler que cet auteur n'avait que des idées très-vagues sur la sexualité des pronucléus et qu'il ignorait entièrement la relation qui existe entre la vésicule germinative, les globules polaires et le noyau femelle.

Les pronucléus ne sont d'après Auerbach que de simples vacuoles dans la substance vitelline. Ils n'ont pas de membrane propre, mais sont seulement entourés par une couche de matière vitelline condensée à leur surface. Auerbach rappelle à ce propos la condensation qu'éprouve un liquide à sa surface de contact avec un autre liquide, de l'eau par exemple à la surface d'une goutte d'huile et, de la comparaison de tous ces faits, il tire des rapprochements très-ingénieux. Il compare en particulier le temps que les pronucléus mettent à se fusionner à la difficulté que l'on éprouve à faire réunir en une seule des gouttes de graisse distinctes flottant à la surface de l'eau. Les pronucléus renferment des nucléoles en nombre variable qui se meuvent en sens divers; ils se dispersent vers le moment de la fusion des noyaux et reparaissent ensuite dans le noyau conjugué.

En dehors des cas normaux, qui sont en grande majorité, Auerbach a observé des variantes, dans lesquelles les pronucléus marchent avec une vitesse inégale et se rencontrent dans une des moitiés du vitellus, au lieu de se rejoindre à son centre. D'autres fois, les noyaux ne se forment pas aux pôles du vitellus mais de côté, de telle façon cependant qu'ils se trouvent toujours aux extrémités d'un même diamètre; le noyau conjugué peut alors se trouver à côté du centre du vitellus. Ces variantes sont sans importance, puisque ce qui est ici l'exception constitue la règle pour beaucoup d'espèces animales. Une autre variante plus importante, ou plutôt un cas très-anormal est décrit par Auerbach qui ne l'a observé qu'une fois. Les deux pronucléus se seraient manqués ; au lieu de se rencontrer au centre de l'œuf, ils se seraient croisés et ils auraient continué leur chemin jusqu'au pôle opposé du vitellus ; après cela l'œuf aurait cessé de vivre. J'avoue franchement que ces phénomènes sont en désaccord si complet avec tout ce que j'ai jamais observé chez divers animaux, que je ne puis trouver une explication satisfaisante de cette description. Auerbach a-t-il eu sous les yeux deux pronucléus mâles? il est impossible de le dire, puisque cet auteur n'a pas même remarqué la différence si frappante qui existe entre les noyaux sexués. Je dois donc m'abstenir de toute tentative d'explication et me borne à placer ici un point d'interrogation.

Bütschli qui pendant ce temps avait poursuivi ses études (CXII) donna, dans une communication préliminaire, quelques détails importants sur la fécondation des Nématodes et des Gastéropodes. Chez *Cephalobus rigidus* l'auteur vit l'ovule, dans sa descente dans l'oviducte, s'accoler à un zoosperme, l'entraîner avec lui et l'absorber dans son intérieur. Chez *Cucullanus elegans* la réunion même des deux éléments ne put pas être observée, mais la surface du vitellus présentait un petit amas de granules foncés, entourés d'un champ clair, que l'auteur considère comme un zoosperme pas encore fusionné et que nous nommerions plutôt un pronucléus mâle en voie de formation. Les pronucléus prennent naissance, d'après Bütschli, aux dépens de la couche périphérique de protoplasme tantôt aux deux pôles du vitellus, tantôt l'un à un pôle et l'autre près de l'équateur, parfois même tous deux dans le voisinage du pôle antérieur. L'un de ces noyaux prit naissance quelquefois au-dessous des globules polaires. Inutile de faire remarquer que ces observations s'accordent déjà beaucoup mieux avec les miennes. La rotation des pronucléus n'a jamais été vue par Bütschli, pas du moins de la façon décrite par Auerbach. Chez *Rhabditis dolichura* il vit une fois trois pronucléus qui se réunirent entre eux. Chez *Cucullanus elegans* ce naturaliste vit cinq pronucléus et chez *Limnæus auricularis* il en vit huit et davantage prendre naissance dans le protoplasme qui s'amasse à la surface du vitellus au moment où se forment les globules polaires. Ces petits noyaux se réunissent ensuite en un seul. Chez *Succinea Pfeifferi* l'auteur n'observa que deux noyaux qui prennent naissance très-loin l'un de l'autre. Il ressort à l'évidence de cette description que nous avons affaire ici à deux processus très-distincts et qui ont été confondus à tort. Les phénomènes décrits pour *Limnæus* et *Rhabditis* se rapportent à la formation des petites vacuoles en nombre variable qui prennent naissance au-dessous des globules polaires et se réunissent entre elles pour constituer le pronucléus femelle. Le pronucléus mâle n'est pas mentionné dans ce cas. Chez *Succinea* au contraire, l'auteur n'a pas vu cette origine du pronucléus femelle et décrit les deux pronucléus déjà formés. C'est une confusion regrettable et qui n'a pas été sans conséquences.

Bütschli s'est assuré qu'il y a bien fusion réelle entre les deux pronucléus, et il fait observer avec justesse que les contractions du vitellus peuvent bien influer sur la marche de ces noyaux, mais ne suffisent pas à expliquer leur fusion. Pour l'auteur, les filaments du fuseau de direction (partie moyenne de l'amphiaster de rebut) proviennent de la tache germinative; les globules polaires seraient constitués par le nucléole de l'ovule et la pénétration du zoosperme servirait à introduire un nouveau nucléole dans le vitellus. Ces idées théoriques tombent devant le fait, actuellement constaté, de la présence d'un nucléole dans le pronucléus femelle avant sa réunion à l'élément mâle.

L'ouvrage déjà cité de Strasburger (CXIII) ne renferme aucune donnée relative à la fécondation. Les seules observations qui aient quelque rapport avec ce phénomène ont été analysées précédemment (p.69). Il en est de même de mon mémoire sur les Ptéropodes (CXIV). Au sujet de ce dernier travail je dois pourtant insister sur un point qui pourrait donner lieu à des équivoques. Le noyau de l'œuf fécondé s'y trouve désigné sous le nom de vésicule germinative, de même que dans mon travail

20

sur les Geryonides. L'on sait en effet que la distinction formelle qui est maintenant établie entre le noyau de l'ovule et le noyau de l'œuf fécondé est de date toute récente. Auparavant les auteurs donnaient le nom de vésicule germinative à ces deux choses indistinctement et l'on parlait de la disparition et de la réapparition de cette vésicule. Une fois que l'on commença à comprendre qu'il s'agissait ici de deux éléments distincts, surgit la question de savoir quel est celui de ces deux éléments histologiques auquel devait être réservé le nom de vésicule. L'usage est maintenant établi de réserver ce terme pour le noyau de l'ovule; l'usage inverse aurait pu se justifier par des raisons tout aussi bonnes sinon meilleures, mais enfin la règle est adoptée et je m'y conforme. Toutefois l'on ne doit pas perdre de vue qu'au moment où j'écrivais les deux mémoires cités, les termes n'étaient pas encore définis en ce sens; je pouvais donc fort bien appliquer la désignation de vésicule aux deux sortes de noyaux, sans mériter pour cela d'être classé parmi les auteurs qui croient à la persistance du noyau de l'ovule. Cette interprétation est d'autant moins plausible que j'exprimais moi-même en termes parfaitement nets ma conviction que ces deux sortes de noyaux c'est-à-dire la vésicule germinative de l'ovule et celle de l'œuf fécondé n'étaient nullement identiques. J'ai encore à l'heure qu'il est de la peine à comprendre pourquoi le nom de vésicule germinative n'a pas été réservé pour le noyau de l'œuf fécondé, celui de noyau de l'œuf pour le nucléus de l'ovule ovarien; car il me semble que le terme de « germinatif » s'appliquerait mieux à un élément destiné à se développer qu'à un élément destiné à être expulsé. Mais je le répète, cette explication n'a qu'un intérêt rétrospectifs, car je m'incline devant l'usage maintenant établi.

O. Hertwig (cxvii), dans un mémoire important sur la fécondation de l'Oursin, ajoute plusieurs découvertes de première importance à celles que Bütschli avait déjà faites. L'espèce choisie pour ces observations, le *Toxopneustes lividus*, est du reste admirablement propice à ce genre d'études. Avant de suivre l'auteur dans la description qu'il nous donne des phénomènes de l'imprégnation, je dois rappeler un détail important pour la critique des résultats qu'il obtient, à savoir le point de départ de toute son interprétation. Pour Hertwig l'ovule arrivé à parfaite maturité, tel qu'on le rencontre dans l'oviducte, se compose d'un vitellus muni d'un pronucléus femelle et d'une *membrane à double contour qui entoure le vitellus à quelque distance et en est séparée par une couche de gelée claire* (p. 7). Sur ce point donc l'antithèse entre mes résultats et ceux de Hertwig est absolue, et je ne puis que maintenir l'exactitude de mes propres assertions. Je maintiens que l'ovule quelque mûr qu'il puisse être n'est entouré avant la fécondation d'aucune membrane véritable et surtout d'aucune membrane soulevée et détachée du vitellus. Il s'agit d'un détail si facile à vérifier et chez une espèce si commune que la confirmation de mes observations ne pourra se faire longtemps attendre. Je crains que l'auteur n'ait pas accordé à ce point spécial toute l'attention qu'il méritait.

Aussitôt après la fécondation artificielle des ovules mûrs, O. Hertwig chercha vainement à voir la pénétration du zoosperme dans le vitellus; admettant une membrane vitelline préformée et soulevée d'avance, il en conclut naturellement que cette membrane doit présenter un micropyle et attribue son insuccès au fait que ce micropyle ne se serait pas trouvé exactement dans la coupe optique accessible au microscope. D'après ce que nous savons maintenant des phénomènes de l'imprégnation, nous pouvons donner une explication bien plus simple de cet insuccès : Hertwig n'a observé que des œufs qui étaient déjà fécondés au moment où il les porta sous le microscope, et c'est peut-être ainsi que s'explique sa méprise au sujet des membranes.

Reprenant ensuite la description des phénomènes à partir de la cinquième minute après le mélange des produits sexuels, Hertwig en donne un exposé concis, clair et parfaitement exact que je regrette de ne pouvoir mettre *in extenso* sous les yeux du lecteur. Une petite tache claire se montre au bord du vitellus. Cette tache est dépourvue de granules lécithiques, mais tout autour d'elle les granules s'arrangent en rayons divergents qui s'allongent à mesure que la tache augmente. Dans cet espace clair se voit un petit corps homogène qui devient surtout visible par l'action de l'acide osmique et du carmin et qui mesure $0^{mm},004$ de diamètre. Chez l'œuf vivant l'auteur a vu parfois une ligne délicate partir de ce corps pour atteindre la surface du vitellus et se prolonger encore au delà en un filament ténu qui s'étend dans l'espace compris entre le vitellus et la membrane de l'œuf. Prenant cette ligne et ce filament pour la queue d'un zoosperme, l'auteur n'hésite pas à considérer le petit corps renfermé dans la tache claire comme le corps du spermatozoaire et donne à ce corpuscule le nom de noyau spermatique. La conclusion est juste, mais les prémisses méritent d'être examinées avec critique.

Mes propres recherches établissent que la queue du zoosperme ne se montre plus au delà du bord du vitellus cinq minutes après la fécondation; ce cil n'existe plus chez des œufs dont la première membrane vitelline est soulevée sur tout le pourtour, et chez lesquels le pronucléus mâle a déjà quitté la surface. En revanche nous savons qu'à cette époque, une traînée de substance pâle s'élève généralement encore au-dessus du point où le zoosperme a effectué son entrée dans le vitellus et nous avons donné à cette traînée le nom de cône d'exsudation. J'ai toute raison de croire que c'est ce cône d'exsudation que Hertwig aura pris pour le bout de la queue du zoosperme. L'on pourrait supposer que cet observateur ait vu parfois une queue véritable dépassant le vitellus chez des œufs moins avancés, s'il ne prenait soin de nous dire lui-même que les phases qu'il décrit ont été trouvées de 5 à 10 minutes après la fécondation. La justesse de mon appréciation est encore mieux démontrée par le fait que Hertwig n'a jamais vu un œuf à l'époque où la membrane vitelline est en train de se soulever, car ce fait capital n'aurait pu lui échapper s'il eût eu l'occasion de voir les phases précoces où ce phénomène a lieu. Il ne peut donc pas avoir vu la queue du zoosperme qui s'efface au moment où le soulèvement de la membrane s'achève. Quant à cette portion de la queue du spermatozoaire qui s'étendrait du noyau spermatique jusqu'à la surface, j'incline à croire qu'il s'agit ici simplement de l'un des rayons de l'aster mâle.

Les raisonnements par lesquels Hertwig établit l'identité du pronucléus mâle et du corps du zoosperme fécondant prêtent donc le flanc à
la critique. Mais l'opinion elle-même n'en est pas moins d'une justesse
indiscutable. Elle s'appuie en ce qui concerne l'Oursin principalement
sur l'identité des dimensions d'un corps de spermatozoaire et d'un pronucléus mâle à son origine. C'est le grand mérite de Hertwig d'avoir
carrément énoncé cette vérité importante que ses prédécesseurs n'avaient
guère comprise.

En ce qui concerne la marche et la réunion des deux pronucléus,
O. Hertwig ajoute quelques faits nouveaux à ceux que Warneck, Bütschli et Auerbach avaient décrits. Le pronuléus mâle s'enfonce dans le
vitellus et les rayons de son aster s'allongent jusqu'à atteindre la périphérie du vitellus; le pronucléus femelle se meut aussi, mais bien plus lentement et en présentant des changements de forme. Les deux noyaux se
fusionnent et le noyau conjugué (noyau de copulation de Hertwig) se
place au centre de l'œuf. Ce noyau a un diamètre de $0^{mm},015$, tandis
que le pronucléus mâle mesure $0^{mm},004$ et le pronucléus femelle
$0^{mm},013$ en diamètre. Les rayons s'étendent maintenant de tous côtés
de ce noyau central jusque tout près de la surface du vitellus. A l'aide
des réactifs, l'auteur démontre que le petit pronucléus mâle, qui se colore fortement au carmin, se trouve constamment au centre de l'aster
mâle, qu'il vient s'appliquer contre le pronucléus femelle en s'aplatissant
et finalement disparaît par fusion avec ce dernier. De tous ces faits,
O. Hertwig tire une conclusion qui n'était pas neuve, mais qui méritait
d'être formulée avec précision, à savoir que « le noyau simple que ren-
« ferme la cellule-œuf immédiatement avant le fractionnement, et autour
« duquel les granules vitellins sont arrangés en rayons, résulte de la co-
« pulation de deux noyaux. » Ce que nous devons à Hertwig, ce n'est
pas tant le fait de la réunion de ces noyaux, c'est la notion précise de
leur sexualité.

Dans des cas exceptionnels, Hertwig vit deux taches claires et une fois
même quatre taches se montrer au bord du vitellus; chacune d'elles

s'entoura de rayons granuleux et alla se réunir au pronucléus femelle. Tous ces œufs périrent bientôt, après avoir seulement présenté un noyau de forme anomale. L'auteur suppose avec raison que ces œufs étaient dans un état pathologique avant la fécondation et que cet état initial explique les phénomènes anormaux. Il n'a point observé directement la pénétration de plusieurs zoospermes et ne connaît pas les phénomènes variés qui résultent de ce point de départ anomal.

Un nouveau travail de E. van Beneden (cxviii) présente un intérêt tout particulier en ce qu'il s'adresse aux Mammifères et prend pour point de départ les travaux récents de Bütschli et d'Auerbach; l'espèce étudiée est le lapin. Des œufs recueillis de 8 à 10 heures après le coït seraient, d'après l'auteur cité, déjà fécondés; ils seraient dépourvus de tout noyau et le vitellus présenterait une différenciation en trois couches, dont une superficielle transparente, une masse centrale claire et granuleuse et une couche intermédiaire granuleuse et foncée. Des œufs plus avancés, saisis de la douzième à la quatorzième heure après le coït, présentèrent les diverses phases de la formation des pronucléus. La première phase présente un épaississement de la couche superficielle et dans cet épaississement se montre un petit corps homogène qui a, chez le vivant, l'apparence d'une vacuole, mais qui se teinte en gris par l'action de l'acide osmique, tandis que le vitellus se colore en brun. C'est le *pronucléus périphérique*. Ce pronucléus s'enfonce en s'agrandissant. « Dans la masse « centrale de l'œuf apparaissent simultanément deux ou trois petites « masses claires, irrégulières, mais qui se réunissent aussitôt en un « corps bosselé à sa surface. Celui-ci occupe dès l'abord le centre de « l'œuf..... Je l'appellerai le *pronucléus central*. » Parfois ce pronucléus central était constitué de trois ou quatre parties juxtaposées. Les deux noyaux diffèrent sensiblement, le pronucléus périphérique étant notablement plus petit et sphérique tandis que le pronucléus central a la forme d'une calotte. Les noyaux se réunissent et présentent des nucléoles dans leur intérieur; cette phase est atteinte de la dix-septième à la vingt-unième heure après le coït. Ensuite le pronucléus périphérique grandit, le pro-

nucléus central diminue, leurs nucléoles disparaissent. Enfin il ne
reste au centre de l'œuf qu'un seul noyau formé aux dépens des deux
premiers.

Quant à l'origine de ces pronucléus, v. Beneden rapporte les faits suivants : Les spermatozoïdes pénètrent dans l'œuf. On les rencontre dans
la couche albuminoïde, dans la zone pellucide et enfin dans l'espace
périvitellin. Ils ne se touvent que rarement dans la zone pellucide et ont
alors toujours la tête dirigée radiairement. Aucune des enveloppes de
l'œuf ne présente de micropyle. Dans l'espace périvitellin, ils nagent avec
énergie tant qu'ils sont vivants. L'auteur n'a jamais pu découvrir de
spermatozoaires dans l'intérieur du vitellus, mais il en a vus souvent qui
étaient appliqués par leur tête contre la surface du globe vitellin et adhé-
raient fortement; il en conclut que « la fécondation consiste essentielle-
« ment dans la fusion de la substance spermatique avec la couche
« superficielle du globe vitellin. » Comme le pronucléus périphérique
prend naissance dans cette couche superficielle, v. Beneden pense « que
« le pronucléus superficiel se forme au moins partiellement aux dépens
« de la substance spermatique. » Et comme le pronucléus central semble
se constituer exclusivement d'éléments fournis par l'œuf, « le premier
« noyau de l'embryon serait le résultat de l'union d'éléments mâles et
« femelles. » Comme on le voit, v. Beneden s'exprime déjà avec un peu
plus d'assurance que Bütschli, mais n'a pas poussé la démonstration
aussi loin que Hertwig.

D'après la description de v. Beneden, il n'est pas douteux que son
pronucléus central ne réponde en général à ce que j'ai nommé le pronucléus femelle, son pronucléus périphérique à mon pronucléus mâle.
Cependant l'on remarquera que le naturaliste belge fait naître le pronucléus femelle au centre de l'œuf; l'origine de ce noyau à la périphérie,
au point d'où les globules polaires se détachent, a complétement échappé
à son observation. L'on ne peut dès lors pas être parfaitement sûr que
ce qu'il décrit comme le pronucléus périphérique ne corresponde pas,
pour quelques uns des cas, au pronucléus femelle en voie de formation.

La question importante de savoir s'il pénètre normalement un seul zoo-sperme dans le vitellus du lapin ou s'il en entre plusieurs ne trouve pas non plus de réponse dans les résultats des recherches de v. Beneden. Il est vrai que l'auteur n'a jamais rencontré plus de deux pronucléus; mais comme le pronucléus femelle présente souvent des formes compliquées, il est difficile de savoir si ce noyau n'était pas dans certaines de ces ob-servations déjà le résultat de la conjugation de deux pronucléus précé-demment formés. Il est d'autant plus difficile de tirer à cet égard des renseignements utiles du travail que j'analyse, que l'auteur ne connaît pas encore les relations si simples du pronucléus mâle avec le corps du zoosperme et ne nous renseigne pas sur le sort ultérieur des éléments mâles assez nombreux qu'il a trouvés accolés à la surface du vitellus.

Le grand mémoire de Bütschli (CXIX) avec ses descriptions plus éten-dues et ses nombreuses figures, nous fait mieux comprendre les obser-vations que j'ai déjà analysées (p. 152) d'après la communication préli-minaire, le sens que leur prête l'auteur et parfois aussi ses erreurs d'interprétation. Je ne puis que renvoyer le lecteur à l'analyse du premier travail et me borne à citer ici quelques points nouveaux. L'auteur a étendu maintenant ses observations à une Hirudinée, la *Nephelis vulga-ris*. Un mamelon relativement assez considérable se trouve à la surface du vitellus récemment fécondé et ne peut, au dire de l'auteur, guère être autre chose qu'un zoosperme gonflé et encore incomplétement absorbé. A considérer la figure je ne puis m'empêcher de soupçonner ici plutôt l'existence d'un cône d'exsudation au point où le zoosperme aurait déjà pénétré. Après l'expulsion des globules polaires, un aster part de la sur-face du vitellus à peu près dans la région de l'équateur et vient se placer au centre de l'œuf. Dans cet aster, mais dans une position excentrique, se montre un tout petit noyau, tandis qu'un second noyau tout aussi petit prend naissance au-dessous des globules polaires. Ces deux noyaux grossissent, se rejoignent et se fusionnent en un seul. Ils ont une enve-loppe très-distincte et épaisse, et dans leur intérieur des filaments de sarcode. D'après cette description, et mieux encore d'après les figures qui l'accompagnent, il n'est pas possible de douter que le premier de ces noyaux qui se montre au centre de l'œuf ne soit le pronucléus mâle, l'autre qui se montre au-dessous des globules polaires, le pronucléus femelle. L'on voit donc combien la nomenclature de v. Beneden est peu caractéristique, car dans le cas actuel le pronucléus central correspondrait à mon pronucléus mâle, le pronucléus périphérique à mon noyau femelle; tandis que chez l'Oursin ce serait l'inverse, et que chez d'autres espèces c'est peut-être tantôt l'un tantôt l'autre de ces noyaux qui atteint le premier le centre du vitellus.

A propos du *Cucullanus elegans*, la phrase suivante de Bütschli mérite d'être citée : Chez le vitellus avant la fécondation « il n'existe pas en- « core de membrane vitelline; ce que l'on pourrait prendre pour une « membrane chez des œufs qui ont subi l'action des réactifs (2 °/₀ d'acide « acétique et ¹/₂ °/₀ de sel ordinaire) est une couche corticale condensée « qui se soulève par diffusion après l'action de l'acide acétique, de la « même manière que la pellicule dans la formation des soi-disant cel- « lules inorganiques. » Après la réunion du zoosperme au vitellus, celui-ci commence par s'entourer d'une membrane.

Sur la planche relative au premier développement des Gastéropodes, la figure 18 qui se rapporte à *Succinea Pfeifferi* est la seule qui présente les deux pronucléus; les autres ne montrent que les fragments du pronucléus femelle en train de se réunir entre eux. La figure 4 relative au Limnée est d'une interprétation douteuse. Tout ceci est donc conforme au jugement déjà porté sur le sens de ces observations.

Dans mon mémoire sur les Hétéropodes (cxxii *bis*) j'indiquai très-suc-cinctement les résultats de mes observations sur le commencement de l'hénogénèse chez ces animaux. Ces observations ont été la base de celles que renferme le mémoire actuel; beaucoup des dessins que le lec-teur a sous les yeux datent de cette époque, et je n'ai fait que vérifier et étendre ces premiers résultats sur certains points de détail. L'on peut donc considérer les passages relatifs à ce sujet dans mon mémoire sur les Hétéropodes comme la communication préliminaire des résultats ac-

tuellement décrits sur cette famille de Mollusques. Je n'ai donc pas à
en faire l'analyse. Je me borne à relever encore tout particulièrement
une erreur considérable commise lors de mes premières recherches.
J'admis alors que la vésicule germinative disparaissait et se montrait de
nouveau avant de se résoudre en un amphiaster de rebut; je n'ai pas
étudié à nouveau le genre Firoloïdes qui avait servi à ces premières observations, mais je me suis assuré que chez d'autres Hétéropodes la vésicule germinative persiste jusqu'au moment où elle se prépare à donner
naissance aux globules polaires. Comme ce processus se retrouve le
même chez tous les types étudiés par d'autres auteurs et par moi-même,
je n'hésite pas à considérer mes premiers résultats comme entachés
d'erreur. Je crois superflu de rechercher les causes de cette méprise.

CHAPITRE III

LE FRACTIONNEMENT

I. PARTIE DESCRIPTIVE

Le processus normal.

Jusqu'à ces dernières années, les opinions étaient aussi partagées sur
le sort du noyau pendant la division des cellules qu'elles l'étaient sur le
sort de la vésicule germinative avant le premier fractionnement. Deux
écoles étaient en présence avec des doctrines diamétralement opposées.
Pour les uns, le noyau de la cellule se divisait simplement par étranglement et les deux nouveaux noyaux devenaient des centres de groupement
pour le protoplasme de la cellule qui se partageait à son tour de la même
manière. Pour les autres, le noyau disparaissait au moment où la cellule

s'apprête à se diviser et les deux nouveaux noyaux se constituaient indépendamment du noyau disparu. Quelques auteurs prenaient une position
intermédiaire admettant que le premier mode de division avait lieu en
général dans toutes les cellules, mais que cette règle souffrait une exception pendant les premières phases du développement de l'œuf. Pour ces
naturalistes la néoformation des noyaux était un fait réel, mais limité au
commencement du fractionnement. Ils statuèrent donc deux processus
distincts de division cellulaire et furent amenés à expliquer le cas, exceptionnel à leurs yeux, qui se présentait pendant le premier fractionnement,
en admettant que les sphérules n'étaient pas de véritables cellules et que
le fractionnement ou segmentation de l'œuf était un processus distinct de
la division cellulaire. Entre ces vues opposées la discussion se perpétuait
sans amener aucun résultat utile. L'observation attentive et rigoureuse de
la nature aurait seule pu trancher le différent, mais cette observation ne
fut pas faite. Et pourtant quelques-uns des phénomènes intimes qui
accompagnent la division cellulaire furent observés ; mais la liaison de
ces phénomènes avec ceux de la division ne fut même pas soupçonnée,
en sorte que ces faits isolés, notés à la hâte et très-incomplets, furent
oubliés, restèrent en dehors du débat sur la division des cellules et ne
servirent pas à l'éclairer. Tous les cas observés de structure radiaire du
protoplasme furent constamment pris pour une particularité morphologique de telle ou telle cellule, de telle ou telle espèce animale et jamais
pour un phénomène physiologique important pour la vie des cellules en
général. Ainsi tout était encore à faire lorsque, me rappelant un conseil
que m'avait donné jadis mon excellent maître, le professeur Gegenbaur, je
me mis à étudier la manière dont se comporte le noyau pendant le fractionnement chez les Géryonides.

Je n'ai pas à entrer ici dans l'analyse et la critique bibliographique qui
est traitée au long dans la seconde partie de ce chapitre; mais il me paraît
indispensable d'indiquer les théories qui ont été récemment émises sur
la division des cellules, afin de préciser mon point de vue et de poser nettement les questions que j'ai cherché à résoudre par l'observation de
la nature.

A la suite de mes études sur le fractionnement des Géryonides, j'émis l'opinion que la division est une conséquence de l'apparition de deux nouveaux centres d'attraction qui président à la formation des nouveaux noyaux. Quoique justes au fond, ces idées étaient exprimées d'une façon trop absolue et ne reposaient pas sur des observations assez précises. Je comparai les figures radiées du protoplasme, pendant le processus de division, aux figures magnétiques que forme la limaille de fer sous l'action d'un aimant; ce n'était qu'une simple comparaison et je me gardai d'émettre encore à cet égard une théorie quelconque.

Bütschli n'accorde qu'une importance très-secondaire aux figures rayonnées qui se montrent dans le vitellus et attribue tous ces phénomènes à une activité propre du noyau, par laquelle cet élément subirait une métamorphose particulière aboutissant à sa division en deux moitiés. Cette métamorphose consiste en un changement de forme: le noyau s'allonge, un changement de propriétés optiques: il devient semblable au protoplasme environnant, un changement de texture: il devient fibreux. La substance de l'ancien noyau va se réunir en deux points qui doivent encore se creuser intérieurement pour devenir des noyaux. Les idées théoriques de Strasburger ne diffèrent de celles que je viens d'esquisser que sur un point; le savant botaniste pense que les amas qui se forment aux extrémités de l'ancien nucléus sont en réalité les nouveaux noyaux, qui n'auront plus qu'à se creuser intérieurement pour devenir identiques au premier nucléus. Bütschli, par contre, dérive le liquide directement de l'ancien noyau et fait apparaître les premières vacuoles entre l'amas terminal et les restes de ce noyau. L'un et l'autre sont d'avis que la substance des nouveaux noyaux dérive directement et exclusivement de celle de l'ancien. O. Hertwig ne diffère de Bütschli que sur des points secondaires.

La théorie très-originale d'Auerbach a peu de points communs avec les précédentes. Pour notre auteur, un nucléus n'est guère qu'une goutte de liquide; ce que l'on nomme l'enveloppe du noyau fait, à ses yeux, partie du protoplasme cellulaire et le protoplasme intranucléaire lui est inconnu.

Lorsque la division se prépare, cette goutte de liquide s'allonge et
s'échappe par les deux extrémités de la cavité devenue fusiforme, pour
se répandre en éventail dans le protoplasme environnant. Contrairement
à ce qui s'observe toutes les fois qu'un liquide est ainsi expulsé lentement,
il ne resterait pas assemblé en forme de gouttes, mais se répandrait en
formant des courants divergents. Les figures radiées du protoplasme ne
seraient que l'expression de ces courants, séparés par la substance vitelline
encore intacte, et la disparition du noyau serait due à cette déperdition
de suc. Comme l'on ne saurait attribuer à un simple liquide une activité
propre aussi remarquable, il faudrait, si nous comprenons bien Auerbach,
l'expliquer par une contraction du protoplasme vitellin qui serait ainsi
le seul agent actif de la division cellulaire. Les nouveaux noyaux sont, à
l'origine, de petites vacuoles qui se montrent au côté interne de chaque
aster et viennent ensuite en grossissant se placer au centre de l'aster.
Ces vacuoles seraient produites par le suc de l'ancien noyau qui, après
avoir été dispersé dans la cellule, viendrait de nouveau se réunir en deux
endroits distincts. La théorie n'explique pas pourquoi il en est ainsi.
Même en admettant que les faits sur lesquels elle s'appuie soient exacts,
et ils ne le sont certainement pas, cette théorie réussit encore moins que
les précédentes à se rapprocher des causes premières.

  Telles sont les théories; voyons maintenant les faits que j'ai observés
sans perdre de vue ces hypothèses, ni d'autres encore que j'indiquerai
plus loin.

  M'étant assuré que les phénomènes intimes de l'expulsion des globules
polaires sont les mêmes que ceux du fractionnement, je les ai réservés
pour le chapitre actuel et je vais parler de tous ces processus sans négli-
ger d'indiquer chaque fois à quelle phase du développement la description se rapporte.

  J'ai choisi pour l'étude de ces phénomènes trois espèces très-propices
et très-différentes l'une de l'autre, trois types dont la comparaison est fort
instructive. Je commence par les Oursins, l'un de ceux que j'ai le mieux
étudiés, soit d'après le vivant, soit par l'emploi des réactifs les plus divers.

Après la fécondation, le vitellus de *Toxopneustes lividus* reste en repos
pendant environ 20 minutes; mais déjà avant le terme de cette période,
il présente à l'œil attentif certains changements peu apparents, précur-
seurs de la division. Autour du noyau central s'accumule une substance
transparente qui l'enveloppe de toutes parts comme une couche d'épaisseur irrégulière (Pl. IV, fig. I, σ). Cette couche est uniquement composée
de protoplasme, ce dont on s'assure facilement par les réactifs. Le noyau
lui-même (N) n'est plus aussi distinct, mais ses contours sont encore
réguliers et faciles à voir. Le vitellus présente une structure radiaire qui
atteint presque partout la périphérie. A première vue cette structure
semble résider simplement dans un arrangement particulier des granules
lécithiques qui, au lieu d'être disséminés sans ordre, viendraient tous se
placer suivant des lignes radiaires très-rapprochées l'une de l'autre. Ces
lignes sont naturellement plus nombreuses à mesure que l'on s'éloigne
du centre, par le fait que de nouvelles lignes s'intercalent entre les précédentes. Près de la surface, l'arrangement radiaire est moins distinct;
par places l'on voit des lignes pointillées très-nettes, mais séparées par
des espaces où le pointillé est sans ordre (Pl. VI, fig. I). Si l'on examine
de plus près le vitellus dans la région qui entoure l'amas périnucléaire
de protoplasme, en cherchant à s'en tenir à une coupe optique déter-
minée, l'on finira par discerner un fait qui ne manque pas d'importance.
Les lignes radiaires de granules ne sont pas parfaitement équidistantes,
ni parfaitement régulières; elles laissent de place en place des lignes
claires occupées par une substance optiquement identique au sarcode
qui entoure le noyau (Pl. VI, fig. I, σr). Nous retrouverons cette même
structure plus tard autour de l'amphiaster de fractionnement. L'on sait
que Auerbach a trouvé une structure analogue chez les Nématodes; seulement cet auteur considère ces traînées transparentes comme les voies
par lesquelles le liquide du noyau s'écoule dans le vitellus. Le cas actuel
nous permet de réfuter complétement cette théorie; car ces traînées
claires se montrent déjà à un moment où le noyau n'a encore subi aucune
réduction de volume. Elles sont optiquement semblables à la substance

qui entoure le noyau et non à celle du noyau lui-même, et elles vont en diminuant de largeur au moment où celui-ci se résout en un amphiaster. Quant aux courants dont parle Auerbach, cet auteur ne les a pas directement observés; et comme le protoplasme va, pendant la phase dont nous parlons, s'accumuler autour du noyau au lieu de s'en éloigner, il semble plus rationnel de songer à des courants centripètes qu'à des courants centrifuges. Ce n'est là du reste qu'une hypothèse que nous aurons à examiner plus tard.

La surface du globe vitellaire est constituée par la seconde membrane vitelline (Pl. VI, fig. 1, Mv'') qui est bien distincte, possède un double contour, mais ne se détache encore nulle part de la surface du vitellus.

A cette phase en succède bientôt une autre dans laquelle le noyau ne présente plus de limites distinctes, chez le vivant, mais reparaît à peu près intact, lorsque l'œuf a été coagulé par les acides; il se montre alors sous une forme un peu allongée, mais n'a pas sensiblement diminué de volume et se trouve toujours entouré d'une couche limitante. Le protoplasme périnucléaire présente maintenant une disposition très-remarquable : il forme autour du noyau une sorte de disque que l'on peut se représenter en supposant l'anneau de Saturne aplati et réuni à la planète, dont la place est occupée ici par le noyau (Pl. VI, fig. 2, σc et N). Ce disque n'est pas parfaitement rond ; ses contours sont en général ellipsoïdes plus ou moins irréguliers et sont le point de départ d'une structure rayonnée analogue à celle de la phase précédente. L'œuf étant tourné de telle façon que le disque protoplasmique se présente de profil (Pl. VI, fig. 2, σc), les lignes rayonnées en partent comme les barbes d'une plume. Entre les lignes pointillées se trouvent, à intervalles plus ou moins réguliers, des traînées de protoplasme qui ont la même disposition pennée (Pl. VI, fig. 2, σr) ; ces traînées sont pareilles à celles de la phase précédente, la disposition seule a changé. Si l'on traite l'œuf en ce moment par l'acide acétique ou picrique, l'on remarquera que la structure rayonnée devient beaucoup moins distincte, à l'inverse de l'effet produit par les mêmes réactifs pendant les phases suivantes. Le noyau seul redevient

très-distinct et se montre encore entouré d'une couche limitante que les
réactifs changent en une pseudo-membrane. Après avoir coagulé l'œuf
jusqu'au durcissement par les acides ou l'alcool, si l'on vient à le placer
dans un liquide plus aqueux, l'on verra le vitellus se gonfler un peu et une
scission se produire dans son intérieur avec une parfaite régularité; cette
scission passe par le plan qu'occupe le disque de protoplasme périnucléaire. C'est un phénomène très-constant que j'ai vu se produire à
la fois sur des milliers d'œufs traités de la manière indiquée. La solution
de continuité intéresse tout le disque de protoplasme, mais ne s'étend
guère au delà et n'atteint jamais la périphérie du vitellus. Elle passe en
somme par le milieu de l'épaisseur du disque, mais presque toujours
avec des irrégularités assez grandes. Ce plan médian n'est donc pas déter-
miné par une cohésion inférieure au reste du disque, c'est le disque tout
entier qui est plus fragile que le reste du vitellus. Le noyau est tantôt
partagé en deux moitiés tantôt respecté par la déchirure qui, dans ce
dernier cas, passe entre sa couche enveloppante et la substance vitelline.
Ce sont deux alternatives presque aussi fréquentes l'une que l'autre et
entre lesquelles il n'y a guère de transitions. Si la couche enveloppante
ne résiste pas à la traction, elle se partage en deux moitiés suivant le
plan du disque protoplasmique et le contenu coagulé du noyau se partage
comme son enveloppe; d'où il est permis de conclure que la force de
cohésion de la substance du nucléus coagulé va en diminuant de l'enveloppe jusqu'au centre.

Cette phase très-caractéristique dure longtemps : elle persiste pendant
environ vingt minutes. Les changements qui s'opèrent pendant ce temps
sont minimes et très-graduels. Au commencement, le disque de protoplasme était de peu d'étendue et n'était guère plus long que large. Peu à
peu il s'étend dans un sens jusque près du bord du vitellus et diminue
de largeur. Le contour externe de vitellus ne se modifie pas et reste sensiblement sphérique.

Le passage de cette phase à la suivante est assez brusque. Le disque
de protoplasme diminue rapidement d'étendue en s'épaississant et se

limite à deux amas tout à fait séparés l'un de l'autre et situés aux deux pôles opposés du noyau (Pl. VI, fig. 3, *aa*). Ces amas sont arrondis et les lignes radiaires qui en partent ne sont plus disposées comme les barbes d'une plume, mais bien comme les rayons d'une roue (fig. 3, *f*). En prolongeant par la pensée ces lignes à travers le sarcode des amas, l'on verra qu'elles convergent toutes vers les extrémités opposées de l'espace elliptique occupé par le noyau (fig. 3, *N*). Ce dernier élément n'est plus distinct; ses contours ont cessé d'être visibles chez l'œuf vivant, mais l'addition d'une goutte d'acide acétique nous montre que l'espace elliptique et clair qui se trouve entre les deux amas sarcodiques est encore occupé par un nucléus, dont la couche limitante est mise en vue par l'action de l'acide (Pl. VII, fig. 8, *N*). La forme de cet élément est à peu près celle d'un citron dont l'intérieur serait occupé par une substance claire tenant en suspension de gros granules irréguliers et dont l'écorce serait d'épaisseur très-inégale. Aux extrémités pointues, cette écorce, c'est-à-dire la couche limitante du noyau, présente des épaississements qui font saillie en dehors et qui servent de centres aux systèmes rayonnés (Pl. VII, fig. 8). Ces systèmes peuvent prendre dès à présent le nom d'asters et ces deux asters distincts vont se réunir, à l'aide de la substance du noyau, en un amphiaster qui sera le premier amphiaster de fractionnement. Sur des préparations à l'acide acétique (Pl. VII, fig. 8), les amas et les rayons sarcodiques des astres s'accusent avec une grande netteté; ces derniers sont larges et sans renflements (*f*) et se perdent bientôt au milieu d'une substance vitelline d'aspect uniforme. Parmi les granules de l'intérieur du noyau, il en est toujours un ou plusieurs qui se distinguent des autres par leur grosseur et leur aspect plus réfringent; il est possible que ce soit un nucléole en voie de dissolution, mais je n'oserais rien affirmer à cet égard.

L'acide osmique ne donne que des préparations bien peu satisfaisantes de cette phase, surtout à son commencement; le noyau se montre assez net, mais les asters s'effacent. Toutefois avec des œufs un peu plus avancés j'ai réussi parfois à obtenir des images, moins bonnes sans doute que

22

celles de l'acide acétique, mais qui peuvent servir de confirmation pour ces dernières. Pour conserver les asters par ce procédé, il faut laisser agir l'acide osmique à 1 °/₀₀ pendant un peu plus de trois minutes, et la préparation doit être examinée ensuite à une lumière très-intense, celle d'une lampe par exemple, réunie sur le miroir du microscope à l'aide d'un appareil à concentration en verre bleuâtre. L'on voit alors (Pl. VII, fig. 2) le noyau allongé (*N*) entouré de sa membrane enveloppante qui semble manquer déjà aux deux pôles et les asters avec leurs amas (*a*) et leurs rayons de sarcode (*f*), visibles mais faiblement accentués. Dans l'intérieur du noyau il n'y a plus de granules assez gros pour mériter le nom de nucléoles, mais un certain nombre de grains de grosseur moyenne, irrégulièrement disséminés. Je le répète, cette image n'est pas très-nette; elle n'est importante que parce qu'elle tend à établir que la structure, visible chez le vivant et surtout chez l'œuf traité à l'acide acétique, n'est pas le produit d'une erreur d'optique ou d'une réaction chimique spéciale à l'acide acétique.

La phase suivante (Pl. VI, fig. 4 et 12, et Pl. VII, fig. 3, 9 et 10) nous transporte sur un terrain déjà bien mieux exploré. Les changements survenus sont aussi prompts que considérables; tout le milieu du vitellus est occupé par un amphiaster complétement formé. Chez le vivant (Pl. VI, fig. 4, *A*) l'on aperçoit un grand espace clair composé d'une partie moyenne allongée et de deux parties terminales arrondies; c'est une forme que Auerbach a comparé avec raison à celle d'une haltère de gymnastique. La partie moyenne est un peu renflée au milieu et atténuée vers ses extrémités; les parties terminales s'éloignent plus ou moins de la forme sphérique et présentent des contours irréguliers. Les rayons des asters convergent à peu près dans la direction du centre de ces sphères irrégulières et présentent des filaments de sarcode entre les lignes constituées par les granules lécithiques. La seconde membrane vitelline commence à se détacher de la surface du vitellus (Pl. IV, fig. 4, *Mv″*).

L'acide picrique dévoile (Pl. VI, fig. 12) un amphiaster typique avec ses filaments bipolaires (fig. 12, *F*) et un renflement (*Fc*) au milieu de

chaque filament; ce réactif ne fait plus apparaître le moindre reste de la
couche enveloppante du noyau. Chaque aster se compose de diverses
parties très-tranchées que nous devons examiner en détail. Nous distinguons d'abord un amas central clair, à peu près sphérique, et composé de
protoplasme (Pl. VI, fig. 12, *aa*); puis une partie périphérique granuleuse, foncée, surtout dans le voisinage de l'amas central, et d'une texture
radiaire remarquable par sa finesse et sa régularité (fig. 12, *f*). Cependant cette uniformité de la couche à structure radiaire est une condition
défavorable à l'examen de la texture même de cette région; elle permet en
revanche de bien distinguer les parties centrales de l'aster. Cette partie
centrale claire se sépare de la partie granuleuse qui l'entoure par une
limite parfaitement nette. Il n'y a point ici de membrane, aucune enveloppe quelconque; la substance foncée s'arrête d'une manière abrupte et
par une ligne presque régulière contre l'amas de sarcode. Le centre de
cette dernière partie est occupé par un ensemble de granules qui se trouve
donc au point de convergence des filaments intranucléaires et extranucléaires; néanmoins ces filaments n'atteignent pas l'amas granuleux, ils
s'arrêtent dans la règle au bord de l'amas sarcodique et il est exceptionnel de voir quelques filaments intranucléaires envoyer un prolongement très-pâle jusqu'aux granules centraux. La limite de l'amas de sarcode est bien moins accentuée du côté de l'ancien noyau que sur le reste
de son pourtour, mais cette limite existe même de ce côté-là.

Si l'on fait tourner l'œuf, que je viens de décrire, autour de l'axe de
l'amphiaster, on verra l'amas central granuleux s'élargir et se rétrécir,
prendre alternativement la forme d'un croissant ou se réduire à un point;
et en même temps la partie moyenne de l'amphiaster paraît tantôt plus
large, tantôt plus étroite (comparez Pl. VI, fig. 12 et Pl. VII, fig. 3). Ce
fait qui se présente sans exception chez tous les œufs examinés, indique
clairement que la partie moyenne de l'amphiaster, celle qui dérive directement du noyau, est aplatie dans un sens et que sa coupe transversale
serait ellipsoïde et non circulaire. Les amas centraux granuleux sont en
forme de croissants; ils s'étalent dans un plan et une coupe optique

passant perpendiculairement à ce plan les rencontre sous forme d'un point rond de peu d'étendue (Pl. VII, fig. 3, *ac*).

L'acide osmique, suivi de carmin, produit pendant cette phase des images qui ressemblent beaucoup à celles de l'acide picrique (Pl. VII, fig. 3). La principale différence est que les rayons e. tranucléaires de l'amphiaster s'effacent presque complètement, en sorte que la partie centrale de la figure apparaît avec plus de netteté ; ces rayons ne sont guère visibles que sous un éclairage très-vif et un grossissement puissant.

Dans l'acide acétique, au contraire (Pl. VII, fig. 9 et 10), les rayons unipolaires deviennent d'une netteté saisissante et voilent un peu la partie centrale de l'aster. Ce réactif met en évidence un reste de la couche enveloppante du nucléus qui entoure encore la partie moyenne de l'amphiaster (Pl. VII, fig. 9, *EN*) mais ne tarde pas à disparaître entièrement (fig. 10). Cette pseudo-membrane n'entoure du reste que la partie moyenne de l'ancien noyau et manque à ses deux extrémités. Parfois j'ai cru voir des lignes ténues s'étendant de l'extrémité de la membrane jusqu'au centre granuleux de l'aster, mais un examen plus attentif m'a toujours convaincu que ces lignes appartenaient aux filaments bipolaires. Ces derniers filaments ne présentent, dans les préparations dont je parle, aucune particularité bien remarquable ; ils sont parfaitement nets, mais le grain que chaque filament présente au milieu de sa longueur apparaît bien clairement comme un simple renflement de la substance de ce filament. Les amas sarcodiques des asters sont moins nettement limités à l'extérieur que par les autres méthodes de préparation. Mais la particularité la plus remarquable de ces œufs, traités à l'acide acétique suivi de glycérine, est la structure des filaments unipolaires ou extranucléaires. Ces filaments sont extrêmement déliés vers les extrémités et fortement renflés en un point de leur parcours. A première vue, l'on est tenté d'identifier ces renflements à ceux des filaments intranucléaires ; néanmoins un examen attentif dévoile quelques différences entre ces deux sortes de varicosités. Celles de l'intérieur du noyau sont plus arrondies, plus nettes, plus réfringentes et surtout leur forme et leur position sont

d'une régularité parfaite qui manque aux renflements de l'autre catégorie.
Les renflements des filaments extranucléaires sont allongés et variables
de forme ; loin d'être tous à la même distance du centre de l'aster, ils se
trouvent sur tous les points de la longueur du filament et l'on ne rencontre pas deux rayons sarcodiques voisins qui soient renflés à des hau-
teurs exactement correspondantes. On voit fréquemment des filaments
sans varicosités et d'autres qui en ont deux sur la longueur de leur
parcours.

Une image assez singulière est celle que l'on obtient en traitant cette
phase et les suivantes par le chlorure d'or. Les œufs doivent être placés
dans une solution de ce sel à 0,5 pour cent parties d'eau, jusqu'à ce que
la coloration commence à se produire, et laissés ensuite à la lumière
diffuse dans de l'eau de mer légèrement acidulée d'acide acétique.
Lorsque la coloration est suffisante, ces œufs sont enfermés pour l'examen dans de la glycérine très-légèrement acidulée. Le vitellus ne prend
qu'une teinte rosée, tandis que les asters sont d'un beau violet foncé. La
coloration respecte tout à fait l'ancien noyau, c'est-à-dire la partie
moyenne de l'amphiaster qui n'est pas plus colorée que le reste du
vitellus et paraît tout à fait incolore à côté des asters foncés. Les parties
centrales de ces derniers, comprenant l'amas sarcodique et la partie
interne des rayons vitellins, sont d'un violet saturé qui va en diminuant
par gradations insensibles jusqu'à l'extrémité périphérique des lignes
rayonnées et finit par passer au rose pâle de la substance vitelline.
Si le noyau et les rayons intranucléaires restent pâles, ce n'est pas qu'ils
soient détruits par ce réactif, qui les conserve au contraire très-bien, ainsi
que leurs renflements, mais sans les teindre. En d'autres termes, le
chlorure d'or exerce sur les diverses parties de l'amphiaster une coloration élective précisément inverse de celle du carmin ammoniacal
agissant après l'acide osmique.

Les transitions entre la phase que je viens de décrire et la précédente
ne se rencontrent que rarement chez l'Oursin, sans doute à cause de la
rapidité des processus. Ces transitions concordent du reste avec celles

que l'on rencontre bien plus facilement chez les Hétéropodes. Je n'insiste donc pas sur ce point qui sera traité au long à propos de l'hénogénie de ces Mollusques.

Pendant la période suivante, les renflements intranucléaires ou granules de Bütschli se divisent et vont rejoindre l'amas sarcodique des asters. Ce processus n'est pas visible chez l'Oursin sans l'emploi des réactifs; les changements qui s'observent chez le vivant sont très-minimes et difficiles à apprécier (Pl. VI, fig. 5, 6 et 7). Ils consistent surtout dans un allongement de la partie moyenne (F) de l'amphiaster, un accroissement des amas sarcodiques des asters (aa), et un allongement des rayons qui entourent ces derniers et finissent par atteindre la surface même du vitellus (Pl. VI, fig. 7, f). En même temps, le vitellus continue à changer de forme tantôt dans un sens tantôt dans l'autre, mais il tend cependant à s'allonger dans la direction de l'axe de l'amphiaster. Pendant les mouvements du vitellus, l'on voit à présent la seconde membrane vitelline constamment soulevée sur une longueur plus ou moins grande et séparée de la surface du vitellus par un espace clair (Pl. VI, fig. 5, 6 et 7, Mv'').

L'acide picrique nous montre (Pl. VI, fig. 13 et 14) les granules ou varicosités de Bütschli divisés en deux groupes qui tendent vers les centres des asters et cheminent simultanément avec une régularité remarquable (fig. 13 et 14, Fc). Comparés aux renflements intranucléaires de la phase précédente, ils paraissent plus gros et plus allongés; ils tendent donc à à croître pendant leur marche centripète. Quoique s'écartant l'un de l'autre, les deux renflements d'une même paire sont encore reliés entre eux par un filament très-pâle, à peine visible et qui ne tardera pas à disparaître (fig. 13 et 14, Ft). Je les nommerai les filaments connectifs. Les amas sarcodiques (aa) augmentent d'une manière très-notable; cependant cette croissance est moins considérable qu'on ne serait tenté de le croire d'après les figures. En effet l'aplatissement de l'amphiaster que nous remarquions déjà à la phase précédente augmente encore pendant la phase actuelle. Les figures 13 et 14 (Pl. VI) sont vues perpendiculairement au plan dans lequel l'amphiaster s'étale; si l'on faisait

tourner ces œufs de 90°, les amas sarcodiques des asters et l'ensemble des
filaments bipolaires paraîtraient moins larges de moitié. Pendant la croissance des amas sarcodiques, leurs contours deviennent moins réguliers
(Pl. VI, fig. 13, *aa*), et ensuite moins tranchés (fig. 14). Les amas granuleux du centre de l'aster gagnent aussi en dimension et en importance
(Pl. VI, fig. 13, *ac*); mais ils ne s'étalent que dans un plan formant une
sorte de bourrelet cylindrique tantôt à peu près rectiligne (Pl. VI, figure
14, *ac*, à gauche), d'autres fois arqué d'une manière plus ou moins régulière (fig. 14, *ac*, à droite). Les rayons extra-nucléaires sont peu distincts
les uns des autres dans les préparations à l'acide picrique; ils constituent autour de l'amas sarcodique une zone compacte qui *semble* composée de pièces juxtaposées comme les briques d'une voûte (Pl. VI,
fig. 13, *fc*.) Vers l'extérieur ces pièces se continuent en rayons granuleux (*f*). Cette texture devient ensuite moins distincte (fig. 14 *fc* et *f*), et
tend à diminuer d'étendue; or ceci a lieu précisément au moment où les
rayons de l'aster s'étendent chez le vivant jusqu'à la périphérie du vitellus, d'où nous pouvons conclure qu'il y a dans les rayons des asters deux
parties distinctes dont l'une centrale est mise en vue par l'acide picrique
tandis que l'autre, plus périphérique, ne se voit que chez le vivant.

La même phase, traitée par l'acide osmique et le carmin (Pl. VII, fig. 4),
nous donne une image qui ressemble beaucoup à celles que l'on obtient
par l'acide picrique. Les rayons unipolaires de l'amphiaster (*f*) sont
beaucoup plus pâles et plus finement fibrillaires, les amas centraux plus
réguliers et moins granuleux, les filaments bipolaires et leurs renflements
sont plus nets que par tout autre procédé de préparation. La région
occupée par les rayons de Bütschli ne se confond pas avec le vitellus
environnant, quoiqu'il n'y ait pas de ligne de démarcation et même la
partie comprise entre les deux groupes de granules de Bütschli tranche
sur la substance qui l'entoure par un aspect plus homogène et une teinte
carminée plus pure. La ligne de démarcation entre la région moyenne et
les amas sarcodiques des asters existe comme dans les préparations à
l'acide picrique et une membrane qui réunirait la partie moyenne à
l'amas granuleux central de l'aster fait également défaut.

L'acide acétique appliqué à des œufs assez avancés de cette phase, à peu près au point atteint par l'œuf représenté sur la figure 14 de la Planche VI, dévoile une structure (Pl. VII, fig. 11) analogue à celle que le même acide met en vue dans les phases précédentes. L'on retrouve donc la même disposition des filaments unipolaires (*f*) avec leurs renflements (*fc*); mais ces renflements sont plus clairsemés, plus petits et surtout moins allongés qu'au commencement (comparez Pl. VII, fig. 11 et fig. 9, *fc*). Les filaments nucléaires ne se distinguent pas des filaments vitellins, et l'on ne discerne pas non plus les amas granuleux du centre des asters, ce qui tient sans doute à l'aspect brillant des filaments extra-nucléaires qui voilent les parties plus profondes. La région qui s'étend entre les deux groupes de renflements intranucléaires n'est pas recouverte; l'on devrait donc apercevoir les filaments qui relient ces renflements deux à deux s'ils existaient; tout au contraire, il est facile de s'assurer de l'absence de tout fil connectif dans cette région qui est occupée par un vitellus uniformément granuleux. Après l'action d'un acide qui a la propriété de faire ressortir si nettement tous les filaments de sarcode, ce fait me paraît significatif.

Au moment où les grains de Bütschli atteignent l'amas de sarcode des asters respectifs (Pl. VI, fig. 14), commence chez le vivant le premier fractionnement du vitellus (Pl. VI, fig. 8 et 9). Il s'étrangle progressivement par le milieu dans un plan perpendiculaire à l'axe de l'aster, de telle façon que le sillon (*LL*) s'enfonce dans le terrain neutre que laissent les rayons des deux asters. A ce moment, la partie moyenne de l'amphiaster, ou plutôt la traînée *internucléaire*, s'étire et se rapproche toujours davantage par son aspect de la substance vitelline environnante (fig. 8; le trait d'union est beaucoup moins net en réalité que sur la gravure); elle s'efface à mesure que le sillon va en s'approfondissant (fig. 9). Les asters (*aa*) s'écartent l'un de l'autre et les lignes rayonnées de petits points (*f*) se montrent sur tout leur pourtour. La seconde membrane vitelline (*Mv″*) est détachée dans toute son étendue; malgré cela elle s'infléchit avec la surface du vitellus et pénètre dans le sillon du premier fractionnement (fig. 9, *L*). Dans le fond du sillon, la membrane forme une série de plis

transversaux (P), résultant de la traction à laquelle elle est soumise et
que l'on peut facilement reproduire expérimentalement en faisant pénétrer par une ligature circulaire une membrane de caoutchouc entre deux
boules juxtaposées. Ce sillonnement atteint maintenant (Pl. VI, fig. 9)
son point extrême en ce qui concerne la membrane qui tendra par la
suite à revenir à sa position première.

Dans l'acide picrique, les œufs de cette époque (Pl. VI, fig. 15) reprennent un contour ovoïde parfaitement lisse; l'on ne croirait pas avoir
devant soi un œuf déjà fractionné. Je crois pouvoir attribuer ce fait à un
rétrécissement de la membrane vitelline intérieure qui presserait les
sphérules l'une contre l'autre et les confondrait en une seule masse avant
le durcissement. Quoi qu'il en soit, le plan de séparation des sphérules
s'efface presque complétement et ne s'accuse par une ligne pâle (L) que
lorsque ce plan se présente exactement de profil. Les lignes rayonnées des
asters ont très-peu d'étendue; elles n'ont guère qu'un tiers de la longueur
de celles du vitellus vivant. Elles sont, en outre, devenues beaucoup plus
pâles et moins nettes que dans les préparations des phases précédentes
obtenues avec le même réactif et ne présentent plus la même différence
entre une partie externe déliée et une partie centrale plus épaisse. L'amas
sarcodique de chaque aster a repris une forme plus arrondie et contient
des parties qui méritent toute notre attention. Du côté le plus voisin du
plan de séparation des sphérules est un ensemble de petits corps sphériques, tantôt encore tous arrangés dans un même plan parallèle au précédent
(Pl. VI, fig. 15, FN, à gauche), tantôt déjà dérangés et placés sans ordre
(fig. 15, FN, à droite). Chacun de ces corpuscules est creux intérieurement, la grandeur du corpuscule variant du reste ainsi que celle de sa
cavité. Je n'eus pas de peine à trouver dans la même préparation une
quantité de transitions prouvant clairement que ces corpuscules ronds
dérivent directement des renflements intranucléaires, ou granules de
Bütschli, de la phase précédente. Un autre groupe de globules beaucoup
plus petits (Pl. VI, fig. 15, ac) se trouve du côté opposé de l'amas sarcodique de chaque aster. Ces globules sont encore pleins et dérivent selon

23

toute probabilité de l'amas granuleux central des asters. La disposition de tous ces globules et la forme même de l'aster sont très-variables. Ainsi il arrive que les petits et les gros globules quittent leurs places primitives et se mélangent avant d'avoir atteint des dimensions aussi considérables que dans le cas précédent et avant de s'être creusés intérieurement (Pl. VI, fig. 16); ou bien encore les gros globules croissent et se munissent même chacun d'un nucléole avant que les petits globules soient constitués (fig. 17). Ce dernier processus n'a généralement lieu qu'à la phase suivante.

Avec l'acide osmique et le carmin, l'on obtient une image (Pl. VII, fig. 5) qui ressemble beaucoup à celle que je viens de décrire pour l'acide picrique. La forme extérieure du vitellus est pourtant mieux conservée; d'autre part, les lignes rayonnées des asters sont moins nettes et moins longues et les corpuscules de Bütschli paraissent compactes et homogènes au lieu de sembler vésiculeux.

Nous passons à la phase pendant laquelle l'étranglement circulaire du vitellus augmente jusqu'à produire sa séparation complète en deux sphérules de fractionnement (Pl. VI, fig. 10). Les amas sarcodiques des asters (*aa*), continuant à s'éloigner l'un de l'autre, dépassent le centre de chaque sphérule et se rapprochent de son côté externe. Ils ont du reste perdu leur forme ronde et sont devenus plus ou moins coniques ou pyriformes; on dirait qu'ils traînent à leur suite, dans leur marche centrifuge, une sorte de queue (*t*), dernier reste de la traînée claire qui les reliait entre eux avant le fractionnement. Une autre particularité extrêmement remarquable est celle que présentent à cette phase les lignes rayonnées des asters (*f*). Au lieu d'être droites comme elles l'avaient toujours été jusqu'à présent, ces lignes s'infléchissent en arrière vers le plan de séparation des deux sphérules, et la flexion est surtout très-marquée pour les rayons situés en avant ou sur les côtés de la ligne de marche des asters. Si un corps lourd couvert de poils flexibles était lancé avec force, ces poils se recourbant en arrière par suite de la résistance de l'air prendraient une disposition analogue; la comparaison est grossière, mais

servira à faire comprendre cet arrangement singulier. La forme générale
des sphérules est assez régulièrement ellipsoïde ; elles ne s'aplatissent pas
encore sensiblement l'une contre l'autre. La membrane vitelline n'a pas
continué à prendre part à l'étranglement du vitellus ; ses plis transversaux se sont effacés et elle commence à sortir du sillon du premier fractionnement pour se tendre d'une sphérule à l'autre.

Dans l'acide picrique, l'amas central de chaque aster reprend une
forme plus arrondie (Pl. VI, fig. 16 et 17, *aa*), et nous retrouvons les
mêmes détails de structure, les mêmes globules arrondis que nous avons
déjà décrits à propos de la phase précédente. Les globules sont en général
plus gros (Pl. VI, fig. 17, *FN*), leur cavité est grande et peut renfermer
déjà un grain réfringent qui se comporte comme un nucléole (fig. 17, *FNn*);
ce sont donc de véritables petits noyaux. Plus ces noyaux sont gros et
moins ils sont nombreux, ce qui donne à penser qu'ils se réunissent
entre eux. Leur arrangement est toujours irrégulier et leur grosseur,
comparée à celle des globules qui dérivent des centres granuleux des
asters (fig. 16 et 17, *ac* et *acN*), présente les variations que j'ai déjà mentionnées précédemment. Les lignes rayonnées qui entourent les asters
deviennent de plus en plus pâles et diminuent de longueur. Celles de ces
lignes qui se trouvent au côté externe de l'amas sarcodique ont souvent
pour centre de convergence un point situé à l'extrémité externe de l'amas,
tandis que le reste des lignes converge vers le centre de l'amas (Pl. VI,
fig. 16, *a*).

L'acide osmique suivi de carmin donne, pour cette phase, des préparations plus jolies que celles de l'acide picrique, mais moins instructives.
Elles méritent cependant d'être prises comme point de comparaison, d'autant plus que ces images sont la base des descriptions et des idées
théoriques d'autres auteurs. La forme extérieure du vitellus et de ses
membranes est fort bien conservée (Pl. VII, fig. 6 et 7) ; la distance entre
les deux membranes vitellines (*Mv'* et *Mv''*) est cependant diminuée et
la seconde membrane sort souvent du sillon entre les deux sphérules pour
faire un pli en dehors (fig. 6, *Mv''*). Le vitellus dans son entier est encore

aplati comme chez le vivant (comparez, fig. 7 de face et fig. 6 de profil), et le même aplatissement s'adresse aussi aux amas sarcodiques des asters et aux parties que renferment ces amas. Les amas de protoplasme ont un aspect très-homogène et sont colorés d'un rose uniforme; le même aspect et la même coloration s'étendent à l'origine à une traînée étroite qui relie un aster à l'autre (Pl. VII, fig. 6, *t*). Cette traînée internucléaire commence déjà à devenir granuleuse au milieu et ne tarde pas à disparaître complétement (fig. 7). Les rayons vitellins des asters (fig. 6 et 7, *f*) ne sont visibles que par un éclairage puissant, mais présentent alors une disposition et une extension analogues à celles qu'ils ont chez le vivant; les amas sarcodiques conservent aussi à peu près leur forme et leur grandeur naturelles, et sont par conséquent étalés dans un plan (Pl. VI, fig. 7, *aa*) et rétrécis dans le plan perpendiculaire (fig. 6, *aa*). Les globules sont maintenant réunis en deux ou trois petits noyaux placés les uns à côté des autres (fig. 7, *FN*), de telle sorte que l'on n'en voit qu'un de profil (fig. 6, *FN*). Ces globules paraissent pleins, sauf un certain nombre de petites vacuoles irrégulièrement disséminées dans leur intérieur. Les corps du centre de l'aster paraissent, dans l'acide osmique, assez homogènes et de petites dimensions. Placés d'abord au centre de l'aster (Pl. VII, fig. 6, *ac*), ils se rapprochent ensuite des jeunes noyaux (fig. 7, *ac*), auxquels ils finiront par se réunir. Dans l'espace triangulaire compris entre les deux membranes vitellines (fig. 7, ⋆) l'on voit souvent des corpuscules pâles, très-variables quant à leur nombre et à leur grosseur et que l'on pourrait parfois être tenté de prendre pour des globules polaires, si nous ne connaissions déjà les véritables sphérules de rebut et leur mode de formation dans l'intérieur de l'ovaire. Les globules en question ne sont du reste visibles ni chez l'œuf vivant ni dans l'œuf coagulé par les acides, à l'exception de l'acide osmique suivi de carmin ou mieux de bichromate de potasse. Un examen approfondi de ces corpuscules convaincra bien vite l'observateur attentif qu'il ne s'agit ici que de précipités formés au sein du liquide albumineux qui est interposé entre les deux membranes.

La dernière phase que nous avons à considérer, est celle dans laquelle les deux sphérules de l'œuf vivant s'affaissent l'une sur l'autre en s'aplatissant (Pl. VI, fig. 11, *L*). La membrane vitelline interne (*Mv″*) ne présente plus qu'un léger sillon circulaire. Les rayons vitellins des asters se sont considérablement réduits et n'apparaissent plus que comme de petites lignes droites et très-courtes (fig. 11, *f*). Les amas sarcodiques des asters paraissent diminués et prennent une forme allongée et un peu rétrécie au milieu (fig. 11, *aa* et *t*). Chaque amas se compose donc de deux moitiés largement réunies entre elles et dont l'une (*t*), plus voisine du plan de séparation des sphérules, paraît répondre à la portion étirée (Pl. VI, fig. 10, *t*) de la phase précédente, tandis que l'autre (fig. 11, *aa*) correspond à la partie externe (*aa*) de l'aster de l'œuf représenté sur la figure 10.

Les préparations d'œufs de cette époque coagulés par les acides nous montrent les petits noyaux des asters se réunissant en deux ou trois et finalement en une seule vésicule qui semble absorber toute la substance de l'amas central. Cet amas disparaît donc, les lignes rayonnées s'effacent complétement, et le jeune noyau est directement plongé dans une substance vitelline qui n'a aucun arrangement particulier.

Le second fractionnement succède, chez l'Oursin, presque immédiatement au premier. Les phases de la division sont les mêmes que celles que je viens de décrire et la même série de processus se présente aussi pendant les divisions suivantes. Je quitte donc ce sujet qui n'aurait plus rien d'instructif à nous offrir et passe à la description des phénomènes de la division du vitellus chez les Hétéropodes. Parmi les Hétéropodes que j'ai rencontrés, les espèces les plus propices à cette étude sont les *Pterotrachœa mutica* et *Friderici* (Lesson). C'est à ces deux espèces exclusivement que se rapporte ma description. Je m'arrêterai d'abord à la formation de l'amphiaster de rebut qui peut être étudié avec la plus grande facilité, contrairement à ce qui s'observe chez l'Oursin, et fournit plusieurs renseignements utiles sur la nature de ces phénomènes.

À l'instant même de la ponte, le vitellus possède encore sa vésicule germinative, qui est du reste trop bien entourée par le protolécithe gra-

nuleux pour être directement visible chez l'œuf vivant. L'on n'aperçoit
qu'un espace central occupé par une substance claire et homogène. Quelques minutes après, cette tache claire devient encore plus difficile à voir;
elle s'allonge et se rapproche de la surface du vitellus par une de ses
extrémités. Le vitellus prend des contours moins réguliers et change
lentement de forme; il paraît plus sombre à cause de l'arrangement particulier de ses parties constituantes. En effet, les globules du protolécithe
se placent tous suivant des lignes qui convergent de la périphérie, d'une
part vers le centre du vitellus et d'autre part vers le point de la surface que
la tache claire a atteint. C'est tout ce que l'on voit chez l'œuf vivant et
nous devons recourir à des réactifs appropriés pour reconnaître tous les
processus qui mènent à la formation du premier amphiaster de rebut. La
seule méthode qui m'ait réussi avec les œufs de *Pterotrachœa* consiste à
les coaguler dans de l'acide acétique, ou dans de l'acide picrique suivi de
picrocarminate; placés ensuite dans la glycérine, ils deviennent très-
transparents sans perdre ni leur forme ni leur texture intérieure.

L'œuf, coagulé au moment où il sort de la vulve (Pl. VII, fig. 12), a une
vésicule germinative bien marquée, à parois parfaitement nettes, formées
d'une couche enveloppante à double contour. Le contenu de la vésicule
est dépourvu de nucléoles, mais présente un réseau de sarcode très-pâle
et visible seulement dans des préparations très-réussies. L'œuf, coagulé
de la même manière quelques minutes plus tard, ne présente plus qu'une
vésicule germinative plus petite et notablement plus pâle, qui commence
bientôt à se changer en amphiaster. Aux deux pôles opposés du noyau
nous distinguons des amas de substance claire (Pl. VII, fig. 13, *a*) entourés
de filaments protoplasmiques qui rayonnent en tous sens. Les filaments
extranucléaires (*f*) sont très-nets, mais de peu d'étendue; les filaments
intranucléaires sont plus confus, plus courts et divergent en éventail dans
l'intérieur du noyau (fig. 13, *F'*). L'on peut, sur cet objet, étudier sans
difficulté cette phase extrêmement intéressante pendant laquelle les filaments intranucléaires existent déjà dans le voisinage de chacun des
asters, mais où ces deux faisceaux divergents sont séparés par un large

espace qu'occupe la substance nucléaire sans arrangemeut régulier. La
couche enveloppante du noyau présente un double contour dans les préparations à l'acide acétique; dans l'acide picrique il n'apparaît guère
qu'un contour simple. Cette fausse membrane se soulève dans le voisinage
des deux pôles et fait défaut devant les asters mêmes, en sorte que le
contenu du noyau se trouve en continuité avec l'amas central de chaque
aster. J'ai déjà décrit (p. 44) la première apparition de ces amas.

Chez des œufs légèrement plus avancés (Pl. VII, fig. 14-17), les filaments
intranucléaires (F) s'allongent dans l'intérieur du noyau et ceux de ces
filaments qui se trouvent au milieu de chaque faisceau se réunissent déjà
aux filaments correspondants de l'autre aster pour s'étendre sans interruption d'un pôle à l'autre du noyau. Le nombre, la forme et la grosseur de
ces premiers filaments continus sont sujets à beaucoup de variations
(fig. 14, 15 et 16, F'). Tout autour d'eux se trouvent les filaments en voie
de formation qui divergent dans le sein du noyau (fig. 14 et 15, F). *A leur
extrémité libre, c'est-à-dire voisine du plan équatorial, ces filaments s'amin-
cissent et se perdent dans le réseau intranucléaire* (*Nor*). Le réseau est
analogue à celui que l'on a déjà décrit pour beaucoup d'autres noyaux;
c'est un réticulum sarcodique à mailles polyédriques, irrégulières quant
à leur forme, mais de grandeurs à peu près égales. Il existe dans le noyau
au moment de la ponte, mais n'apparaît clairement que sur des préparations parfaitement réussies. *A mesure que les filaments intranucléaires s'allongent, le réseau intranucléaire diminue d'autant, disparaissant sur tout l'espace
que viennent occuper les premiers.* Lorsque l'amphiaster est complet, le
réseau intranucléaire a cessé d'exister. De ces faits, il est permis de conclure que *les filaments intranucléaires résultent directement d'une transformation du réseau de sarcode*, d'un changement dans la disposition générale
des trabécules du réseau.

Nous avons déjà dit précédemment (p. 45) que le premier amphiaster
de rebut chez les Hétéropodes ne se dirige pas suivant le grand diamètre
du noyau. Si nous regardons l'amphiaster de profil (Pl. VII, fig. 17, Ar'),
nous voyons que ses deux pôles occupent à peu près les deux tiers de la

circonférence du noyau. Les premiers filaments intranucléaires qui se complètent sont donc très-rapprochés de l'une des parois du nucléus et les filaments en voie de croissance divergent dans la partie opposée de sa cavité (fig. 17, *Fc'*). Cette position asymétrique du premier amphiaster de rebut dans la vésicule germinative n'est pas un cas particulier aux Hétéropodes; loin de là, ce fait se retrouve beaucoup plus accentué chez les autres animaux que j'ai étudiés, particulièrement chez *Asterias*.

Au moment où les filaments intranucléaires sont près de se rejoindre, l'on remarque souvent des corpuscules (fig. 15, *n*), suspendus dans le réseau sarcodique du noyau. D'autres fois l'on voit des corpuscules analogues placés le long des filaments nucléaires (fig. 16, *Fc'*). D'autre part ces filaments présentent en général, à l'extrémité par laquelle ils vont se rejoindre, un renflement en forme de massue (fig. 14, *F'*). Ces épaississements résultent évidemment d'une accumulation de sarcode vers l'extrémité du filament et ne proviennent pas des corpuscules que le réseau intranucléaire peut tenir en suspension. Dans des phases un peu plus avancées, comme celles des fig. 16 et 17 l'on voit des varicosités, plus ou moins fusiformes ou globuleuses, placées sans régularité le long des filaments. Il est alors bien difficile d'indiquer la provenance de tous ces renflements; ils dérivent certainement, pour la plupart, des épaississements en forme de massue des filaments en voie de formation, mais il serait possible, quoique peu probable, que les corpuscules préexistants dans le réseau de sarcode donnassent aussi naissance à quelques-uns de ces renflements. Ce point reste à élucider.

Pendant la même période, l'on distingue assez nettement, au centre de chaque aster, un petit corpuscule (Pl. VII, fig. 15, 17, 18 et 19, *ac*) qui se trouve au point de convergence des deux sortes de filaments.

La phase suivante se caractérise par la régularité de la disposition des renflements intranucléaires qui viennent tous se placer dans l'équateur de l'amphiaster, à égale distance de ses deux pôles (Pl. VII, fig. 18, 19 et 20, *Fc*). Ces varicosités sont allongées dès le début et ne prennent pas cet aspect d'une rangée de petites perles que l'on observe dans d'autres amphiasters. A côté des filaments bipolaires déjà complets, l'on voit souvent encore, sur une vue de profil, quelques filaments, (Pl. VIII, fig. 4, *F*'), qui vont se perdre dans le dernier reste du réseau intranucléaire (Pl. VIII, fig. 4 et Pl. VII, fig. 18, *Nor*) ; ce réseau ne tarde pas à disparaître complétement. Les filaments vitellins sont bien marqués, mais ils ne prennent pas de contours parfaitement distincts dans l'acide picrique (Pl. VII, fig. 18 et 20 *f*); dans l'acide acétique, au contraire, ils deviennent aussi nets que les filaments bipolaires et présentent ces renflements fusiformes irrégulièrement placés (Pl. VII. fig. 19, *f*) que j'ai déjà décrits pour l'amphiaster du premier fractionnement chez l'Oursin. Il y a une analogie frappante entre ces filaments unipolaires et les filaments intranucléaires en voie de formation.

Cet amphiaster de rebut se déplace dans le sens de sa longueur et arrive à la surface du vitellus, de telle façon que le centre de l'aster extérieur touche à cette surface (Pl. VII, fig. 20, *ae*) et que l'axe de l'amphiaster corresponde au rayon de sphère qui passe par le point de contact de l'aster externe. La position du centre de cet aster, si près de la surface du vitellus, a une importance théorique que j'aurai l'occasion de rappeler encore une fois.

Nous savons déjà que la moitié périphérique du premier amphiaster de rebut constitue le premier globule polaire. Si la formation du second globule polaire avait lieu strictement suivant les procédés de division cellulaire, la moitié interne du premier amphiaster devrait se ramasser et constituer un noyau qui se résoudrait ensuite en un nouvel amphiaster, lequel se diviserait à son tour. La marche du phénomène, telle que l'observation directe nous l'a fait connaître, est assez différente de ce schéma. La moitié interne du premier amphiaster ne se ramasse pas, l'aster interne subsiste et les moitiés internes des filaments bipolaires vont toutes se réunir à l'endroit où le premier globule polaire est encore adhérent à la surface du vitellus. Ce nouveau point de convergence résulte de l'étranglement même qui sépare le globule polaire du vitellus; il

24

devient le centre d'un système de filaments vitellins et se change ainsi en un véritable aster. Le second amphiaster de rebut, ainsi constitué, est de moitié au moins plus petit que le premier (Pl. VIII, fig. 8, Ar''); il se divise de même que celui-là pour former le second globule polaire. L'on ne peut guère ramener ces processus au type général de la division des cellules sans faire une hypothèse qui me paraît s'accorder assez bien avec les faits observés. Je considère les globules polaires comme des cellules d'une nature particulière; seulement au lieu de comparer chaque globule à une cellule distincte, je prends en bloc toutes les matières de rebut éliminées de l'œuf comme répondant par leur genèse à un seul élément cellulaire. La transition entre la division simple et la double division que présentent les Hétéropodes nous est fournie par les Hirudinées. Chez ces vers, d'après les descriptions des auteurs (LXXX et CXIX), il semble que nous assistions à une division du premier amphiaster en deux parties, dont l'une, externe, s'allonge encore et se redivise sans passer par l'état nucléaire et donne ainsi naissance de suite aux trois globules polaires. La moitié interne reste dans le vitellus et deviendra le pronucléus femelle. De là au cas des Hétéropodes, où la moitié périphérique de l'amphiaster de rebut se scinde avant d'être détachée de la partie centrale, il n'y a qu'un pas. Cette hypothèse ne repose peut-être pas sur une base bien large, mais elle a l'avantage de nous permettre de faire rentrer la naissance des globules polaires dans la catégorie des divisions de cellules.

La formation du pronucléus femelle aux dépens de la moitié interne du second amphiaster de rebut est facile à suivre dans les détails. Les renflements de Bütschli de cette moitié interne (Pl. VIII, fig. 10, Fc) se rapprochent de l'amas granuleux central de l'aster interne, amas qui se présente en général sous la forme d'un corpuscule assez réfringent (Pl. VIII, fig. 10, ac). Les renflements intranucléaires grossissent et se réunissent entre eux pour former un corps compacte (Pl. VIII, fig. 16, $♀$) qui se réunit encore au corpuscule central de l'aster et paraît croître par absorption de la substance de toute la partie sarcodique qui occupe le milieu de l'aster. Ce corps ne devient vésiculeux que lorsqu'il atteint une

dimension au moins triple de celle qu'il avait à son origine ; il se montre
alors déjà muni d'un nucléole. Parfois à côté de ce pronucléus femelle
encore jeune, l'on voit d'autres noyaux plus petits (Pl. VIII, fig. 13, ⌄ ♀)
qui ne tardent pas sans doute à se fusionner avec le premier. Comme je
n'ai jamais vu qu'un seul corpuscule compacte se former aux dépens des
renflements de Bütschli, j'ai toute raison de croire que ces petits noyaux
supplémentaires se forment, comme chez l'Astérie, indépendamment du
premier pronucléus, dans la substance de l'amas central de l'aster interne.
Le pronucléus femelle possède une enveloppe presqu'aussitôt après avoir
pris la forme vésiculeuse ; dans des préparations coagulées, cette enveloppe affecte l'apparence d'une véritable membrane (Pl. VIII, fig. 15, Eᵛ).
Inutile de rappeler que cet aspect membraneux est trompeur à mon avis
et que nous n'avons affaire qu'à une enveloppe plastique. La justesse de
cette opinion peut dans le cas actuel être démontrée par la manière dont
les petits noyaux, lorsqu'il y en a plusieurs, se réunissent entre eux, quoique déjà entourés chacun de son enveloppe propre.

Je quitte ici l'histoire de la formation des deux pronucléus, qui a été
traitée dans un autre chapitre, pour décrire les particularités qui m'ont
frappé dans les phénomènes de fractionnement chez les Hétéropodes.

La formation de l'amphiaster du premier fractionnement est tellement
prompte, que souvent nous le voyons apparaître avant même que les
pronucléus soient entièrement soudés entre eux (Pl. IX, fig. 7. ɯ). Une
fois juxtaposés, les noyaux perdent leur nucléole et deviennent un peu
moins nets de contour ; ils s'aplatissent mutuellement et la couche enveloppante disparaît sur toute la surface de contact. Cet espace de contact
est le centre d'un système de rayons divergents irréguliers qui s'étendent
tant à l'intérieur qu'à l'extérieur des noyaux (fig. 7, f). L'on pourrait
prendre ces rayons pour l'origine première de l'amphiaster, mais ce serait
commettre une erreur. Je crois m'être convaincu, par la comparaison
d'œufs coagulés pendant les diverses phases de ce processus, que ces premières stries rayonnées répondent seulement à l'activité moléculaire qui
se développe au moment de la soudure des noyaux et disparaissent avant

la naissance de l'amphiaster. Les noyaux réunis se trouvent encore dans
le voisinage des globules polaires; ils cheminent conjointement et en se
soudant de plus en plus, jusqu'à ce qu'ils aient atteint à peu près le
centre du vitellus. La soudure est encore incomplète et le plan de réunion
des deux pronucléus encore facile à distinguer, que déjà les asters apparaissent aux deux extrémités de ce plan. D'autres fois la soudure est plus
complète au moment où les asters se montrent. Dans tous les cas où le
plan de soudure est encore reconnaissable lorsque les asters commencent
à se montrer, l'on trouve que l'amphiaster est situé dans ce plan; en d'autres termes, une ligne qui joindrait les centres des pronucléus en partie
fusionnés serait perpendiculaire à l'axe de l'amphiaster.

La formation et la soudure des deux figures rayonnées ressemble trop
à l'apparition du premier amphiaster de rebut pour que je consacre à ce
processus une description spéciale. Je note cependant que les œufs, arrivés au moment où les premiers rayons bipolaires se réunissent bout à
bout, peuvent facilement se confondre avec ceux dont les pronucléus commencent seulement à se juxtaposer. Un examen attentif de la disposition
des figures rayonnées, de la forme des asters et de celle du noyau conjugué, dont le grand axe est maintenant transversal au lieu d'être vertical,
permettra de distinguer ces deux phases et l'on pourra encore s'aider par
la comparaison avec les autres œufs de la même chaîne et par la forme du
vitellus chez lequel la protubérance du pôle nutritif commence à se soulever. La formation et la division des renflements intranucléaires ne présente rien de particulier, si ce n'est que ces varicosités sont plus grosses
que dans l'amphiaster de rebut, mais plus allongées que celles du fractionnement de l'Oursin. Les contours du noyau restent longtemps visibles (Pl. IX, fig. 8, *EN*), jusqu'au moment où les renflements intranucléaires vont se grouper de part et d'autre dans le voisinage du centre de
chaque aster (fig. 8, *Fc*). Il en résulte pour le noyau une forme toute particulière que l'on pourrait comparer à un citron dont les mamelons terminaux auraient une longueur exagérée. Entre les renflements de Bütschli
massés aux deux pôles, s'étendent des filaments pâles ou plutôt des stries,

les filaments connectifs, et au milieu de la longueur de cette bandelette striée ou traînée internucléaire, se trouve une région qui présente un aspect finement fibrillaire (Pl. IX, fig. 8, 9 et 10, *Ft;* ce détail est mal rendu sur les gravures; au lieu des stries parallèles que représentaient mes dessins, l'on croirait voir ici une nouvelle série de renflements des filaments. Je prie le lecteur de rectifier dans son imagination ce détail mal rendu sur les trois figures citées).

Une autre différence entre cette phase des *Pterotrachœa* et la phase correspondante des Oursins se trouve dans la structure des asters. Au lieu d'un amas de substance sarcodique transparente, sans structure appréciable, mais possédant un petit amas central de granules et entouré de stries radiaires dans le vitellus granuleux, comme nous le trouvons dans l'amphiaster du premier fractionnement des Oursins, nous voyons ici un corpuscule central, immédiatement entouré par une substance granuleuse avec des lignes radiaires. Ces lignes sont formées par les granules du protoplasme dont les rangées alternent avec des traînées étroites dépourvues de granules (Pl. IX, fig. 8-12, *f*). Autour de cette substance granuleuse vient le vitellus de nutrition avec ses globules lécithiques. Dans les préparations coagulées, les globules du protolécithe sont placés sans ordre apparent, mais chez le vivant, ils ont un arrangement strictement radiaire autour des centres des asters et le réseau de protoplasme, dans les mailles duquel les globules sont logés, présente par conséquent la même disposition radiaire.

Les espaces qui entourent les centres des asters des Hétéropodes et qui sont occupés par du protoplasme granuleux correspondent peut-être aux amas de sarcode qui occupent la même position chez les Oursins. Les filaments vitellins de ces derniers répondraient alors aux traînées radiaires de protoplasme qui s'étendent entre les globules lécithiques des *Pterotrachœa*. Dans cette hypothèse l'on devrait admettre que les lignes radiaires qui entourent le centre de l'aster chez ces Mollusques n'ont pas leur correspondant chez l'Oursin ou sont invisibles à cause de la texture trop homogène des amas de sarcode chez ces derniers.

Comparé au premier amphiaster de rebut, l'amphiaster de la phase actuelle se distingue par l'absence des rayons vitellins si marqués du premier et par la présence de ces amas de protoplasme granuleux à structure radiaire qui manquent à l'autre. Je reviendrai dans le dernier chapitre sur la corrélation qui semble exister entre tous ces faits.

L'amphiaster du premier fractionnement des *Pterotrachœa* n'est pas droit; son axe est courbé et présente sa concavité du côté des globules polaires (Pl. IX, fig. 8). Cette disposition ne se remarque naturellement que sur une vue de profil; si l'on regarde le vitellus par l'un de ses pôles, l'amphiaster paraît rectiligne (Pl. IX, fig. 10). Il est possible que cette courbure soit en relation avec la formation de la protubérance vitelline qui se montre en ce moment au pôle nutritif du vitellus (fig. 8, *Vp*). J'ignore quelle peut être la signification de cette bosse qui apparaît pendant le premier fractionnement pour disparaître ensuite sans laisser de trace. Sa composition diffère de celle du vitellus par une proportion beaucoup plus forte de protoplasme; cette substance occupe toute la moitié externe de la protubérance, tandis que les globules lécithiques sont clairsemés dans la moitié interne (Pl. IX, fig. 9, *Ev'*). Cette quantité assez considérable de protoplasme provient, sans aucun doute, de l'accumulation de cette substance dans le voisinage du pôle nutritif pendant les phases précédentes (fig. 7, *Ev'*).

La phase suivante du premier fractionnement (Pl. IX, fig. 9) nous montre les groupes des renflements intranucléaires (*Fc*) plus éloignés l'un de l'autre et très-rapprochés maintenant du corpuscule central de chaque aster (fig. 9, *ac*). Entre ce dernier et les groupes de renflements, s'est amassée une petite quantité de sarcode transparent (fig. 9, *aa*). Un ensemble de stries connectives très-pâles s'étend toujours entre les deux groupes et présente au milieu une région plus finement striée (*Ft*). Les contours du noyau ont complètement disparu et le protoplasme granuleux vient jusqu'au contact des différentes parties de l'amphiaster. La protubérance du pôle nutritif s'est arrondie et se montre séparée du vitellus par un étranglement circulaire, à tel point que l'on s'attendrait

à la voir se détacher complètement pour constituer une sphérule
distincte, si l'on ne savait pas que toute sphérule véritable doit avoir
un aster ou un nucléus dans son intérieur. Le vitellus est du reste parfaitement arrondi et ne présente pas encore la moindre indication d'un
sillon de fractionnement.

A la phase qui vient ensuite (Pl. IX, fig. 11 et 12), le sillon de fractionnement se montre sur tout le pourtour du vitellus (fig. 11 et 12, L)
passant au-dessus des globules polaires et s'enfonçant à côté de la protubérance du pôle nutritif, de telle façon que cette dernière reste attachée
seulement à l'une des deux sphérules de fractionnement (fig. 11 et 12, Ev').
Les corpuscules de Bütschli se réunissent de part et d'autre en deux ou
trois noyaux qui se gonflent aussitôt et prennent un aspect vésiculeux
(Pl. IX, fig. 11, FN); ils sont entourés chacun d'une couche enveloppante
d'une épaisseur appréciable (fig. 11, EFN) et renferment des granules
irréguliers. Ces vésicules, ou tout ou moins l'une d'entre elles, s'allongent
du côté du corpuscule central de l'aster et présentent ici une ouverture
comme le goulot d'une bouteille, qui s'étend presque jusqu'au contact du
corpuscule central. Bientôt ces vésicules se fusionnent en deux noyaux,
à couche enveloppante épaisse (Pl. IX, fig. 12, EFN) et renfermant un
gros corpuscule (fig. 12, FNn) souvent divisé en lobes (voy. même figure,
à gauche). Le noyau a encore une forme de fiole s'ouvrant du côté du
centre de l'aster et le corps qu'il renferme est étiré en pointe dans la même
direction (fig. 12, FNn). Le corpuscule central de l'aster a disparu, sans
doute par absorption dans le noyau, et la substance claire qui occupe tout
l'intérieur de la figure étoilée se trouve en continuité avec le contenu du
nucléus. Il paraît probable que cette substance rentre dans le noyau qui
croît ainsi à ses dépens, pour finir par s'arrondir et se clore de toutes parts.
Du côté du plan de fractionnement, les noyaux sont fermés par une
couche enveloppante continue; mais d'un nucléus à l'autre s'étend encore
une substance striée (fig. 12, Ft) qui tend à se confondre avec le protoplasme environnant : le reste de la traînée internucléaire.

Pendant que le fractionnement s'achève et que les nouveaux noyaux grossissent et prennent la place des asters, la protubérance du pôle nutritif s'affaisse de plus en plus sur celle des deux sphérules dont elle fait partie et cesse bientôt d'exister. La sphérule avec laquelle elle vient se confondre se trouve avoir un volume plus considérable que celui de l'autre sphérule et telle est l'origine de l'irrégularité qui s'observe dans les premières phases du fractionnement chez les Hétéropodes (voy. CXXII *bis*). Lovén, et d'autres après lui, ont décrit pour certains Mollusques un fractionnement dont chaque phase serait suivie d'un affaissement et d'une fusion des sphérules nouvellement formées. Ces auteurs ont-ils bien observé le fractionnement véritable et n'ont-ils pas plutôt pris pour tel un phénomène analogue à la formation de la protubérance du pôle nutritif chez les *Pterotrachœa*? Ce serait une chose à vérifier.

Je rappelle en terminant que ma description est faite presque uniquement d'après la comparaison d'un assez grand nombre de préparations coagulées par l'acide picrique, teintes par le picrocarminate et éclaircies par la glycérine. L'observation de l'œuf vivant ne peut nous renseigner que sur la forme extérieure du vitellus, mais ne nous apprend rien sur la structure de l'amphiaster et sa division.

L'œuf de *Sagitta* exige une méthode d'investigation précisément inverse ; l'observation du vivant prime tout autre procédé de recherches. C'est précisément pour cela qu'il est utile de comparer ce cas à celui des Hétéropodes. Les processus de division se répètent exactement les mêmes à chaque fractionnement; aussi pourrai-je, en décrivant la série des phases qui se renouvellent chaque fois, renvoyer le lecteur à des dessins qui se rapportent tantôt au premier tantôt au second fractionnement.

Le premier signe qui annonce une division imminente est la formation de petits amas sarcodiques aux extrémités opposées du noyau encore intact et sphérique. Le noyau se présente sous forme d'une simple vacuole arrondie au milieu du vitellus transparent; l'on ne voit chez l'œuf vivant ni couche enveloppante ni réseau intranucléaire. Je n'entends pas dire que ces parties fassent réellement défaut, car il faut toujours un fort grossissement et l'emploi de réactifs pour les rendre visibles et ces

deux moyens d'investigation ne peuvent pas être employés avec l'œuf de
Sagitta. Les petits amas qui se montrent aux extrémités du noyau (Pl. X,
fig. 14, *a*) sont optiquement semblables au sarcode vitellin et font, dans
la cavité du noyau, une saillie peu accentuée, mais très-appréciable
pourtant à cause de la sphéricité parfaite du reste des contours du
nucléus. Tout autour de ce dernier, nous remarquons des lignes mal
définies ou des stries qui divergent en tous sens dans le vitellus.

Le noyau s'allonge maintenant et prend une forme ovoïde de plus en
plus allongée ; les contours pâlissent, les amas terminaux disparaissent et,
aux endroits qu'ils occupaient, la substance nucléaire passe par gradations
insensibles à la substance vitelline (Pl. X, fig. 14, *h* et Fig. 15, à gauche).
Les rayons vitellins tendent à s'arranger autour des extrémités du noyau
au lieu de converger vers son centre. L'on arrive ainsi par gradations
insensibles, mais se succédant rapidement, à la forme d'amphiaster véritable (fig. 11 et 15, *A*). Je ne décrirai pas en détail cette figure bien connue et que les dessins feront du reste suffisamment comprendre ; je me
borne à relever quelques points spéciaux à l'espèce qui nous occupe. La
partie moyenne de l'amphiaster (fig. 11 et 14, *A*) paraît ici plus foncée
que le vitellus environnant, sans doute à cause de la parfaite transparence
de ce dernier ; elle est confusément striée et ne permet à aucun moment
de distinguer la structure compliquée que les réactifs seuls peuvent
révéler. Les asters se composent d'un amas central de sarcode parfaitement homogène (fig. 11 et 15, *aa*) et de rayons vitellins (fig. 11 et 15, *f*)
faciles à voir mais à contours mal définis chez le vivant.

L'amphiaster continue à s'étirer, le sillon de fractionnement commence
à se produire à la surface du vitellus et les nouveaux noyaux en voie de
formation se montrent au côté interne des asters (Pl. X, fig. 12). L'image
que nous obtenons ressemble énormément à celles que nous ont offertes
l'Oursin ou les Hétéropodes de la même phase, mais avec cette différence
importante que nous pouvons ici discerner chez le vivant bien des choses
que l'on ne réussit à voir chez ceux-là qu'avec l'aide des réactifs. C'est
une preuve que les images précédemment décrites n'étaient pas trom-

peuses. Dans l'œuf vivant de *Sagitta*, nous voyons une traînée de substance striée en long s'étendre d'un noyau à l'autre (fig. 12); cette traînée internucléaire ne diffère du vitellus environnant que par la présence
de ces stries connectives qui sont du reste assez pâles et mal définies. Le
contenu du noyau est plus clair, moins réfringent que l'entourage; les
contours sont bien nets excepté du côté où le noyau s'allonge vers le
centre de l'aster. En cet endroit la vésicule est comme tronquée et son
contenu passe par gradations à la substance plus réfringente de l'aster.
Le centre de ce dernier est souvent occupé par un corpuscule foncé
(Pl. X, fig. 12 à droite). Dans l'intérieur du noyau se voient quelques
traînées très-pâles et mal définies de protoplasme, dont chacune semble
affecter en somme la forme d'un battant de cloche (Pl. X, fig. 12, *Fc*),
se reliant d'une manière continue à la substance centrale de l'aster par
un pédoncule. Les asters eux-mêmes n'ont guère changé depuis la
phase précédente.

Pendant que le sillon de fractionnement s'enfonce presque jusqu'à la
séparation des sphérules, les nouveaux noyaux se gonflent et s'arrondissent, leur contenu devient toujours plus clair et moins réfringent et leur
contour est d'autant plus net, par contraste avec le vitellus environnant
(Pl. X, fig. 13). Les traînées de sarcode en forme de massues deviennent
aussi très-nettes (fig. 13, *Fc*), en sorte que l'on peut reconnaître avec
certitude leur forme et leurs connexions qui sont les mêmes qu'à la phase
précédente. Les amas sarcodiques des asters et leurs rayons vitellins ont
toujours le même aspect; les stries qui s'étendent d'un noyau à l'autre
existent toujours mais vont bientôt disparaître. Pendant le second fractionnement et les divisions suivantes, les traînées sarcodiques qui se montrent dans l'intérieur des jeunes noyaux deviennent, à un certain moment,
beaucoup plus nettes que ce n'est le cas pendant le premier fractionnement; elles prennent une forme particulière qui rappelle les étamines
d'une fleur (Pl. X, fig. 16 et 17, *Fc*). Leur nombre varie de quatre à six
et leur disposition ne présente pas de règle constante (voy. les 4 noyaux
sur la fig. 16). Elles n'atteignent toute leur netteté qu'au moment où les

noyaux sont assez gonflés pour devenir parfaitement sphériques. Au premier abord, je crus avoir affaire aux filaments et aux varicosités de
Bütschli et me félicitai d'avoir enfin trouvé un objet où ces parties fussent
visibles sans l'aide d'aucun réactif. Mais une comparaison plus stricte de
cette phase avec les précédentes et avec les phases correspondantes chez
d'autres animaux m'apprit à me méfier de cette première interprétation
Nous avons vu en effet que, chez les Oursins et chez les Hétéropodes, les
renflements de Bütschli commencent par se réunir en plusieurs corpuscules qui deviennent creux par gonflement et se soudent enfin en une
seule vésicule. C'est dans cette vésicule qu'apparaît ensuite la traînée de
protoplasme (Pl. IX, fig. 12, *FNn*). Il ne semble donc pas que cette traînée
puisse être morphologiquement identifiée avec les renflements de Bütschli, quoiqu'elle paraisse provenir de la substance de ces derniers. De
même chez *Sagitta*, les jeunes noyaux sont d'abord des corps fusionnés,
dans lesquels les traînées de protoplasme ne deviennent visibles qu'après
qu'ils se sont gonflés de liquide. Je dois cependant faire observer que si la
continuité morphologique entre les traînées de protoplasme et les renflements des filaments bipolaires paraît improbable, elle n'est cependant pas
absolument impossible. L'on pourrait supposer qu'une partie des renflements serve à former l'enveloppe des jeunes noyaux et qu'une autre partie
persiste sous sa forme primitive pour devenir ensuite le réseau intranucléaire des nouveaux noyaux. Je crois inutile de m'étendre plus longuement sur un sujet que de nouvelles observations, faites avec des méthodes
plus perfectionnées, pourront trancher dans un sens ou dans l'autre.

Les traînées de protoplasme, quelle que soit leur origine, disparaissent
pendant la croissance des nouveaux noyaux et contribuent sans doute à
la formation du réseau sarcodique intranucléaire. Les nucléoles ne se
montrent qu'assez longtemps après la disparition de ces traînées, en sorte
qu'il ne semble pas y avoir de relation directe entre ces formations. Ici,
comme chez les autres espèces étudiées, le noyau paraît achever sa croissance en absorbant la substance de l'amas central de l'aster et les rayons
vitellins s'effacent en même temps.

Je vais chercher à résumer ce que les observations que j'ai rapportées dans ce chapitre nous apprennent sur le processus du fractionnement en général.

Le premier phénomène précurseur est l'apparition d'une figure étoilée, d'un arrangement radiaire du vitellus, dont le noyau lui-même forme le centre. En ce moment le nucléus est encore intact mais un peu moins net qu'auparavant; cela semble indiquer qu'il y a là des mouvements, des forces qui exercent leur action à la fois sur le noyau et sur le protoplasme vitellin.

Le pouvoir réfringent du noyau et la netteté de ses contours sont les seules choses qui se modifient, jusqu'au moment où les nouveaux centres d'attraction se montrent à ses pôles opposés. La nature même de ces centres est loin d'être éclaircie, mais ce sont en tous cas des endroits où un passage graduel s'établit entre la substance nucléaire et le protoplasme vitellin; ce sont donc des points de fusion entre ces deux substances. Ces centres persistent encore pendant un certain temps sous forme de corpuscules ou d'amas granuleux.

Les rayons ou filaments sarcodiques de l'amphiaster apparaissent d'abord au contact immédiat de ces centres et s'allongent ensuite progressivement en tous sens. Nous les avons classés en deux catégories suivant qu'ils s'étendent dans l'intérieur du noyau ou dans le vitellus. Les filaments intranucléaires sont les seuls qui se joignent bout à bout; les autres restent unipolaires et ne se rejoignent jamais à l'extérieur du noyau, quoique les extrémités de certains rayons d'un système soient souvent très-voisines des extrémités des filaments correspondants de l'autre aster. Les deux sortes de filaments portent des renflements; seulement les renflements extranucléaires ne paraissent pas avoir d'autre destination que celle d'ajouter leur masse à celle de l'amas sarcodique de l'aster, tandis que les renflements intranucléaires se réunissent, dans le voisinage du centre de chaque aster, en un corpuscule ou un petit nombre de corpuscules qui se gonflent, se soudent en une vésicule unique, et deviennent ainsi l'origine des nouveaux noyaux. Les corpuscules qui occupent le centre des asters contribuent aussi à la formation de ces éléments nucléaires qui continuent à grossir aux dépens des amas sarcodiques des asters; les portions des filaments bipolaires qui s'étendent entre les deux goupes de renflements, c'est-à-dire les filaments connectifs, restent en dehors des nouveaux noyaux et ne contribuent pas à leur formation. Les nouveaux noyaux n'absorbent donc qu'une partie de la substance de l'ancien et s'adjoignent en revanche des matières qui auparavant faisaient partie du vitellus.

La formation des globules polaires a lieu par les mêmes procédés que la division cellulaire, à cette différence près que les produits de la division sont extrêmement inégaux et que le second amphiaster de rebut dérive directement de la moitié interne du premier. L'on peut, à un certain point de vue, comparer les deux globules polaires à une cellule originairement unique et l'on peut alors plus facilement ramener au type commun les cas où il ne se forme d'abord qu'un seul globule polaire qui se divise ensuite en deux.

Quant aux causes physiques de ces phénomènes de fractionnement, je chercherai dans le dernier chapitre à lever un coin du voile épais dont elles sont encore enveloppées.

Les processus pathologiques.

L'origine et les causes des monstruosités qui vont nous occuper ont été déjà décrites au long pour les *Asterias* (p. 203). Je reprends leur histoire au point où je l'avais laissée, pour suivre les particularités qu'elles présentent pendant le fractionnement de l'œuf.

Le cas le plus simple et le plus voisin de la norme est celui dans lequel l'ovule n'a reçu dans son sein que deux zoospermes. C'est un cas extrêmement fréquent chez l'Astérie et chez les Oursins dans certains partis d'œufs peu altérés; si l'on ne suivait avec une grande attention le développement larvaire de ces œufs, l'on pourrait facilement se laisser entraî-

ner à prendre ce fait pour normal. Cette fausse interprétation est surtout
à craindre dans les fécondations artificielles où ces œufs anormaux sont
disséminés au milieu d'œufs normaux, et c'est l'éventualité qui se
réalise le plus fréquemment lorsqu'on n'a pas pris des précautions spéciales pour obtenir des produits sexuels de première fraîcheur.

Je rappelle que j'ai employé surtout deux moyens pour compter le nombre des zoospermes qui pénètrent dans chaque vitellus. Sur les œufs
vivants, je vérifie le nombre des cônes d'exsudation et ensuite celui des
asters mâles; ou bien je prélève sur les œufs vivants des échantillons que
je traite, soit par l'acide picrique, pour compter facilement les cônes
d'exsudation, soit par l'acide osmique et le carmin pour compter les pronucléus mâles. C'est ainsi que je me suis assuré que certaines fécondations artificielles donnaient une grande majorité d'œufs fécondés par
deux éléments mâles et une minorité seulement d'œufs n'ayant qu'un
zoosperme ou en ayant admis trois dans leur intérieur.

La suite du développement de ces œufs-là m'a donné des essaims de
larves presque toutes monstrueuses, d'où je me crois en droit de conclure,
sinon avec certitude du moins avec beaucoup de probabilité, que les œufs
fécondés par deux zoospermes deviennent des embryons monstrueux,
qu'ils sont surfécondés et doivent se classer dans les cas pathologiques.

Une fois orientés sur la signification de ces processus, reprenons un
des cas dans lesquels j'ai pu suivre pas à pas la fécondation sous le
microscope et, après m'être assuré ainsi de la manière la plus directe de
l'entrée de deux zoospermes seulement, j'ai pu encore observer le fractionnement du même œuf.

Après la réunion successive des deux asters mâles au pronucléus
femelle (Pl. IV, fig. 2), le noyau conjugué se met au bout d'un certain
temps à pâlir et fait place à une figure étoilée. Seulement, au lieu de voir
apparaître deux étoiles, nous en voyons quatre, au lieu d'un amphiaster
nous voyons se former un *tétraster* (Pl. IV, fig. 3a). Ce phénomène débute
par l'apparition de quatre centres d'attraction équidistants sur la périphérie du noyau; puis les asters se développent ainsi que leurs filaments

intranucléaires. Ces derniers se rangent en quatre faisceaux placés comme les côtés d'un carré (fig. 3a, *F*) dont les asters (*a*) seraient les angles. Les phénomènes de division du tétraster sont les mêmes que ceux d'un amphiaster. Chaque ensemble fusiforme de filaments intranucléaires porte une série de renflements qui se divisent chacun en deux parties, formant ainsi huit petits groupes qui vont se réunir en quatre groupes dans le voisinage des asters respectifs (Pl. IV, fig. 9). Chacun de ces derniers groupes provient donc de deux fuseaux voisins. Les nouveaux noyaux se constituent comme dans le cas normal. Cette division du nucléus en quatre parties est accompagnée d'un fractionnement correspondant, c'est-à-dire que le vitellus se scinde du coup en quatre sphérules égales (Pl. IV, fig. 3b), placées de telle façon que les globules polaires (*Cr*) se trouvent à l'extrémité de la ligne d'intersection des deux plans de fractionnement, absolument de la même manière qu'au second stade du fractionnement normal.

Ces œufs continuent ensuite à se fractionner régulièrement par divisions dichotomiques. Dans des partis d'œufs normaux et normalement fécondés tous à la fois, l'on remarque que les premiers stades du fractionnement se présentent simultanément chez tous. S'il y a un mélange d'œufs normaux avec des œufs altérés, ce synchronisme subsiste, seulement les œufs anormaux se montrent divisés en quatre sphérules au moment où les autres n'en ont que deux, en huit sphérules tandis que les œufs normaux n'en ont que quatre et ainsi de suite. Les planules auxquelles les premiers donnent naissance ont plus de cellules que celles des seconds et à l'époque où l'invagination primitive s'enfonce, les larves de la première catégorie sont irrégulières tandis que celles de la seconde catégorie sont normales. Il résulte de ces faits que nous ne devons pas considérer la formation d'un tétraster et la division du vitellus en quatre sphérules à la fois comme une simple abréviation du processus normal, mais au contraire comme une altération profonde de ce processus.

Je viens de décrire la forme en quelque sorte typique du tétraster de fractionnement; mais c'est une forme qui se présente rarement dans toute sa pureté. Le plus souvent elle subit des variations dont il nous reste à parler. Nous rencontrons d'abord toutes les transitions entre un tétraster véritable où les quatre groupes de filaments intranucléaires sont parfaitement pareils entre eux, et deux amphiasters placés parallèlement l'un à côté de l'autre. Dans ce dernier cas, chaque étoile d'un amphiaster est bien reliée à l'étoile correspondante de l'autre amphiaster par un ensemble fusiforme de filaments, seulement ces filaments sont pâles, irréguliers et présentent tous les caractères des filaments vitellins. Entre ce double amphiaster et le tétraster typique, les transitions sont nombreuses (voy. Pl. IV, fig. 3 a). D'autres fois il y a une inégalité plus ou moins grande entre les quatre asters, en ce sens que les uns accaparent presque toute la substance des renflements intranucléaires, tandis que d'autres en sont plus ou moins privés (Pl. IV, fig. 9). Malgré cela les quatre noyaux deviennent parfaitement égaux. Dans d'autres cas les quatre asters, qui sont d'abord dans un même plan, se déplacent de manière à se mettre à peu près comme les sommets d'un tétraèdre. Ce déplacement ne se produit que dans les cas où la figure affecte la forme de deux amphiasters faiblement réunis plutôt que celle d'un tétraster. Cet arrangement tétraédrique n'a pas d'influence spéciale sur la suite du fractionnement.

Il serait d'une haute importance de savoir d'abord s'il y a une relation nécessaire et forcée entre la pénétration de deux zoospermes dans le vitellus et la formation subséquente d'un tétraster, et secondement si les œufs à tétraster donnent toujours des larves monstrueuses. Toutes les observations que j'ai faites militent en faveur d'une réponse affirmative à ces deux questions, mais je m'empresse de reconnaître que ces observations ne sont ni assez nombreuses ni assez strictes pour établir une règle absolue. Retenons seulement le fait constaté que, dans la grande majorité sinon dans la totalité des cas, le tétraster provient d'une surfécondation et mène à un développement tératologique.

Lorsque trois zoospermes sont entrés dans un vitellus, ils peuvent se réunir tous au noyau femelle; c'est ce qui s'est passé dans les deux ou

trois cas que j'ai suivis. Le noyau conjugué se résout ensuite en un tétraster. S'il arrivait que l'un des trois asters mâles ne se réunisse pas au pronucléus femelle, je pense que l'œuf se développerait comme dans les cas
plus anormaux que nous allons examiner, mais cette éventualité ne s'est
pas réalisée dans mes observations.

En nous éloignant encore davantage des conditions de la fécondation
normale, nous obtenons ces œufs que j'ai déjà décrits et qui laissent
pénétrer dans leur intérieur plus de trois éléments fécondants. Le vitellus
renferme dans ces cas-là un noyau surfécondé et, de plus, quelques asters
mâles indépendants. Lors du premier fractionnement, le noyau combiné
se résout en un tétraster souvent fort irrégulier; en même temps j'ai
fréquemment observé des asters mâles qui se changent aussi chacun en
un amphiaster, un véritable amphiaster de division qu'il ne faut pas confondre avec la figure étoilée qui prend souvent naissance entre deux
asters mâles rapprochés (voy. p. 122). D'autres fois les asters mâles ne
présentent ce phénomène qu'à un moment où la division du noyau conjugué est fort avancée ou déjà terminée; ou bien les asters mâles se divisent successivement. Mais tôt ou tard, chaque pronucléus mâle indépendant se divise en présentant d'une manière plus ou moins complète la
série des processus de division d'un noyau; chaque aster mâle se résout
en un amphiaster d'où dérivent ensuite deux noyaux. J'insiste sur ce fait
que je crois très-important et dont je tirerai les conséquences qu'il me
paraît comporter.

Lorsque les asters mâles sont nombreux dans le sein du vitellus au
moment où le pronucléus femelle n'est encore représenté que par quelques petites vacuoles au-dessous du point où les sphérules de rebut viennent de se former, il peut arriver que ces vacuoles, au lieu de se fusionner ensemble, se séparent les unes des autres pour se réunir aux deux ou
trois pronucléus mâles les plus rapprochés. Nous avons alors un vitellus
qui renferme plusieurs asters mâles et deux ou trois noyaux conjugués
dont chacun ne contient qu'une fraction du pronucléus femelle. A l'époque du premier fractionnement, chacun des noyaux conjugués se résout

en un amphiaster et les asters mâles se divisent aussi, mais avec moins de régularité.

Tous ces œufs renfermant des asters mâles indépendants ont un fractionnement très-irrégulier. La substance vitelline se groupe aussi bien autour des noyaux qui résultent de la division des asters mâles qu'autour de ceux qui proviennent du noyau conjugué (Pl. IV, fig. 5). Le vitellus paraît donc avoir une tendance à se séparer du coup en autant de sphérules qu'il renferme de noyaux, mais ce résultat n'est pas atteint directement. Il y a généralement une scission en un certain nombre de fragments inégaux dont chacun est irrégulier, bosselé et présente des lobes séparés par de profonds sillons; chacun de ces lobes répond à un noyau. Les sillons s'approfondissant, nous n'avons bientôt plus qu'un amas de sphérules nucléées. Dans les cas où les pronucléus mâles ne sont pas tous divisés au moment du fractionnement, ces asters deviennent chacun le centre d'une protubérance; mais le premier fractionnement ne se termine guère que lorsque tous les asters sont divisés.

Les œufs qui présentent cette altération profonde dans la marche du premier fractionnement se développent ensuite avec plus d'ensemble que l'on ne serait tenté de le présumer. Le nombre des œufs qui périssent avant d'avoir atteint la forme de larve est souvent peu considérable et les autres se développent d'une manière synchronique, suivant certaines règles qui ne varient guère. Les sphérules nombreuses qui résultent du premier fractionnement se divisent dichotomiquement et s'arrangent en une couche continue autour d'une grande cavité centrale. La surface se couvre de cils et la planule se met à nager; cependant sa forme reste irrégulière et au lieu de s'élever jusqu'à la surface de l'eau, la plupart de ces larves se contentent de faire des circuits près du fond du vase. A l'époque où les larves normales présentent l'invagination primitive, où la planule prend la forme à laquelle on a donné le nom de gastrée[1], ces larves monstrueuses ont plusieurs enfoncements au lieu d'un seul (Pl. IV,

---

[1] Je n'emploie pas volontiers ce terme parce que l'on y attache des idées théoriques pour le moins prématurées.

fig. 7, *JJ*); ce sont des polygastrées. Le nombre des invaginations est très-variable ainsi que leur position et leur forme; il est à noter cependant qu'elles sont si profondes et si étroites à l'entrée que l'on ne peut songer un seul instant à de simples plissements de la paroi de la larve; ce sont bien de véritables invaginations.

Pour bien comprendre la portée tératologique de ces invaginations multiples, il faudrait avant tout connaître exactement le rapport entre leur nombre et celui des asters mâles que le même œuf renfermait après la fécondation. Je n'ai malheureusement pas d'observations propres à résoudre cette question avec certitude; tout ce que je puis dire, c'est que le nombre moyen des invaginations rencontrées chez un parti de larves m'a paru répondre très-exactement au nombre moyen des asters constatés précédemment dans la même masse d'œufs. La correspondance numérique que j'indique est donc probable, mais sa complète exactitude n'est point démontrée. En tous cas nous pouvons considérer comme acquis le fait capital que les œufs qui ont reçu plus d'un zoosperme donnent un nombre de sphérules de fractionnement au moins double de ce qu'il est à la même phase dans le cas normal et deviennent plus tard des larves monstrueuses; et que cette monstruosité consiste dans la répétition d'un organe primitif qui doit normalement rester unique.

Ces larves monstrueuses périssent toutes après avoir atteint la phase que je viens de décrire; je n'ai tout au moins pas réussi à les élever plus longtemps. Il ne faudrait cependant pas trop se hâter d'en conclure qu'elles ne soient jamais viables, car l'on sait que même les larves normales des Étoiles de mer et des Oursins sont difficiles à élever en captivité et ne dépassent jamais dans ces conditions-là un certain point de développement. C'est d'autant plus regrettable que la forme que prendrait l'animal parfait augmenterait certainement l'intérêt très-grand qui s'attache à ces embryons monstrueux. Tels qu'ils sont, les faits recueillis et constatés peuvent servir de base à une hypothèse que je ne crains pas de lancer déjà et qui tend à expliquer l'origine des monstres dédoublés par une surfécondation de l'œuf. J'aurai à développer ce sujet dans le dernier chapitre de ce mémoire.

II. PARTIE BIBLIOGRAPHIQUE.

Je ne fatiguerai pas le lecteur à rappeler ici toutes les discussions qu'a soulevées la question du rôle du noyau pendant le fractionnement de l'œuf et la division des cellules. L'on sait que Remak, Virchow, Kœlliker et plusieurs autres zoologistes après eux ont défendu l'idée que la division des cellules était toujours précédée de celle du noyau; ils en tiraient généralement la conclusion que ce dernier phénomène était la cause du premier. L'on se représentait cette division nucléaire comme résultant d'un étranglement progressif suivant l'équateur. Le noyau était censé prendre successivement la forme d'un biscuit à la cuillère, puis celle d'un sablier, pour enfin se séparer en deux morceaux égaux. Si l'on songe que les auteurs dont je parle n'ont étudié ces phénomènes qu'à l'aide de grossissements faibles et sans employer de réactifs, et que l'on jette un coup d'œil sur ma planche VI (fig. 1 à 11) où sont représentées les phases successives de division de l'œuf de l'Oursin telles qu'elles se présentent chez le vivant, l'on comprendra facilement la cause d'une erreur aussi répandue. L'on prenait la figure claire, telle qu'elle est limitée par le vitellus granuleux, pour un noyau en voie de division scissipare.

Reichert, au contraire, soutint que le noyau disparaissait avant la division et que de nouveaux noyaux se formaient dans les jeunes cellules; cette dernière opinion était celle de la grande majorité des botanistes. Quelques zoologistes crurent pouvoir concilier ces vues opposées en admettant la disparition du noyau pendant le fractionnement de l'œuf et son partage avant la division des cellules; à leurs yeux il y avait donc une distinction formelle à faire entre le fractionnement de l'œuf et la division des cellules, entre une sphérule de segmentation et une cellule ordinaire. La discussion, une fois portée sur ce terrain, pouvait se prolonger indéfiniment, car l'observation directe, détaillée et soigneuse des phénomènes que présente la nature était nécessaire pour trancher la question. Cette observation se fit longtemps attendre.

Cependant divers auteurs aperçurent et décrivirent en passant certains phénomènes qui font partie de ceux de la division des cellules. Ainsi la structure radiaire du vitellus ou des sphérules de fractionnement fut aperçue par Grube chez les Hirudinées (xxix), puis décrite par Derbès chez l'Oursin (xxxvii), par Krohn chez les Ascidies (lv), par Gegenbaur chez Sagitta (lxx), par Meissner chez l'Oursin (lxxi)[1], par Kowalevsky et Kupffer chez les Ascidiens, par Leuckart chez les Nématodes, par Balbiani chez les Araignées et enfin par Œllacher chez la truite (xcix). Meissner, Bischoff, Claparède et Munk décrivent un arrangement radiaire des granules dans les cellules mères du sperme chez *Ascaris mystax*. La description (p. 60) et les dessins (Pl. V, fig. 16-18) de Claparède (lxxvii) se rapportent si évidemment à des amphiasters que l'on a de la peine à comprendre que ces observations ne l'aient pas mis sur la bonne voie; et pourtant il continue, même pour cet objet, à croire au simple partage du noyau. Tous ces cas de structure radiaire restèrent inexpliqués; personne ne remarqua que cet arrangement particulier était en relation avec la division des cellules et toutes ces descriptions restèrent enfouies dans les bibliothèques parce qu'on les considéra comme des particularités curieuses de telle ou telle espèce animale et de telle ou telle cellule et point du tout comme un fait physiologique général.

Une autre structure qui rentre dans la catégorie de phénomènes qui nous occupent fut décrite par Œllacher (xcix). Cet observateur vit dans les sphérules de fractionnement de la truite au lieu de noyaux simples, des amas de petits noyaux. Cette observation dont le sens véritable devait échapper à l'auteur, se rapporte très-probablement à la phase dans laquelle les granules intranucléaires se changent en amas de petites vésicules.

---

[1] Meissner fait diviser d'abord simplement le noyau dans l'œuf de l'Oursin et n'aperçoit une structure radiaire dans le vitellus qu'au moment où, le fractionnement étant terminé, les nouveaux noyaux viennent prendre leur place définitive dans chaque sphérule.

D'autre part, quelques botanistes ont observé, au sujet de la formation des spores des Cryptogames supérieurs et du pollen des Phanérogames quelques-unes des figures que l'on rencontre dans l'intérieur des noyaux en voie de division, mais sans en comprendre la signification physiologique. Ainsi v. Mohl (1839), Schacht (1849), Hofmeister (1851), Sachs (1874) paraissent avoir vu les filaments connectifs entre les jeunes noyaux et la plaque cellulaire. Russow (1872) donne une description dans laquelle on peut reconnaître le disque équatorial composé de bâtonnets, que l'auteur distingue de la plaque de cloison.

Quelques observations fort incomplètes sur les processus réels du fractionnement furent consignées dans mon travail sur le développement des Geryonides (CVII). Le noyau que renferme l'œuf fécondé et que je nommais vésicule germinative, sans pour cela l'identifier le moins du monde avec le noyau de l'ovule, disparut sous mes yeux pour faire place à deux figures étoilées. L'addition d'acide acétique fit reparaître les restes de la membrane du noyau. Cette dernière observation est parfaitement juste, quoiqu'elle ait été mise en doute par d'autres travailleurs, et nous venons de voir que sous l'action de l'acide acétique la couche enveloppante du noyau redevient visible chez l'Oursin et chez les Hétéropodes, même après la formation complète de l'amphiaster. J'avoue, du reste, que dans quelques préparations j'ai vu et dessiné les renflements intranucléaires, ainsi que me le démontrent les dessins non publiés de cette époque, mais sans comprendre ces images que je prenais toujours pour des restes de la membrane du noyau. C'est ainsi que je fus amené à croire que les lignes pointillées (filaments) bipolaires enveloppent les restes du noyau. Je ne pouvais que combattre énergiquement la théorie de la division pure et simple du noyau, mais ne connaissant pas la part importante que les matériaux dérivés de l'ancien nucléus prennent à la formation des nouveaux noyaux, j'allai trop loin dans l'autre sens et me rapprochai trop de la théorie de la dissolution du cytoblaste. L'on ne doit, du reste, pas perdre de vue que ce travail est le premier qui traite de ces phénomènes intimes en les rapportant à la division cellulaire; c'était un ordre de faits tout nouveau pour la physiologie des cellules.

La même année ou l'année suivante parut un travail de Schneider qui ne m'est malheureusement connu que par la citation qu'en fait Bütschli (cxix, p. 187). Il paraîtrait que cet auteur a vu chez l'œuf de *Mesostomum Ehrenbergii* certains dessins dans les noyaux qui font penser aux filaments intranucléaires. Ne pouvant me former une opinion propre sur le sens véritable de la description de Schneider, j'aime mieux n'en pas parler.

Presque en même temps, Flemming (cviii) décrivit des faits intéressants relatifs au premier développement des Anodontes. En aplatissant les sphérules de fractionnement très-obscures de ces animaux, le savant naturaliste remarqua que les unes renfermaient un noyau tandis que les autres en étaient dépourvues, et parmi ces dernières il en vit qui présentaient dans leur intérieur une figure claire en forme de double étoile. Flemming pense que ces étoiles doivent être l'origine des nouveaux noyaux qui se constituent séparément avant le fractionnement de la sphérule. Sans se prononcer sur les relations de la figure étoilée et de l'ancien noyau, il pense que ce dernier subit une dissolution véritable. Ces figures radiaires n'ont été observées que chez des œufs qui avaient dépassé le stade du second fractionnement, mais l'auteur suppose que les mêmes processus doivent se retrouver pendant les premiers stades.

Klebs (cix) décrit une structure radiaire dans les cellules épithéliales en voie de prolifération de la membrane natatoire des pattes de Grenouilles. Lorsqu'on a enlevé un morceau de l'épiderme, ce tissu se régénère et les jeunes cellules sont dépourvues de nucléus; leur protoplasme prend ensuite une disposition radiaire et dans le centre de cette étoile se forme le nouveau noyau. Ce dernier n'a d'abord pas de nucléole; le nucléole se produit dans la cellule et tombe ensuite dans la cavité nucléaire. Il paraît probable que Klebs a été témoin de phénomènes de divisions cellulaires qu'il aura faussement interprétés; s'il en est ainsi nous devrons ajouter les cellules épithéliales à celles qui se partagent par un procédé analogue à celui du fractionnement de l'œuf.

Dans son travail sur les Nématodes (cx), Bütschli accorde une atten-

tion spéciale au premier fractionnement de l'œuf de *Rhabditis dolichura*.
Après la jonction des deux pronucléus qui se juxtaposent sans encore se
fusionner, l'ensemble des deux s'allonge et prend une forme de citron.
Les protubérances polaires croissent et s'entourent d'un système de
rayons s'étendant dans le vitellus; elles continuent à croître, tandis que
la partie moyenne du noyau s'est amincie, s'est réduite à un fil qui finit
par se partager et va constituer un renflement en forme de bouton au
côté interne des nouveaux noyaux. En même temps la division du vitellus en deux sphérules s'est achevée; les lignes rayonnées dans le vitellus
s'effacent et les noyaux reprennent des contours nets. Pendant le travail
de fractionnement les contours du noyau sont « un peu confus; » cet
élément présente des changements de forme et même il paraît envoyer
dans la substance du vitellus des prolongements rayonnés. L'auteur est
naturellement partisan de la théorie de la division simple du noyau.

Cette description est bien facile à interpréter et mérite tout notre intérêt à cause du jour qu'elle jette sur les causes qui ont pu induire la
majorité des zoologistes à soutenir la théorie de la division pure et simple du noyau. De même que la plupart de ses prédécesseurs, Bütschli
met sans la moindre hésitation sur le compte du noyau toute la portion
claire et transparente qui occupe la partie centrale du vitellus. L'amas
périnucléaire de protoplasme, les amas sarcodiques des asters, les rayons
de sarcode qui traversent le vitellus, la traînée claire qui persiste vers
la fin du fractionnement, tout cela passe pour faire partie du nucléus en
voie de division. Si le lecteur veut bien jeter un coup d'œil sur les figures
1 à 11 de la planche VI, auxquelles les dessins de Bütschli ressemblent
énormément, et qu'il se mette à la place de tous les zoologistes qui ont
considéré comme substance nucléaire toute la partie du vitellus qui était
claire et non granuleuse, il comprendra aisément comment tous ces
auteurs, Bütschli compris, ont pu soutenir l'idée de simple division du
noyau. Le nucléus lui-même et sa disparition pendant la période du fractionnement, l'amphiaster et sa division, la formation et la croissance des
nouveaux noyaux, tout cela a échappé à l'auteur que j'analyse comme

à ses devanciers; le seul progrès réalisé par Bütschli est la connaissance de la structure radiaire du vitellus pendant son partage, structure
qui avait été récemment mieux décrite par d'autres et envisagée sous un
jour plus juste.

Je ne m'arrête pas aux premières recherches d'Auerbach (CIV) sur la
constitution du noyau des cellules. Ce mémoire a dû coûter à son auteur
un labeur très-assidu, sans doute, mais singulièrement mal récompensé.

Dans son mémoire spécialement consacré au premier développement
de l'œuf des Nématodes (CXI), Auerbach donne la description détaillée
des premiers fractionnements de l'œuf chez *Ascaris nigrovenosa* et chez
Strongylus auricularis. Le noyau conjugué s'allonge et diminue de volume;
il s'entoure en même temps d'une substance protoplasmique claire et
dépourvue de granules vitellins, qui s'accumule surtout autour des deux
extrémités pointues du noyau et constitue en cet endroit une figure
rayonnée. Ensuite le nucléus s'allonge jusqu'à n'être plus qu'une fente
mince et allongée qui s'étend dans l'axe du vitellus. Le protoplasme
transparent l'entoure comme une gaîne et s'élargit à ses deux extrémités pour former des amas arrondis à contours étoilés. Ces parties terminales sont entourées d'un système de rayons divergents formés par
des traînées de protoplasme transparent entre lesquels se trouvent des
rangées de granules vitellins. Un peu plus tard, la figure que l'auteur
compare avec raison à une haltère de gymnaste s'allonge encore, tout
en conservant les mêmes caractères généraux, sauf que le noyau filiforme a complètement disparu et que la bande de protoplasme qui relie
les deux figures étoilées s'est amincie en s'étirant.

Auerbach considère cette figure comme résultant d'une diffusion progressive du suc nucléaire dans le vitellus; le liquide chasserait devant
lui les granules vitellins et s'écoulerait surtout par les deux extrémités
du noyau. Il attribue du reste la cause réelle de ces mouvements au
protoplasme vitellin et non à la substance nucléaire. Cette théorie sans
fondement est résumée dans le nom que l'auteur donne à cette apparition; il la nomme la figure *caryolytique*. Je n'hésite pas à rejeter pendant

27

qu'il en est encore temps un terme qui ne pourrait que nuire à la science et surtout à l'enseignement, en perpétuant cette idée fausse que la figure en question résulte d'une dissolution véritable du noyau.

Le sillon de fractionnement se montre au bord du vitellus et, pendant que l'entaille s'approfondit, une vacuole claire apparaît de chaque côté, sur le parcours de la bande de protoplasme qui réunit les deux figures étoilées, et dans le voisinage presque immédiat de ces dernières. Le fractionnement s'achève, les lignes rayonnées dans le vitellus s'effacent et les vacuoles grossissent tout en marchant dans la direction du centre des sphérules respectives. Ces vacuoles ne sont pas autre chose que les jeunes noyaux. En dehors de chaque noyau se voit un reste de l'amas de protoplasme qui formait le centre des figures rayonnées; cet amas est réduit, étalé en forme de parasol au-dessus du noyau auquel il est relié par les restes à peine visibles de la bande de protoplasme. Les noyaux atteignent toute leur grandeur et se munissent de nucléoles, les restes des amas de protoplasme les entourent comme d'un limbe qui s'évanouit bientôt entièrement. L'auteur explique cette formation des nouveaux noyaux en admettant que le suc nucléaire dispersé se réunit de nouveau en deux endroits. La même série de phénomènes se reproduit pendant les fractionnements suivants. Les nucléoles disparaissent avant l'allongement du noyau; avant leur disparition ils se promènent dans l'intérieur du nucléus avec une activité toute particulière.

Je n'ai pas grand'chose à ajouter à cette description d'Auerbach pour la mettre d'accord avec la mienne. Comme l'auteur s'est complètement abstenu de l'emploi des réactifs, il ne faudra comparer ces observations qu'à celles que j'ai faites sur l'œuf vivant, particulièrement des Oursins, et la concordance sur beaucoup de points sera évidente. Sur d'autres points il subsiste un désaccord assez grand, non seulement avec mes observations sur l'Oursin, mais même avec celles de Bütschli sur les Nématodes. Ainsi Auerbach est le seul auteur qui décrive chez l'œuf vivant une différence aussi tranchée entre deux substances claires dont l'une intranucléaire, l'autre périnucléaire, le seul aussi qui décrive un

noyau allongé en forme de baguette dans l'axe de la figure caryolytique
(amphiaster). Il est le seul auteur qui représente l'amas central de l'aster
comme se séparant du nouveau noyau après le fractionnement et se
dissipant ensuite de son côté dans le vitellus. Il sera difficile d'interpréter cette partie de sa description tant que l'on n'aura pas repris l'espèce
même à laquelle l'auteur s'est adressé, en établissant, s'il le faut, la correspondance entre les figures de l'œuf vivant et celles de la même phase
traitée par les réactifs.

Dans sa notice préliminaire sur le premier développement (CXII),
Bütschli décrit pour la première fois une structure importante qui se
montre dans l'intérieur de ce qu'il nomme le corps fusiforme, c'est-à-
dire la partie moyenne de l'amphiaster, à savoir les filaments longitudi-
naux et les petits grains qui apparaissent au milieu de chaque filament.
J'ai proposé d'attacher à ces structures le nom de l'observateur qui les a
découvertes. Ces petits grains se divisent tous en même temps et glissent
le long des filaments pour rejoindre les extrémités du corps fusiforme.
L'auteur trouve ce corps fusiforme non seulement dans l'œuf en voie de
fractionnement des Nématodes, mais encore après la disparition de la
vésicule germinative, et il remarque la présence de séries de grains
analogues dans les globules polaires des Gastéropodes Pulmonés, d'où
il conclut que les globules de rebut résultent probablement de la division
du corps fusiforme. Malheureusement Bütschli ne saisit pas les relations véritables de ce corps fusiforme et du noyau et fait provenir le premier d'une modification du nucléole seulement; ceci l'amène à considérer les globules polaires comme une tache germinative expulsée. L'auteur ne parle pas des filaments unipolaires qu'il semble considérer
comme n'ayant qu'une importance tout à fait secondaire.

Strasburger (CXIII), abordant à son tour le même sujet et guidé par
les résultats que l'on venait d'obtenir dans le règne animal, réussit à
retrouver les mêmes phénomènes dans la division des cellules végétales
et enrichit la science d'une quantité d'observations du plus haut intérêt. Le savant botaniste décrit pour beaucoup de cellules diverses les

filaments intranucléaires et leurs renflements, la division de ces derniers et leur réunion aux amas que l'auteur considère comme les nouveaux noyaux. Strasburger donne à l'ensemble des renflements intranucléaires le nom de « plaque nucléaire » (kernplatte), terme que je traduirai librement par « disque équatorial, » afin de le rendre plus intelligible ; au moment où chaque renflement se divise et où les deux groupes s'écartent l'un de l'autre, l'auteur parle d'un partage de sa plaque nucléaire en deux plaques, que je nommerai dans cette analyse les « disques nucléaires. » Ces termes me paraissent provenir d'idées théoriques erronées et ont en tous cas l'inconvénient d'éveiller une notion qui dans l'immense majorité des cas ne répond pas à la réalité. En effet, le règne animal n'a fourni jusqu'à présent qu'un seul exemple douteux de cette réunion des renflements de Bütschli en une plaque continue, et même dans le règne végétal ce fait ne peut être qu'exceptionnel si réellement il se présente. Les descriptions de Strasburger lui-même, si nous les examinons avec attention, se rapportent toutes à des divisions où ces renflements restent isolés les uns des autres à l'exception seulement de la division des cellules mères du pollen chez *Allium narcissifolium* et *Antheridium ramosum*. Dans les cellules des poils des étamines chez *Tradescantia virginica*, l'existence d'une vraie « plaque nucléaire » n'est indiquée que très-dubitativement, et chez les autres plantes l'auteur n'a rien vu de semblable.

Les renflements intranucléaires se réunissent aux deux extrémités de l'ancien noyau en deux disques que Strasburger prend sans hésitation pour les jeunes noyaux. Il n'indique pas nettement de quoi ces jeunes noyaux se composent, quels sont et d'où proviennent les matériaux qui entrent dans leur constitution ; sur ce sujet nous ne rencontrons aucun détail propre à nous renseigner, mais à plusieurs reprises nous trouvons la conviction clairement exprimée que les nouveaux noyaux dérivent leur substance exclusivement de l'ancien. D'après cette manière de voir, il s'agirait d'une division pure et simple quoique amenée par un processus un peu compliqué. L'auteur ne connaît pas les amas de protoplasme qui entourent le centre des asters ou ne sait tout au moins pas les distinguer de la substance qui provient des filaments intranucléaires. Quant aux filaments extranucléaires ou vitellins, ils lui sont totalement inconnus. La structure radiaire des asters ne pouvait échapper dans un objet tel que l'œuf des Ascidies, mais elle est traitée comme une simple polarité des molécules du vitellus. Pour la plupart des plantes, cette structure radiaire du protoplasme de la cellule au moment de la division n'est même pas mentionnée, soit qu'il y ait réellement plus de difficulté à la voir chez les plantes que chez les animaux, soit que la méthode de recherches (coagulation par l'alcool absolu) soit impropre à mettre ce phénomène en évidence.

Parmi les observations de Strasburger, il en est cependant qui paraissent être en relation avec les problèmes qui nous occupent et qui pourraient même devenir importantes pour la théorie quand leur signification sera bien établie. Chez quelques Algues du genre *Spirogyra*, à savoir les *Spirogyra orthospira* et *nitida*, le noyau est enveloppé d'une très-petite quantité de protoplasme relié par des filaments de même nature à l'utricule primordial. C'est ainsi que le noyau se trouve suspendu et fixé dans la cavité de la cellule. Les filaments intranucléaires, pendant le partage de ce noyau, ont une disposition qui ne se rencontre pas ailleurs : ils sont droits et parallèles entre eux jusqu'à leurs extrémités et les amas terminaux de protoplasme sont presque nuls. Il est à remarquer toutefois que cet arrangement n'a été vu que sur des objets traités par l'alcool absolu et même que parmi les dessins de l'auteur, il en est plusieurs qui accusent une convergence bien accentuée des fibres vers deux pôles opposés. Il ne me semble donc pas qu'il y ait lieu d'attribuer une grande importance à un fait aussi douteux que ce parallélisme des filaments nucléaires. L'absence des stries radiaires autour des amas polaires ne mérite pas non plus une notice spéciale, puisque l'auteur n'a vu cet arrangement dans aucune cellule végétale traitée par l'alcool. En revanche l'auteur nous rapporte un détail observé sur le vivant et qui me paraît très-intéressant; au moment où les deux groupes de renflements

intranucléaires s'écartent rapidement l'un de l'autre, les amas polaires
de sarcode fournissent des prolongements, des pseudopodes, qui s'allongent dans diverses directions à travers la cavité de la cellule. Ces filaments sont renflés à leur extrémité qui peut rester libre ou se fusionner
avec d'autres filaments ou avec l'utricule primordial si elle vient à les
rencontrer. Après la période aiguë du travail de division, ces filaments
rentrent dans l'amas central et redisparaissent. Il pourrait sembler,
d'après cela, que les filaments extra-nucléaires sont, à un certain
moment, l'expression de courants centrifuges qui se changeraient en
courants centripètes vers la fin de l'acte de division; néanmoins, il me
paraît prudent de suspendre tout jugement sur ce point jusqu'à ce que
les processus de division chez les Spirogyra soient mieux connus.

Dans les cellules mères des spores de *Psilotum triquetrum*, les filaments
intranucléaires se terminent autour des deux pôles du noyau chacun par
un petit renflement.

Dans l'intérieur des jeunes noyaux, Strasburger aperçoit parfois de
petits corpuscules qu'il considère comme des nucléoles et qu'il représente sur ses figures comme situés tous dans un même plan transversal,
exactement comme les corpuscules de Bütschli. Cette disposition régulière ne paraît pas avoir frappé l'auteur; il n'insiste du moins pas sur ce
sujet dans le texte, mais le représente sur les figures relatives à *Ginkgo
biloba* et à *Tradescantia virginica*. Si ces corpuscules provenaient des
renflements intranucléaires et s'ils donnaient réellement naissance aux
nucléoles, le fait serait d'une grande importance théorique; mais ce sont
deux questions qui ne sont guère mieux résolues l'une que l'autre. Chez
Spirogyra les nouveaux noyaux renferment quatre corpuscules seulement, dont trois diminuent et disparaissent tandis que le quatrième
grossit et devient le nucléole. Chez *Picea vulgaris,* les noyaux des cellules
du jeune embryon sont traversés par une série de lignes parallèles à l'axe
de la dernière division de la cellule.

Les nouveaux noyaux, une fois constitués, sont encore reliés entre
eux par un ensemble de filaments que Strasburger nomme les filaments

cellulaires (Zellfæden) et sur l'origine desquels il n'a pas non plus
d'idées bien précises; ce sont les mêmes que j'ai désignés du nom de
filaments connectifs ou internucléaires. Le plus souvent ces filaments
semblent, d'après les figures, n'être qu'une continuation des filaments
nucléaires; mais d'autres fois (*Phaseolus multiflorus*) ils semblent se multiplier et chez les *Spirogyra* ils proviendraient de l'enveloppe de l'ancien
noyau qui se percerait de fentes longitudinales et se réduirait à des fils
isolés. Chez ces algues, les filaments vont s'insérer aux amas de protoplasme qui sont accolés au côté externe du noyau. L'auteur n'hésite pas
à considérer tous ces filaments cellulaires comme homologues entre eux,
conclusion qui ne découle certainement pas des descriptions qu'il nous
donne. Quoi qu'il en soit, ces filaments dits cellulaires se renflent chacun
au milieu de sa longueur et tous ces renflements se réunissent en une
couche de sarcode que l'auteur nomme la « plaque cellulaire » (Zellplatte)
et que je nommerai la plaque de cloison. Cette plaque sert à sécréter une
paroi de cellulose dans le milieu de son épaisseur, en sorte que la paroi
de séparation des nouvelles cellules se montre à la fois dans toute son
étendue. Cette conclusion peut être parfaitement juste en ce qui concerne le règne végétal, mais je crois que le savant botaniste polonais a
tort de vouloir l'appliquer dans toute sa rigueur au règne animal, où
cette plaque de cloison ne joue qu'un bien petit rôle, si tant est qu'elle y
existe.

Ces cas typiques et ordinaires ne sont pas les seuls que présente le
règne végétal. La dernière division des cellules mères du pollen chez
Tropæolum et *Cucumis,* des cellules mères des spores de *Psilotum* et des
microspores d'*Isoetes* présente cette particularité remarquable que chaque cellule mère se divise en quatre cellules par deux partages qui se
succèdent si rapidement qu'ils paraissent presque simultanés. J'avoue
du reste que je ne réussis pas à bien comprendre le processus d'après la
description plus ou moins contradictoire qui en est donnée. D'après le
texte, la première division procède d'une manière régulière jusqu'au
moment où les jeunes noyaux commencent à se montrer aux extrémités

de l'ancien nucléus; alors ces amas se redivisent aussitôt en travers en étendant entre eux des filaments, les renflements de Bütschli se séparent et il se forme quatre jeunes noyaux. Les filaments connectifs relient ces quatre centres et forment à la fois deux plaques de cloison qui se coupent à angle droit, en sorte que les deux divisions, commencées l'une après l'autre à court intervalle, se terminent simultanément. D'après les figures, les choses se passeraient autrement, car nous voyons (Pl. VI, fig. 84) deux systèmes de filaments intranucléaires qui se croisent et deux ensembles de renflements intranucléaires qui se rencontrent à angle droit, en sorte que d'après les dessins la seconde division serait à peu près simultanée avec la première, même au commencement du phénomène. Quoi qu'il en soit, nous pensons avec Strasburger qu'il s'agit ici peut-être d'une abbréviation de développement et qu'originairement les deux divisions devaient se succéder sans se confondre. La conclusion n'est cependant pas forcée, car l'on pourrait aussi dériver ce processus de celui qui s'observe dans les macrospores d'*Isoetes*. Nous remarquons que dans ce genre de division il ne se forme pas de tétraster semblable à celui que j'ai décrit dans le fractionnement tératologique des Échinodermes. La disposition des filaments intranucléaires dans ces deux cas diffère autant qu'une croix diffère d'un carré. Dans les cellules mères du pollen et des spores, nous n'avons que deux ensembles de filaments intranucléaires et deux groupes de renflements se croisant à angle droit, au lieu de quatre groupes parfaitement distincts comme chez l'Oursin. Cette remarque est importante pour la théorie de ces phénomènes et exclut l'idée que le tétraster, tel que je l'ai décrit chez l'Oursin, puisse résulter de la condensation de deux partages successifs.

Ceci nous amène à parler des phénomènes plus curieux encore qui se voient dans la formation des spores chez *Anthoceros lævis*, *Physcomitrium*, *Funaria* et dans la formation des macrospores chez *Isoetes Durieui*. Les cellules mères des spores ont un grand nucléus central, entouré de grains de chlorophylle, d'amidon, et muni d'un gros nucléole. A côté de ce noyau se forme un amas de protoplasme qui se divise bientôt en deux;

en se séparant l'un de l'autre, ces deux amas restent reliés par un ensemble de filaments disposés comme un groupe de filaments intranu-cléaires, mais totalement dépourvus de renflements de Bütschli, — l'au-teur n'en fait du moins aucune mention. Chacun de ces amas de sar-code se sépare en deux par les mêmes procédés, en sorte que nous avons maintenant quatre amas disposés comme les angles d'un tétraèdre et réunis entre eux par une quantité de filaments. Ces filaments s'élargis-sent chacun au milieu de sa longueur et de la fusion de toutes ces peti-tes accumulations résultent les cloisons sarcodiques qui séparent la cellule en quatre parties égales. Le noyau se trouve toujours au milieu, pâli, appauvri, mais encore intact, ainsi que son nucléole. Tout à coup le noyau disparaît, les cloisons de sarcode se régularisent et sécrètent la cloison de cellulose qui séparera les cellules et en même temps les nou-veaux noyaux se montrent dans l'amas central de protoplasme de chaque cellule, mais dans une position excentrique et du côté qui fait face au plan de la dernière division. Ces jeunes noyaux renferment des granula-tions et des nucléoles irréguliers de forme et peu nets de contour. Voici donc un cas dans lequel la majeure partie des processus de la division se passe sans que le noyau y prenne aucune part; et il est très-remarqua-ble que cette persistance de l'ancien noyau ait pour corrélatif une absence des renflements de Bütschli pendant la division. Il semble aussi, d'après la description, que la substance de l'ancien nucléus ne contribue en rien à la formation des nouveaux noyaux. Cependant il convient de noter que les observations de Strasburger ne sont pas assez complètes pour exclure le doute et que les conclusions importantes que l'on en pourrait tirer ne sont pas assises sur une base suffisante.

Nous arrivons enfin aux cas où l'auteur croit trouver une formation libre de noyaux dans le sein de l'œuf fécondé de *Picea, Valonia, Anaply-chia, Ginkgo* et *Ephedra*. Chez *Picea vulgaris*, l'œuf, à en juger par un dessin assez confus de l'auteur, présente à un certain moment un amphiaster dirigé suivant son grand axe; il m'est impossible de dire d'après cela s'il s'agit ici d'un amphiaster de rebut ou de fractionnement.

28

Puis apparaîtraient simultanément quatre noyaux disposés en carré à la partie supérieure de l'œuf; l'auteur les fait provenir d'une formation libre ou spontanée, mais les dessins qu'il nous donne s'expliqueraient aussi bien en supposant un tétraster ou un double amphiaster dont les phases les plus caractéristiques auraient échappé aux recherches. Chez *Anaptychia ciliaris*, le noyau de l'ascus disparaît avant la formation des spores et l'ascus se divise du coup en huit spores dans l'intérieur desquelles se montre une petite condensation qui devient un petit noyau; il en est de même chez les Caliciées et les Sphærophorées. Chez *Ginkgo biloba*, *Phaseolus multiflorus* et *Ephedra altissima*, après la fécondation et la disparition du noyau de l'ovule, il se montre une série de points de condensation disséminés dans la substance vitelline et entourés chacun d'un système de rayons; les condensations deviendraient les nouveaux noyaux et la substance rayonnée qui les entoure serait celle des nouvelles cellules. Dans les deux premiers exemples, ces nouveaux noyaux dériveraient, au dire de l'auteur, du protoplasme superficiel. Enfin, chez *Valonia utricularis* et les Siphonées, la cellule mère n'a pas de noyau et donne naissance à une quantité de cellules-germes également dépourvues de nucléus.

Je n'insiste pas sur la description donnée par le savant botaniste des premières phases de développement d'une Ascidie, la *Phallusia mammillata*, car le but du présent compte rendu n'est pas de signaler toutes les erreurs commises par les auteurs, mais plutôt de chercher à tirer de leurs écrits tous les renseignements qui peuvent nous être utiles. Néanmoins, comme les lacunes que nous constatons dans les observations sur *Phallusia* peuvent jeter un certain jour sur les lacunes que pourraient présenter les observations du même auteur sur les plantes, je les indiquerai brièvement. Strasburger n'a reconnu aucun des phénomènes de la fécondation et de la maturation de l'œuf. Il n'a pas vu les deux pronucléus, ni l'amphiaster de rebut, ni les globules polaires. Le morceau de protoplasme superficiel qui s'enfonce pour devenir le noyau de l'œuf peut être un pronucléus femelle ou un pronucléus mâle. D'après mes propres observations sur les œufs d'Ascidie, c'est la première supposi-

tion qui me paraît la plus probable. La théorie de l'auteur sur l'identité
de la substance du noyau avec celle de la couche superficielle de protoplasme est-elle assise, en ce qui concerne le règne végétal, sur des observations mieux faites ? Pendant le fractionnement l'auteur décrit et représente assez bien l'amphiaster, seulement il prend les amas sarcodiques
du centre des asters pour les jeunes noyaux d'abord compactes et qui
se creuseraient ensuite d'une cavité intérieure. Les rayons vitellins sont
à ses yeux simplement l'expression d'une action exercée à distance sur
les molécules vitellines qu'il suppose polarisées. Nul doute que cette
manière de comprendre les diverses parties d'un amphiaster ne soit
aussi erronée pour le règne végétal qu'elle l'est très-certainement pour
le règne animal. Il serait bien désirable que les phénomènes primordiaux du développement des végétaux fussent repris par un savant au
courant des dernières découvertes des zoologistes; c'est un champ à peu
près vierge, à en juger par le travail de Strasburger, et qui promet une
riche moisson.

Mon étude sur l'embryogénie des Ptéropodes (CXIV) n'apporte au sujet
de la division cellulaire qu'une seule observation nouvelle d'une certaine
importance. Au moment où le noyau d'un œuf fécondé va disparaître
pour faire place à l'amphiaster de fractionnement, je vis « deux points
« différant à peine de la substance de la vésicule par un pouvoir de
« réfraction un peu différent, se marquer à la limite de la vésicule et du
« protoplasme, de deux côtés opposés..... De ces points partent bientôt des
« rayons droits divergents; l'apparence optique de ces stries rappelle celle
« des stries que l'on voit dans un verre mal coulé. Dès leur première
« apparition, ils se mettent à croître avec une grande rapidité, comme
« les cristaux qui se forment dans une solution sursaturée... Bientôt les
« extrémités de ces rayons se rencontrent au milieu de la vésicule, et
« c'est à ce moment que celle-ci disparaît. » Cette observation faite sur
le vivant confirme et éclaire celles que je viens d'obtenir à l'aide des
réactifs chez les Hétéropodes. J'indiquai aussi que chez les Ptéropodes
le noyau, à un moment où il est encore visible chez le vivant, est effacé

par l'action de l'acide acétique; cette remarque erronée provient de ce qu'à cette époque je ne savais pas bien traiter les œufs après l'action de l'acide acétique; l'expérience ne m'avait pas encore appris qu'il faut les placer dans de la glycérine très-diluée qui se concentre petit à petit à l'air libre par l'évaporation de l'eau.

Dans son second mémoire plus étendu sur l'embryogénie des Anodontes (CXV), Flemming décrit la figure étoilée qu'il a réussi à voir même pendant le premier fractionnement chez des œufs comprimés. A l'aide de l'acide osmique et du carmin, il put, malgré la teinte sombre du vitellus, distinguer dans l'amphiaster du premier fractionnement deux corpuscules légèrement teintés de rose et placés au centre des deux asters. Au milieu de l'amphiaster, l'auteur décrit un autre corpuscule placé transversalement, à bords dentelés et plus fortement coloré; il s'agit évidemment de l'ensemble des renflements intranucléaires que l'opacité du vitellus ne permettait pas de distinguer nettement. C'est certainement à tort que Bütschli rapporte cette figure à une phase plus avancée du fractionnement.

Le volumineux mémoire de Gœtte (CXVI) sur le développement du *Bombinator igneus* nous apporte une description du fractionnement que l'on ne peut guère comprendre à moins d'être très-familier avec les phénomènes en question. D'après l'auteur, le vitellus fécondé renferme une petite masse homogène à contours peu nets et qu'il nomme le « germe vital. » Ce germe vital est entouré d'une zone claire qu'il nomme le « noyau vitellin. » Le noyau vitellin se diviserait le premier entraînant le germe vital qui s'allonge, se renfle à ses deux extrémités et se sépare enfin en deux. Ensuite le vitellus se fractionne. Ces processus ne se présentent que pendant les premières divisions; dans les phases suivantes, le germe vital se remplirait d'une quantité de petits corpuscules qu'il nomme les « germes nucléaires. » Les germes augmenteraient constamment de nombre et de dimension, se fusionneraient entre eux et deviendraient finalement de vrais noyaux. A partir de ce moment, les globes vitellaires prendraient la signification de véritables cellules et chacune de leurs divisions serait précédée d'un simple partage de leur noyau par le procédé de l'étranglement.

Gœtte a donc aperçu quelques-uns des phénomènes qui rentrent dans ceux de la division nucléaire, mais sans les comprendre en aucune façon. Le « germe vital » correspond évidemment au noyau conjugué, le « noyau vitellin, » aux asters dont l'auteur n'a su voir que les contours externes. Les « germes nucléaires » ne sont autre chose que les corpuscules de Bütschli pris au moment où ils vont se fusionner pour entrer dans la composition des nouveaux noyaux. Seulement, au lieu de considérer cette structure comme appartenant à une phase qui se représente à chaque fractionnement, l'auteur en fait un trait caractéristique de certains stades et ne s'aperçoit pas que ces corpuscules paraissent et disparaissent à chaque division. Quant au mode de partage des noyaux pendant la suite du fractionnement, je n'ai pas besoin de dire que l'auteur commet à leur sujet une erreur profonde; il n'y a pas deux modes de fractionnement, l'un pour les premiers stades, l'autre pour les stades suivants. Gœtte a vu les filaments qui s'étendent entre les deux groupes de corpuscules intranucléaires (filaments connectifs), mais il ne pouvait comprendre leur signification, ne connaissant pas les phénomènes de division nucléaire. J'épargnerai au lecteur le compte rendu et la critique des longues dissertations philosophiques que l'auteur développe sur une base aussi fautive.

L'important travail de Hertwig (cxvii) sur le premier développement de l'Oursin renferme un chapitre consacré aux premiers fractionnements de l'œuf. L'auteur traite de main de maître cette partie de son sujet et nous en donne une description concise et complète, à laquelle je n'ai que bien peu de chose à redire. Donner un compte rendu de ce travail équivaudrait presque à en faire la traduction littérale, aussi me bornerai-je à relever les points sur lesquels mes appréciations diffèrent des siennes, en priant pour le reste le lecteur de prendre connaissance de l'original.

Après avoir mentionné l'amas de protoplasme qui se forme autour du noyau conjugué, aux approches du premier fractionnement, Hertwig remarque qu'à cette époque le nucléus a des changements de forme amiboïdes; j'ai bien vu de légers changements dans la forme du contour, mais ils ne m'ont jamais paru assez vifs pour mériter le nom d'amiboïdes. La formation des asters avec leurs amas de sarcode aux deux pôles du noyau est bien décrite, seulement l'auteur croit voir un prolongement du nucléus s'étendre jusqu'au centre de chaque aster; je n'ai pas vu cela. La phase précoce, qui persiste si longtemps, et pendant laquelle l'amas de sarcode s'étale dans un plan et les rayons de sarcode présentent une disposition pennée, n'est mentionnée par l'auteur que d'une manière incidente, très-incomplète et présentée comme un phénomène exceptionnel. La disparition complète du noyau sous l'œil de l'observateur, et la phase de l'amphiaster telle qu'elle s'observe chez l'œuf vivant sont ensuite dépeintes avec justesse. Le vitellus dont la surface était irrégulièrement bosselée pendant la phase précédente redevient sphérique et lisse. Le sillonnement et la division de la sphère vitelline, le plissement de la membrane, l'affaissement des sphérules l'une sur l'autre sont décrits d'une manière conforme à mes propres observations. Pendant que le sillon de fractionnement s'approfondit, la partie moyenne de la figure claire en forme de haltère s'allonge et finit par s'étrangler, les parties terminales sphériques s'aplatissent et s'étalent parallèlement au plan du fractionnement comme le chapeau d'un champignon. Une tache claire apparaît dans le style de cette figure et se meut vers le milieu de sa partie épanouie : c'est le noyau redevenu visible. La partie étalée de la figure claire diminue par le fait que les granules du vitellus se mêlent de nouveau au sarcode transparent; elle se réduit à deux petits espaces sur les côtés du noyau et disparaît enfin complètement. L'auteur n'a donc pas remarqué que cet épanouissement de substance claire ne s'étend que dans un plan comme un arc et non dans l'espace comme un chapeau de champignon. Quant à la tache transparente qui se montre dans le style de la figure, je ne l'ai jamais vue aussi nette ni aussi claire que l'auteur la représente et je fais mes réserves sur l'opinion que cette tache soit déjà le nouveau noyau. Je garde la discussion de ce point

pour mon dernier chapitre et je rappelle seulement que Hertwig
a remarqué l'augmentation considérable que l'ensemble de la substance
nucléaire a subi à la suite de chaque partage du noyau.

Les mêmes phases furent ensuite étudiées à l'aide des réactifs à
savoir, en première ligne, l'acide osmique suivi de carmin, puis l'acide
chromique. L'acide acétique est mentionné, mais l'auteur ne paraît pas
en avoir fait grand usage. Dans les préparations à l'acide osmique,
Hertwig trouve d'abord des noyaux ovoïdes, parfois tronqués en forme
de tonneau; puis des noyaux allongés, fusiformes, dont les extrémités
pointues, un peu recourbées, se terminent par un corpuscule foncé au
milieu des asters respectifs, tandis que la partie moyenne présente l'ensemble des renflements intranucléaires que l'auteur nomme la zone
moyenne de condensation. Le corpuscule de l'extrémité du fuseau
répond à ce que j'ai nommé le corpuscule central de l'aster, mais je diffère de Hertwig en ce que je ne vois pas l'enveloppe du noyau s'étendre
jusque-là; j'incline à croire qu'il aura pris les parties terminales des
filaments nucléaires pour une continuation de l'enveloppe nucléaire.
L'auteur n'a pas vu la phase dans laquelle les renflements intranucléaires sont arrondis comme de petites perles et les fait apparaître sous
forme de renflements allongés. Il décrit ensuite la division de sa zone de
condensation en deux zones qui s'écartent l'une de l'autre; pendant ce
temps l'ensemble du noyau prend une forme de ruban plat, épaissi seulement au niveau des zones de condensation et terminé carrément à ses
deux extrémités par un corpuscule en forme de bâtonnet transversal qui
occupe le centre des asters. Ce ruban se sépare par le milieu, les zones
de condensation perdent leur structure striée, se changent en granules
de diverses dimensions qui se réunissent en gouttelettes plus grosses et
finalement en une masse foncée à surface bosselée. Cette masse est fusiforme et va se terminer au centre de l'aster par un bouton renflé; du
côté du plan de fractionnement, les deux masses sont encore reliées par
une ligne rouge, dernier reste de la partie moyenne du ruban. Les masses fusiformes se ramassent, s'arrondissent et deviennent les nouveaux

noyaux. L'on reconnaît dans cette description un peu incomplète la plupart des phénomènes de division de l'amphiaster et de formation des nouveaux noyaux. L'on remarquera cependant que l'auteur ne voit, dans ses préparations à l'acide osmique, ni les filaments vitellins ni même les filaments intranucléaires. Cette lacune l'empêche de comprendre la signification véritable des corpuscules de Bütschli et le mécanisme de la division de l'amphiaster. Ce même réactif qui fait disparaître tant de détails importants donne un relief exagéré à la traînée de sarcode qui relie les nouveaux noyaux peu après leur formation. Décrivant ensuite une préparation à l'acide chromique, l'auteur voit bien les filaments extranucléaires si apparents, mais les interprète bien faussement puisqu'il les fait provenir de la soudure bout à bout de séries de granules vitellins au lieu de les considérer comme des traînées de sarcode.

Hertwig pense que le fractionnement est produit uniquement par l'activité propre du noyau. Le noyau se livre, par l'effet de forces intérieures, à des mouvements que l'auteur croit expliquer en les nommant amiboïdes. Sa division est causée par l'apparition aux extrémités du noyau de deux pôles qui se repoussent et paraissent exercer une attraction sur le sarcode vitellin, attraction qui se manifeste par l'arrangement radiaire des granulations lécithiques. La répulsion des pôles et l'attraction du vitellus pour cette substance polaire, attraction qui augmente à mesure que les pôles s'écartent, suffiraient à expliquer le fractionnement.

Un cas anormal que Hertwig a souvent observé est celui dans lequel l'amphiaster se divise en deux noyaux dans l'intérieur du vitellus, sans que celui-ci suive le mouvement, en sorte que l'on voit deux noyaux dans une seule sphérule. L'auteur explique ce cas en admettant que l'œuf est mort pendant la division, la mort se produisant d'abord à la périphérie pour n'atteindre le centre qu'en dernier lieu. Il en conclut que le partage du noyau est indépendant du protoplasme de la cellule. La logique de ce raisonnement n'est peut-être pas inattaquable. Je ne puis du reste guère en juger, car je n'ai pas observé le cas décrit par l'auteur et je

note seulement que les procédés d'observation dont il a fait usage (observation directe des œufs placés sur un porte-objet et sous un couvre-objet
ordinaires) ne sont pas à recommander à ceux qui tiennent à étudier des
processus strictement normaux.

E. van Beneden retrouve les phénomènes de division cellulaire dans
les premières phases du développement du Lapin (cxviii) et développe
à ce sujet des vues fort justes : « Au moment où le fractionnement en
« deux vient de se terminer, chaque globe... présente une tache claire...
« formée de deux parties distinctes : l'une arrondie, plus petite, qui est
« un dérivé du premier noyau embryonnaire et que j'appelle le *pronu-*
« *cléus dérivé;* l'autre plus volumineuse, bosselée à sa surface, envelop-
« pant incomplètement la première, que j'appelle le *pronucléus engen-*
« *dré...* Cette matière... ne présente aucun lien génétique avec le noyau
« du premier globe. Le pronucléus dérivé s'accroît progressivement aux
« dépens du pronucléus engendré. » Je n'ai pas besoin de dire que le
pronucléus engendré de v. Beneden répond à ce que je nomme l'amas
sarcodique de l'aster. Les premières phases de la division ont été observées dans les cellules du blastoderme. Ici le noyau commence par prendre une forme irrégulière, puis son contenu se divise en un « suc
nucléaire » qui s'accumule vers les pôles et une « essence nucléaire »
qui constitue la plaque équatoriale. Cette dernière est irrégulière
et paraît formée de globules; mais le noyau ne renfermerait ni
stries ni filaments. Ensuite le noyau devient fusiforme, puis rubané et il
se forme à ses extrémités des amas polaires (pronucléus engendré?)
entourés d'une figure étoilée qui se développe dans le protoplasme cellulaire. La plaque équatoriale se sépare en deux disques nucléaires qui
s'écartent, en restant reliés par des filaments; mais ces filaments ne tardent pas à rentrer dans les disques qui se portent aux pôles et se mettent en contact immédiat avec les amas polaires. Pendant ce temps le
suc nucléaire vient occuper toute la partie moyenne du noyau rubané.
Au moment où l'étranglement qui divise les nouvelles cellules atteint ce
ruban, l'on voit apparaître à son milieu une ligne verticale de points fon-

cés qui forme la cloison de séparation des deux cellules engendrées. Cette description s'accorde assez bien avec les faits que nous connaissons, si nous admettons que v. Beneden n'a pas su mettre en évidence les filaments intranucléaires et les filaments connectifs, soit que l'objet fût défavorable, soit que la méthode de préparation fût défectueuse.

Toute une série d'observations importantes pour la théorie de ces phénomènes se trouve décrite dans un beau travail de Bütschli (cxix). En ce qui concerne la formation des globules polaires, l'auteur persiste dans son interprétation erronée des faits et dérive ces globules de la totalité de l'amphiaster de rebut. Les filaments intranucléaires, leurs renflements et la division de ces renflements, dont on trouve souvent une rangée dans les corpuscules de rebut nouvellement formés, sont décrits avec assez d'exactitude, mais les asters sont à peine mentionnés. Bütschli ne voit guère que la partie moyenne de l'amphiaster qu'il nomme le fuseau nucléaire. Ce fuseau nucléaire, chez *Nephelis*, serait expulsé du vitellus et la pointe qui sort la première, s'arrondissant et se gonflant, deviendrait le premier corpuscule de rebut. Il se forme successivement trois de ces corpuscules dont les deux premiers se fusionnent ensemble. Puis on voit un amphiaster, dont l'existence est une énigme pour moi, apparaître dans un des deux globules restants.

Dans les pronucléus de *Nephelis* se trouve un réseau de sarcode qui existe aussi dans le noyau conjugué.

Quant à l'amphiaster de fractionnement, Bütschli remarque que, chez *Brachionus* et *Notommata*, il se montre un aster à chaque pôle du noyau et, de ces pôles, il voit une substance moins pâle que le contenu du noyau s'avancer vers l'intérieur de ce dernier. Cette substance est limitée intérieurement par une surface convexe et envahit progressivement le nucléus; les réactifs la montrent composée en réalité de filaments qui convergent aux pôles. Cette observation aurait donc mérité d'être rapprochée de celle que j'avais faite précédemment chez les Ptéropodes, où j'avais même réussi à discerner les filaments intranucléaires naissants chez l'œuf vivant. Les filaments et les renflements intranucléaires des amphiasters de fractionnement sont décrits pour *Nephelis*, *Cucullanus*, *Limnœus* et *Succinea*, *Brachionus* et *Notommata*. Chez *Cucullanus* ils sont disposés en cercle à la périphérie du noyau, sur un seul rang, et respectent toute la région axiale du fuseau; dans tous les autres cas observés, les filaments sont disséminés dans toute l'épaisseur du fuseau. Les varicosités intranucléaires se divisent dans le plan médian et se portent aux extrémités du fuseau, où l'on voit apparaître deux petits noyaux creux chez *Nephelis*, de deux à quatre chez *Cucullanus*, un seul chez les Rotifères et dans les cellules-mères du sperme de *Blatta germanica*. Dans les globules rouges du sang d'embryons de poulet du 4me et du 5me jour, les renflements intranucléaires ne sont pas isolés, mais soudés en un disque équatorial qui se divise en deux disques nucléaires; ces derniers se portent dans les pôles du fuseau et se différencient en enveloppe et contenu, donnant ainsi directement naissance aux jeunes noyaux. En général l'auteur considère l'état compact d'un noyau comme l'état primitif dont la forme vésiculeuse dérive par gonflement.

Bütschli nous laisse dans une complète incertitude quant aux matériaux dont les nouveaux noyaux se constituent. Tantôt il les fait provenir purement et simplement des renflements intranucléaires, tantôt il les fait croître aux dépens des amas sarcodiques des asters; tantôt il les croit entourés de la membrane de l'ancien noyau et leur fait absorber pour leur croissance les filaments connectifs, tantôt il déclare qu'ils grossissent aux dépens de la partie centrale des asters et viennent prendre la place de ces derniers. Il est à noter que l'auteur ne connaît pas les amas granuleux qui forment le centre de chaque aster et qu'à ses yeux la membrane de l'ancien noyau entoure immédiatement les accumulations de substance qui proviennent de la réunion des varicosités intranucléaires.

Au sujet des traînées internucléaires avec leurs stries ou filaments connectifs, les observations de Bütschli ne concordent guère avec celles de Strasburger. Sauf pour le fractionnement de l'œuf de *Nephelis*, où il croit avoir aperçu quelque chose de comparable au disque de cloisonnement des végétaux, il ne voit rien de semblable dans la division des cellules animales et pense au contraire que ces traînées internucléaires s'étranglent par le milieu et que leurs moitiés vont se joindre aux noyaux respectifs.

Les rayons vitellins des asters ne sont pour notre auteur ni des courants de sarcode, ni des courants de liquide comme le veut Auerbach, ni le résultat d'une attraction exercée par les centres des asters sur les molécules du vitellus, supposées polarisées, comme le pense Strasburger, mais seulement des lignes produites par la diffusion centrifuge du liquide précédemment contenu dans le noyau. Sur ce point, Bütschli a une théorie complète que je vais chercher à esquisser à grands traits. Le noyau, pour passer à la forme d'un fuseau strié, doit se réduire au tiers de son volume primitif par une perte de suc et une condensation qui le rend optiquement semblable au protoplasme environnant. Ce suc s'échapperait par les deux pôles pour aller imbiber le protoplasme voisin de ces pôles qui deviendrait ainsi plus clair et plus transparent. Telle serait la nature des amas sarcodiques des asters. Ce liquide gagnant encore de proche en proche jusqu'à la surface, causerait certaines modifications dans la cohésion de la couche superficielle. Ces modifications seraient différentes dans le plan équatorial de ce qu'elles sont pour le reste de la périphérie et ainsi s'expliquerait l'apparition du sillon de fractionnement. L'auteur pense que la cause de la division des cellules doit incontestablement résider dans le noyau, mais dans d'autres passages il attribue au contraire la cause première au protoplasme cellulaire en s'appuyant sur le fait suivant : Les masses protoplasmiques pluricléaires ou cénosarques que renferme le testicule de *Blatta germanica* présentent parfois des divisions de leurs noyaux, et ces divisions sont toujours simultanées pour tous les noyaux d'un même cénosarque.

Aux approches de leur division, ces noyaux des cellules-mères du sperme de *Blatta germanica* montrent dans leur intérieur des granulations rangées en chapelet sur des filaments qui peuvent être placés sans ordre, mais qui, le plus souvent, partent en éventail d'un point situé au

bord du noyau. Ces granulations se réunissent ensuite pour former quelques grosses taches, la membrane nucléaire devient confuse et le noyau
passe à l'état fusiforme. L'auteur décrit des structures analogues dans
les nucléoles des Infusoires avant leur division.

L'ouvrage que j'analyse est en grande partie consacré à la conjugation
et à la reproduction des Infusoires. Je ne puis songer à donner une analyse de cette partie du mémoire et me contente de rappeler brièvement
les faits qui ont de l'importance pour la théorie de la division des
noyaux.

Les Infusoires ciliés possèdent deux sortes d'éléments nucléiformes
dont l'un porte le nom de nucléus, l'autre, celui de nucléole, désignations fautives et contraires à toutes les analogies. Le prétendu nucléus
est un élément problématique dont le rôle est encore plus obscur après
les recherches de Bütschli qu'auparavant. Sa substance est compacte et
homogène, mais peut devenir filamenteuse chez certaines espèces et à
certaines époques. Il semble alors bourré de fibrilles irrégulières entre-
mêlées et confuses. Il peut se diviser, ce qui a lieu par allongement et
étranglement au milieu, mais rien, ni dans sa texture fibrillaire ni dans
son mode de division ne rappelle, même de loin, les phénomènes de division d'un véritable nucléus. Il peut encore se ramifier et se séparer en
une multitude de petits morceaux.

Le rôle des soi-disant nucléoles (car chaque Infusoire en possède
généralement plusieurs) n'est guère mieux connu, mais ici au moins se
rencontre une série de phénomènes qui permet de classer ces éléments
dans la même catégorie que ceux que l'histologie désigne du nom de
nucléus. En effet, l'on voit à certaines époques de la vie de ces animaux,
surtout à la suite de la conjugation, les prétendus nucléoles se multiplier par division dichotomique, en présentant quelques-uns des traits les
plus caractéristiques d'un noyau en voie de division, à savoir un faisceau
fusiforme de filaments intranucléaires. Ces nucléoles en voie de division
ont été déjà vus et décrits bien des fois, surtout par Balbiani, qui les a
pris pour des organes générateurs mâles remplis de zoospermes. Les fila-

ments bipolaires présentent parfois des renflements qui peuvent être extrêmement allongés, au point de tenir les deux tiers de la longueur de chaque filament. La substance de ces varicosités va se réunir près des pôles, et le noyau (dit nucléole) se partage en s'allongeant et s'étranglant au milieu; il ne cesse pas pendant tout ce temps d'être entouré d'une membrane distincte qui se divise et devient la membrane des nouveaux éléments. L'auteur ne fait aucune mention d'asters ni de figures étoilées qui se produiraient autour des pôles du noyau, mais l'on ne doit pas oublier que, même s'ils existaient, ils seraient bien difficiles à voir chez des animaux aussi défavorables à cet égard que le sont les Infusoires. Je note que, d'après les observations de Bütschli, la division des nucléoles et celle de l'animal qui les renferme n'ont pas de relation immédiate ni nécessaire. Les Infusoires ciliés ne sont donc pas à mes yeux des êtres unicellulaires comme Siebold et Kœlliker l'ont toujours soutenu, ni des êtres pluricellulaires comme l'ont cru Claparède et Lachman, mais rentrent histologiquement dans la catégorie des cénosarques. Ce sont des masses de protoplasme individualisées, quoiqu'elles soient munies de plusieurs noyaux.

Si la division des nucléoles des Infusoires constitue un cas extrême dans l'histoire du partage des noyaux, un autre extrême nous est fourni par les globules blancs du sang chez les Grenouilles et les Tritons. Chaque corpuscule renferme plusieurs noyaux vésiculeux. Le corpuscule se diviserait par simple étranglement et les noyaux, s'allongeant tous à la fois, seraient partagés en même temps et par le même procédé chacun en deux moitiés, sans subir de métamorphose et sans présenter aucune figure étoilée ni aucun filament. Il convient cependant de remarquer que, sur ce sujet, les observations de Bütschli sont fort peu satisfaisantes et qu'elles sont faites sur des globules évidemment très-défigurés par l'action de l'acide acétique; nous ferons donc bien d'attendre la confirmation de cette description avant d'en tenir compte.

Un petit, mais important mémoire de H. Ludwig (cxxi), sur l'origine du blastoderme chez les Araignées, nous montre que chez ces animaux le blastoderme ne se forme pas d'un seul coup à la surface de l'œuf comme on le croyait jusqu'alors, mais que son apparition est précédée d'un phénomène de fractionnement interne. L'on voit d'abord au centre du vitellus un amas de protoplasme qui se divise en deux, quatre, huit, etc., portions égales. Les amas exercent sur le protolécithe une action de groupement autour de chaque accumulation sarcodique. L'auteur a vu souvent une tache claire ou un amas de vacuoles dans ces amas, mais il n'a pu s'assurer que ce fussent bien des noyaux, ni suivre leur mode de multiplication. Les amas, devenant toujours plus nombreux s'écartent les uns des autres; ils s'éloignent donc du centre du vitellus et se rapprochent de la surface, à laquelle ils viennent émerger tous à la fois. L'on ne peut s'empêcher de croire que ces faits relatifs à une araignée ne soient applicables à la plupart des Arthropodes; mais même si le phénomène était exceptionnel, il n'en donnerait pas moins la clef de la manière dont nous devons comprendre la formation du blastoderme chez les Insectes.

Les belles et excellentes recherches de Bobretzky (cxxii) sur l'embryogénie des Gastéropodes nous apportent une série d'observations intéressantes sur la division des noyaux pendant le fractionnement de *Nassa mutabilis*. La formation des asters précède ici la métamorphose du noyau, opinion contraire à celle de Bütschli et de Strasburger, mais à laquelle Bütschli s'est ensuite partiellement converti. Une fois même, l'illustre embryologiste russe a rencontré un noyau encore intact avec son nucléole flanqué de deux demi-asters qui avaient leur centre aux bords opposés du noyau et rayonnaient de là dans le vitellus. Plus tard les rayons partant des centres des asters s'étendent dans l'intérieur du noyau qu'ils envahissent progressivement, de telle façon que le milieu du noyau conserve en dernier son aspect clair et homogène et à ce sujet Bobretzky se demande si les renflements intranucléaires prennent bien naissance au milieu du noyau ou s'ils n'y arrivent pas secondairement. Ces idées concordent trop bien avec celles qui résultent de mes recherches actuelles pour que j'aie besoin de les commenter. Les varicosités

intranucléaires et leur division ainsi que la disposition générale de l'amphiaster sont décrites avec justesse. L'auteur pense que les filaments unipolaires et bipolaires ne diffèrent pas autant les uns des autres que le
veulent Bütschli et Strasburger et que toutes ces lignes sont plutôt des
rangées de granules que des filaments. Je suis tout à fait d'accord avec
Bobretzky sur le premier point, mais quant au second j'incline à croire
que l'aspect peu net des filaments dans les objets décrits par le savant
russe provient de la méthode de préparation (durcissement dans l'acide
chromique et éclaircissement des coupes dans un milieu très-réfringent).
Bobretzky montre que, loin de persister jusqu'à la fin de la division, la
membrane nucléaire s'efface de bonne heure. Sur la formation des nouveaux noyaux, l'auteur décrit avec justesse « dans la tache centrale claire
« de l'aster, un amas de très-petites vésicules pâles, d'où l'on pourrait
« dériver la formation des nouveaux noyaux. » Ces derniers se montrent
à côté des figures radiaires dans une position excentrique et sur la ligne
qui joindrait les centres des deux étoiles. Sur ce point encore mes
observations cadrent complètement avec les siennes. Bobretzky mentionne aussi la traînée internucléaire qui paraît persister chez *Nassa*
jusqu'au moment où elle est atteinte par le sillon de fractionnement.

Je n'insiste pas ici sur les données relatives au fractionnement des
Hétéropodes contenues dans mon mémoire sur l'embryogénie de ces animaux (cxxii *bis*), puisque les mêmes faits sont décrits avec beaucoup
plus de détail dans le mémoire actuel.

La disposition du réseau de sarcode à l'intérieur du noyau fait l'objet d'un mémoire de Flemming (cxxiii) dont je ne puis donner ici qu'un
bref extrait; je dois, pour les détails, renvoyer le lecteur au mémoire
original dont l'importance est évidente, puisque l'on ne saurait comprendre les modifications que subit le noyau pendant son partage, si l'on
ne connaît exactement sa structure pendant les temps de repos. Les
recherches de Flemming portent sur les noyaux des cellules épithéliales, conjonctives, nerveuses et musculaires de la vessie urinaire de la
Salamandre. Tous ces noyaux ainsi que ceux des corpuscules blancs du

sang, des cellules du cartilage, des épithéliums, etc., des Batraciens renferment un réseau de trabécules assez égaux de grosseur et séparés par des mailles irrégulières, mais de grandeurs à peu près uniformes. Ce réseau est déjà visible chez le vivant dans la plupart des cas, mais il devient très-net dans tous les noyaux, lorsqu'on traite le tissu par de l'acide acétique ou du chromate de potasse très-dilués. Le ou les nucléoles sont suspendus dans les trabécules et paraissent à cause de cela peu nets, à moins que l'on ne fasse pâlir le réseau dans un liquide réfringent tel que la glycérine. Ils sont beaucoup plus nets dans des préparations à l'acide chromique que dans celles au bichromate de potasse, mais en revanche ces dernières montrent le réseau intranucléaire avec plus de clarté. *Dans l'acide osmique ces structures sont peu visibles, moins même que chez le vivant.* Je souligne cette phrase parce qu'elle renferme une condamnation de cet absurde engouement pour l'acide osmique qui a fait tant de tort aux recherches dans ces dernières années. Les trabécules du réseau intranucléaire ne sont pas composés d'une substance absolument égale et homogène, car ils prennent par places la couleur d'aniline avec beaucoup plus d'intensité que dans d'autres endroits. La substance intertrabéculaire n'est pas non plus homogène à en juger par des préparations teintes à l'hœmoxyline. L'enveloppe du noyau est en continuité de substance avec les trabécules du réseau sur tout le pourtour; preuve évidente, s'il en fallait encore une, que l'enveloppe du noyau n'appartient pas au protoplasme cellulaire comme le veut Auerbach.

Un article de polémique, consacré par Auerbach (CXXIV) à défendre ses premières opinions contre les recherches plus récentes, ne nous intéresse que dans la partie où l'auteur cherche à expliquer, à l'aide de son ancienne théorie, les faits découverts depuis son précédent mémoire. D'après lui, le corps fusiforme est plus volumineux que le noyau qu'il remplace et la « plaque nucléaire » serait produite par l'irruption de protoplasme cellulaire dans l'équateur du noyau. Les renflements intranucléaires et les filaments connectifs n'appartiendraient pas à la substance nucléaire! Ces idées théoriques sont trop contraires aux observations décrites ci-dessus pour que je m'arrête à les discuter.

30

J'hésite à mentionner enfin un autre article dû à la plume de M. A. Villot (cxxv), et dans lequel l'auteur, qui ignore la disparition de la vésicule germinative avant le fractionnement, compare le noyau combiné à une cellule complète et l'amphiaster de fractionnement à une amibe qui enverrait des pseudopodes dans le sein du vitellus pour y trouver un point d'appui dans ses efforts pour se déchirer elle-même par le milieu! Tant il est vrai que la théorie est dangereuse surtout lorsqu'on l'essaye à des choses que l'on ne connaît pas *de visu*.

CHAPITRE IV

DISCUSSIONS ET DÉFINITIONS

Du Lécithe. — A propos de la constitution du vitellus, j'ai employé dans ce mémoire un terme qui est peut-être nouveau pour beaucoup de lecteurs, quoique je l'aie déjà proposé dans un travail précédent et qu'il ait été adopté par quelques zoologistes. J'ai nommé protolécithe la substance nutritive du vitellus. Divers noms ont été déjà employés pour désigner cette même chose; les uns étaient trop longs, c'étaient de vraies périphrases, les autres représentaient une idée fort différente de celle que je cherche à exprimer par l'emploi de ce terme.

Le plus usité des noms employés jusqu'à présent est sans contredit celui de vitellus de nutrition. C'est un mot complexe, une périphrase que l'on n'emploie pas volontiers lorsqu'on est appelé à le répéter souvent. Il a en outre l'inconvénient de ne pas nous permettre de distinguer brièvement la provision de nourriture dont le vitellus se charge dans l'ovaire de celle qu'il absorbe par la suite. Que dire du mot « le jaune » appliqué à des œufs qui ne sont pas jaunes ou peuvent même être colorés en bleu, en rouge, en vert? Cela est ridicule.

Quels que soient les inconvénients de ces termes, je les préfère encore à celui de deutoplasme proposé par E. v. Beneden. Par deutoplasme, le naturaliste belge entend désigner toutes les provisions de nourriture adjointes au vitellus intérieurement ou extérieurement. Ainsi non-seulement le vitellus de nutrition est compris dans ce terme, mais encore ces cellules qui entourent le vitellus des Cestodes et dont le rôle est d'être absorbées après avoir subi la dégénérescence graisseuse. Mais alors pourquoi l'auteur n'étend-il pas ce terme au blanc d'œuf, voir même aux œufs stériles de tant de Vers et de Mollusques dont le rôle est d'être absorbés par l'œuf fécond? L'on pourrait être tenté de conserver le terme en lui appliquant une autre définition; l'on courrait alors la chance de voir le même mot pris dans des acceptions très-diverses par les différents auteurs et de provoquer ainsi des discussions stériles. En outre pour garder le mot il faudrait, il me semble, que son étymologie et sa construction fussent de nature à le recommander. Donner à une substance le nom de deutoplasme c'est l'assimiler ou tout au moins la comparer au protoplasme ou sarcode vitellin; or quel rapport y a-t-il entre la substance vivante elle-même et un dépôt de matière inerte destinée à lui servir de nourriture? Évidemment le protoplasme possède la faculté d'absorber des quantités de nourriture supérieures à celles dont il a besoin pour son entretien. S'il n'emploie pas toute cette nourriture à réparer les pertes causées par son activité ou sa croissance, il possède la faculté de la déposer dans son intérieur sous forme de globules amyloïdes, graisseux, albuminoïdes, etc. Cette substance ainsi déposée pourra plus tard être utilisée ou consommée par le sarcode, mais elle ne mérite pas pour cette raison de lui être assimilée en aucune façon, à aucun point de vue. Il est faux de distinguer dans le vitellus une formation primaire et une formation secondaire, car le vitellus ne renferme qu'une substance importante, constante, essentielle. De plus si l'on acceptait le terme de deutoplasme, il faudrait comprendre sous ce nom toutes les formations secondaires du protoplasme vitellin telles que les membranes, les enveloppes vitellines etc., et nous tomberions dans l'absurde. Et puis j'ai montré que la propriété que possède le sarcode vitellin d'emmagasiner des substances nutritives n'est nullement limitée à la période de croissance de l'ovule au sein de l'ovaire. Comment désigner avec la nomenclature de v. Beneden les masses de nourriture que receuille ce sarcode après que le développement a commencé? Leur donnerons-nous le même nom qu'aux cellules en partie composées de protoplasme qui entourent extérieurement le vitellus de l'œuf des Cestodes?

J'ai donc choisi un terme qui n'impliquât aucune similitude avec le protoplasme et j'ai proposé celui de lécithe[1]. Afin de distinguer les substances nutritives accumulées dans le vitellus de celles que l'embryon dépose souvent dans son intérieur, j'ai donné aux substances de la première catégorie le nom de protolécithe, par opposition au deutolécithe produit dans l'embryon. Pour comprendre l'avantage de ces noms, il suffit de voir la confusion qui règne à l'égard de ces substances lécithiques dans beaucoup de travaux embryologiques, confusion qui a souvent conduit à des erreurs considérables. Au sujet des Mollusques et des Vers, quelques auteurs récents semblent avoir adopté avec réserve le terme de deutolécithe appliqué aux gros globes de substance réfringente déposés dans les cellules de l'entoderme des embryons de ces animaux. La cause de cette réserve se trouve dans la persistance de l'idée erronée que ces masses ne seraient à tout prendre que l'origine du foie et des sécrétions hépatiques. Dans un mémoire qui paraîtra sans doute en même temps que celui-ci, je montre que les cellules de l'*ectoderme* des embryons de Gastéropodes pulmonés terrestres se chargent d'une quantité considérable de deutolécithe. Ce simple fait montre bien clairement que le phénomène ne peut avoir aucune relation directe avec la formation du foie. Le deutolécithe n'est certainement rien de plus qu'un dépôt de

---

[1] λέκιθος, jaune d'œuf.

nourriture, et ce dépôt se produit chez les animaux les plus divers, même chez des vertébrés. Il ne se rencontre du reste que dans les feuillets primordiaux et non dans le mésoderme. Cette particularité ainsi que la composition chimique du dépôt, qui n'est jamais adipeux, le distingue de la graisse qui s'emmagasine dans les tissus conjonctifs de l'adulte.

Le protolécithe se présente toujours sous forme de globules distincts tenus en suspension dans un réseau de sarcode. La proportion de lécithe et de sarcode peut varier beaucoup ainsi que l'étendue de vitellus où le protolécithe prédomine; mais jamais la partie lécithique du vitellus n'est totalement dépourvue de protoplasme. Il est donc faux de parler d'un vitellus de nutrition et d'un vitellus de formation comme de deux choses parfaitement tranchées. Le vitellus de formation règne seul dans une partie des œufs méroblastes, mais il pénètre aussi dans tous les interstices des globules du prétendu vitellus de nutrition. La part, plus ou moins active mais jamais complètement nulle que la partie nutritive du vitellus prend au fractionnement, dépend de l'étendue relative de cette région et de la proportion qui existe entre le sarcode et le protolécithe.

La composition chimique probablement très-variable du lécithe serait très-importante à connaître, mais je ne me hasarderai pas sur un terrain que les chimistes eux-mêmes sont si loin d'avoir déblayé même en ce qui concerne l'œuf de poule.

Des membranes. — Je ne crois pas pouvoir mieux entrer dans ce sujet qu'en transcrivant les opinions énoncées par Claparède en 1860. Parlant de l'œuf des Nématodes, l'illustre zoologiste disait : « Une ques-« tion qui a suscité un débat assez vif entre Bischoff et Meissner, est « celle de savoir si les œufs dans le vitellogène sont munis d'une mem-« brane enveloppante ou non..... La question est de fait difficile, d'au-« tant plus difficile même qu'à notre avis elle est oiseuse. Avant de « discuter avec ardeur l'existence ou la non-existence d'une membrane, « il serait bon de s'entendre sur ce qu'on veut désigner par ce terme.....; « pour Thompson, la surface des œufs d'Ascaris a toujours semblé con-

« stituée comme celle d'un protée. Or la question n'est point tranchée
« par là; le débat se trouve simplement transplanté sur un autre terrain.
« Il n'y a pas de question plus controversée que celle de savoir si les pro-
« tées (amœbas) sont limités par une membrane ou non..... La surface
« d'un amœba est très probablement formée par une couche plus dense
« que le reste du corps de l'animal. Mais il n'est pas impossible que la
« densité du corps de l'amœba aille en se modifiant par degrés de la pé-
« riphérie vers la limite de la cavité du corps..... Dans ce cas, le corps
« est bien limité par une couche plus dense, mais cette couche ne mé-
« rite pas le nom de membrane, parce que sa limite interne est indéter-
« minée. »

Voici bientôt vingt ans que Claparède écrivait ces lignes et depuis lors
la question a-t-elle été résolue? S'est-on définitivement entendu sur le
sens qu'il faut donner au mot de membrane? Non, hélas! L'on continue
à nier et à affirmer la présence de membranes dans certains cas douteux
et le ton tranchant que l'on prend de part et d'autre vient en grande
partie de ce que différents auteurs prennent le même mot dans des acceptions diverses.

Une membrane peut être considérée à une foule de points de vue
divers et à chaque point de vue répond une conception et par conséquent une définition différente. L'on peut considérer la genèse, l'état momentané ou *status præsens*, ou bien la destination ultérieure. Quant à la
genèse, la couche sur la nature de laquelle il s'agit de se prononcer peut
être produite par la cellule qu'elle enferme ou par d'autres cellules.
Dans ce dernier cas l'on est à peu près d'accord pour employer un autre
terme que celui de membrane. La couche peut être produite par la cellule elle-même par différents procédés, par simple sécrétion ou par durcissement de la couche la plus superficielle; cependant cette distinction
est en pratique bien difficile à faire dans beaucoup de cas. Il n'y a donc
pas d'avantage à séparer dans la nomenclature ces deux derniers modes
de formation.

En ce qui concerne le *status præsens* nous devons considérer la forme

ou structure, la situation et composition chimique ainsi que les propriétés physiques ou le rôle physiologique. Les propriétés physiques sont
peut-être les plus importantes pour le physiologiste; la question de savoir si une membrane est perméable ou non pour des corps liquides ou
semi-liquides et la manière dont ce passage s'effectue est aussi importante qu'elle est généralement peu élucidée. A mon avis un certain degré de résistance au passage de corps mous est indispensable à la notion
de membrane. Ce serait un contre-sens que de parler d'une membrane
liquide ou visqueuse; tout au moins s'exposerait-on par l'emploi de ce
terme à se faire très-mal comprendre. Quant à la structure, une membrane peut être continue ou percée de pores ou de canalicules visibles
au microscope; elle peut être nettement limitée sur ses deux faces ou
sur une face seulement. Dans ce dernier cas l'on a proposé avec raison
d'employer un autre mot plus défini pour désigner ces couches qui n'ont
qu'une surface. La situation, intra ou intercellulaire, périnucléaire ou
péricellulaire n'exige pas une nomenclature spéciale, pas plus que la
composition chimique sauf dans ses rapports avec les propriétés physiques. Le rôle physiologique, la question de savoir si une lame de substance est encore vivante et mobile ou si elle ne peut disparaître dans
le sein de l'organisme que par dissolution dans la matière vivante est
une des plus importantes mais aussi des plus difficiles à résoudre.

En pratique, il me semble que le terme de membrane pourrait être
conservé pour toutes les couches, minces relativement à leur étendue,
possédant un double contour net, et un certain degré de résistance. Je
voudrais avoir un autre mot pour désigner une couche résistante qui
n'est limitée que sur une de ses surfaces tandis que de l'autre côté elle
passe par transitions insensibles à une substance de propriétés différentes. H. v. Mohl a proposé, il y a fort longtemps, le nom de *pellicule* pour
ces durcissements superficiels; cependant le mot n'a pas été généralement adopté. Un terme mieux choisi aurait eu peut-être un meilleur
sort? Le terme importe peu et l'on en trouvera un lorsqu'on se sera pénétré de l'idée qu'il est indispensable de pouvoir désigner la chose de
manière à s'entendre à coup sûr.

Mais il est une autre distinction qu'il serait encore plus important de pouvoir traduire dans la nomenclature; celle qui est basée sur la consistance d'une couche mince. Il est vrai qu'il est singulièrement difficile d'établir des limites tranchées sous ce rapport. Entre un corps dur entouré d'une mince couche de liquide et une enveloppe dure entourant une masse liquide la différence est sans doute considérable. En histologie l'on est obligé, d'après la nomenclature actuelle, de désigner dans ces deux cas du nom de membrane la couche superficielle quel que soit son état de cohésion. Seulement si l'on choisit deux mots différents pour distinguer une lame solide d'une lame liquide, il surgira aussitôt une grande difficulté, celle de savoir où poser la limite dans les cas les plus fréquents en histologie où la membrane n'est ni solide ni liquide mais visqueuse à des degrés différents. Il me semble que la distinction la plus utile en pratique serait entre les lames de substance assez peu résistantes pour être repoussées jusque dans les formes les plus compliquées par le protoplasme, perforées et traversées par ce dernier, et cela sans qu'il y ait eu de la part du protoplasme aucune action dissolvante ou ramollissante sur ces lames; et d'autre part les lames assez résistantes pour ne pas suivre tous les mouvements du protoplasme et pour s'opposer à son passage direct à moins que le protoplasme ne les détruise. Pour les couches de cette dernière espèce nous réserverons le nom de membranes; celles de la première espèce ont été désignées dans le présent mémoire du nom de « couches enveloppantes, » mais il serait à désirer que l'on pût adopter d'un commun accord un autre terme plus clair et plus bref.

A côté de ces caractères purement physiques nous devrons encore tenir compte des caractères physiologiques. Une membrane véritable ne peut se mélanger de nouveau avec le protoplasme qu'elle entoure; elle doit être brisée, dissoute ou digérée pour mettre son contenu en liberté. Nous savons que les membranes les plus incontestables peuvent être traversées par du sarcode vivant; un exemple frappant et bien connu de ce fait est la perforation de la membrane cellulosique des cellules d'Algues par le simple protoplasme de la *Vampirella* et l'on sait aussi que la lenteur du processus indique clairement que le sarcode du protozoaire parasite exerce une action corrosive et dissolvante sur la cellulose. Une corrosion de ce genre n'a rien de commun avec le passage pur et simple, dans l'espace de peu de secondes, d'un zoosperme à travers une couche trop molle pour lui opposer une résistance; tel est le cas de la couche limitante d'une foule d'ovules avant la fécondation. D'autres couches limitantes molles sont susceptibles de se remélanger directement avec le protoplasme dont elles ne sont qu'une différenciation; tel est le cas de la couche enveloppante de la vésicule germinative de beaucoup d'ovules et de la prétendue membrane qui entoure le vitellus des Gastéropodes tant qu'il est au sein de l'ovaire.

Les couches limitantes devront donc être classées selon qu'elles ont un double contour ou un simple contour et les couches à double contour devront elles-mêmes se subdiviser en deux grandes catégories; les couches molles et plastiques et les couches résistantes et inertes.

Cette dernière classification a tout autant d'importance que la première, surtout au point de vue physiologique. Il est clair en effet qu'une couche plastique et susceptible de faire de nouveau partie de la substance vivante ou sarcode, il est clair, dis-je, que cette couche ne saurait être considérée comme une matière inerte ou, pour employer le langage de Beale, comme une « substance formée. » Elle est encore mobile et n'a pas pris une forme définitive. Qu'une couche de ce genre puisse petit à petit perdre ses qualités vitales et devenir inerte, c'est une chose qui s'observe dans l'histoire de la plupart des cellules, mais qui n'infirme en rien la valeur de la classification que je propose. Il faudra seulement tenir compte du degré de développement de chaque cellule et du moment où s'opère ce changement dans le caractère de ses couches limitantes. En pratique, l'époque de transition ne pourra être établie que par l'observation et l'expérimentation faites *sur le vivant*.

Une faute que beaucoup d'histologistes ont commise et qui a singulièrement contribué à embrouiller toute la question des membranes consiste à prendre sans autre contrôle la manière dont une couche limitante se

31

comporte après l'action des réactifs pour un renseignement valable sur les propriétés de cette couche à l'état vivant. L'on sait en effet que tout histologiste versé dans sa partie, étant donné un globule d'albumine compact et homogène, saura le coaguler de façon à produire artificiellement une couche extérieure séparée du reste du globule et présentant l'aspect et les propriétés d'une membrane. En agissant par endosmose sur cette fausse membrane, il la fera gonfler et soulever. C'est un tour de main qui n'a rien de bien difficile. Si l'on obtient ce résultat avec un globe homogène, à plus forte raison l'obtiendra-t-on si la couche superficielle a des propriétés différentes de celles de son contenu. L'on ne saurait être assez sceptique vis-à-vis des auteurs qui croient avoir démontré l'existence d'une membrane parce qu'ils ont réussi à faire soulever par endosmose une couche superficielle sur un globule coagulé. D'une manière générale, il importe à l'avenir de l'histologie de combattre énergiquement la tendance à tirer des conclusions des images obtenues par des moyens artificiels et à leur donner une valeur intrinsèque, sans que ces images aient été contrôlées sur le vivant.

En résumé je propose de conserver le terme de membrane seulement pour les couches minces à double contour plus dures et plus résistantes que le protoplasme et qui ont perdu la faculté de se remélanger directement comme substance vivante avec le sarcode vivant. J'en sépare sous le nom de couches limitantes ou de couches plastiques celles qui ont la propriété de suivre le sarcode dans tous ses changements de forme même les plus extrêmes, de rentrer directement et par simple mélange dans la circulation protoplasmique, celles enfin que le protoplasme peut traverser facilement, instantanément, sans avoir d'abord à les dissoudre. L'on pourra enfin donner un nom spécial, celui de pellicule ou tout autre terme mieux choisi, aux couches limitantes qui n'ont qu'un seul contour net, tandis que l'autre surface passe par transitions insensibles à la substance avoisinante. Ces distinctions me paraissent nécessaires au progrès de l'histologie et je les crois appelées à faciliter beaucoup l'échange des idées sur ces sujets.

DES SPHÉRULES OU CELLULES DE REBUT. — L'histoire de la formation de ces globules est actuellement assez bien élucidée dans certains cas pour que nous puissions nous prononcer sur leur nature et choisir définitivement le terme le plus approprié pour les désigner. Sur leur mode de formation, le doute n'est plus permis; les processus internes sont les mêmes que ceux de la division cellulaire. La transformation du noyau de l'ovule en un amphiaster, le partage de ce dernier à deux reprises pour constituer trois globes dont chacun est muni de son nucléus, tout cela correspond fort bien à ce que nous savons sur la division des cellules. J'ai montré le premier, dans mon mémoire sur les Ptéropodes que les mêmes figures étoilées que j'avais découvertes pour le fractionnement président aussi à la formation des globules polaires; j'ai montré par la même occasion, que le premier amphiaster n'est pas expulsé en entier mais qu'il se divise et que l'un de ses asters reste dans le vitellus. En vain objecterait-on que les produits de la division, à savoir deux globules excessivement petits et un énorme globe vitellin sont trop disparates pour ressembler à une division cellulaire, car chez les mêmes Ptéropodes je pus suivre en détail des partages cellulaires très-inégaux et je montrai à ce propos que ces partages, que l'on décrivait auparavant comme un bourgeonnement, étaient en réalité une division véritable mais inégale. Sur ces faits, il eût été facile d'asseoir une théorie cellulaire des globules polaires, de les désigner du nom de cellules. C'est ce qu'a fait M. Giard. Il est vrai que cet auteur prétend appuyer sa théorie sur les faits observés par Bütschli, tandis que les observations de Bütschli sont, au contraire, incompatibles avec ces idées; nous avons vu en effet que le savant zoologiste allemand croit à l'expulsion complète du premier amphiaster de rebut.

Et pourtant la concordance entre la production des globules polaires et un partage inégal de cellules, cette ressemblance, qui paraît complète au premier abord, se trouve diminuée par certains faits d'observation. Nous avons vu que l'aster externe des amphiasters de rebut n'occupe pas le milieu de la sphérule de rebut en voie de bourgeonnement comme cela se voit dans les divisions cellulaires même les plus inégales. Le centre de l'aster extérieur arrive lui-même à la surface du vitellus et continue ensuite à occuper la partie la plus externe du globule polaire jusqu'à ce que ce dernier soit presque détaché. Le centre de cet aster n'est donc pas entouré de tous côtés par les rayons unipolaires divergents; ces rayons sont limités à l'espace circulaire compris entre la superficie et le fuseau des rayons bipolaires. Cette différence dans la disposition de l'un des asters doit répondre à une différence dans le mécanisme de la division et des forces qui y président. Il semble que, dans le cas actuel, l'amphiaster soit en quelque sorte expulsé, poussé par une *vis à tergo*, au lieu d'agir comme deux centres d'appel. Il serait inutile de chercher à expliquer les causes de ce désaccord tant que le mécanisme de la division ne sera pas mieux connu. Il me suffit d'avoir montré que la distinction est réelle et porte sur des points essentiels.

Une fois constitués, les globules polaires ne conservent que fort peu de temps les caractères de cellules nucléées; leur contenu prend bien vite un aspect irrégulier qu'il présente parfois dès l'origine et la décomposition commence. Par eux-mêmes ces globules ne sont d'aucune utilité pour le vitellus ni pour l'embryon et ils ne remplissent aucun rôle physiologique. Le terme de cellules, qui pourrait peut-être à la rigueur leur être appliqué, leur sied mal pour toutes ces raisons et je préfère celui de globules ou de sphérules.

Au nom de globules excrétés que j'avais d'abord proposé, l'on a objecté que le procédé de formation n'est pas une simple excrétion, soit! La même objection ne peut s'appliquer au terme de globules ou sphérules de rebut.

L'on a encore fait opposition à ce terme par la raison que les globules polaires proviennent de la vésicule germinative c'est-à-dire d'une partie importante et constante de l'ovule, et que l'épithète que je proposais serait un crime de lèse-majesté pour des corpuscules d'une si noble origine et d'une si grande constance dans tout le règne animal. J'ai quelque peine à comprendre l'enchaînement logique de ce raisonnement. La pensée traduite par les lignes que le lecteur a sous les yeux est produite par des matières cérébrales protéiques et phosphorées qui seront bientôt éliminées du corps de l'écrivain sous forme d'excrétions. L'origine de ces matières nous empêcherait-elle de donner à cette excrétion le nom d'urine? Les globules polaires n'ont aucune utilité par eux-mêmes; c'est un fait assez universellement reconnu. Ce sont de petits amas d'une substance qui est devenue superflue ou plutôt nuisible à l'œuf et que le vitellus expulse pour cette raison. Peu importe donc que cette substance ait joué comme vésicule et comme tache germinative un rôle important dans la croissance de l'ovule, peu importe que son mode d'expulsion ressemble plus ou moins à une division de cellules, ce n'en sont pas moins des matières de rebut et leur constance dans le règne animal tend simplement à montrer que ces matières sont devenues nuisibles et feraient obstacle à la fécondation intime et au développement embryonnaire. Je maintiens donc le terme de corpuscules ou sphérules de rebut, sans exclure le mot de globules polaires proposé par Robin.

Quelques auteurs persistent à parler encore de « globules directeurs » (Richtungsbläschen). Ces auteurs n'entendent pas cependant accorder leur appui aux notions erronées qui ont donné naissance à ce terme; ils sont conservateurs et veulent peut-être suivre pour la terminologie anatomique les principes de priorité admis dans la systématique. Ils supposent sans doute que leurs lecteurs comprendront leur pensée et ils ont raison. Mais ils oublient que des termes anatomiques qui expriment, comme celui-là, une notion fausse sont extrêmement nuisibles à l'enseignement et qu'il est méritoire de les remplacer le plus vite possible par des termes qui fassent naître une idée juste dans l'esprit du commençant au lieu de l'égarer sur une fausse route.

Si nous cherchons à pénétrer plus avant dans la signification des corpuscules de rebut, nous devrons prendre garde de confondre, comme on l'a fait, le point de vue physiologique avec le point de vue phylogénique. Il est clair, en effet, que la fonction première de ces sphérules peut avoir été très-différente de celle qu'ils remplissent actuellement.

Physiologiquement, les globules polaires sont le résultat de l'expulsion de matières contenues dans le noyau de l'ovule. Cela est si vrai que cette expulsion est générale et se produit même dans les cas exceptionnels où les sphérules de rebut font défaut; tels sont les œufs des Amphibiens et des Sauropsides (Reptiles et Oiseaux) d'après tout ce que rapportent les auteurs qui ont traité ce sujet jusqu'à ce jour. Cette expulsion est donc un fait général, mais un fait qui demande lui-même à être expliqué.

Il semble d'après toutes les observations que l'on a recueillies jusqu'à présent, que l'expulsion d'une partie du noyau de l'ovule soit une condition indispensable pour la fécondation interne, pour la soudure des pronucléus mâle et femelle. S'il en est ainsi, l'on est naturellement amené à se demander s'il n'y a pas dans la vésicule germinative des matières d'affinités ou de polarités différentes. La combinaison de ces matières donnerait un tout qui n'aurait aucune affinité, aucune attraction pour l'élément mâle. Nous avons vu en effet que les zoospermes ne marchent pas vers l'intérieur de l'ovule tant que la vésicule germinative reste intacte. Les substances éliminées sous forme de globules polaires devraient, dans cette hypothèse, avoir une polarité de même nom que celle du zoosperme ou les mêmes affinités chimiques. L'on comprendrait dès lors comment il se fait que la présence d'un zoosperme dans le vitellus hâte la sortie des globules polaires. En revanche la pénétration d'un zoosperme dans un globule polaire, fait qui a été vu une ou deux fois, resterait inexplicable. L'on pourrait aussi voir dans la grosseur de la vésicule germinative et dans son inactivité relative la cause de l'obstacle qu'elle semble opposer à la fécondation intime; dans ce cas, les matières expulsées seraient la partie plus passive de la vésicule et le pronucléus femelle représenterait son principe actif. Il serait important de connaître la série des phénomènes qui servent de prélude au développement d'un œuf par la parthénogénèse avant de se lancer dans des considérations générales auxquelles je ne puis attacher actuellement une grande importance. Ce n'est pas que le sujet ne soit du plus haut intérêt, mais nous n'avons pas encore de données suffisantes et la discussion des hypothèses serait prématurée.

Au point de vue physiologique, nous sommes encore bien plus mal renseignés. Faut-il supposer que l'ovule se divisait à l'origine en deux parties égales, également susceptibles de se développer, puis que l'une de ces parties devint plus grosse et plus propre au développement, tandis que l'autre, se chargeant des matières superflues se réduisit petit à petit à de petits corpuscules ? Cette supposition expliquerait comment cette expulsion emprunte encore les procédés de division cellulaire. D'autres suppositions peuvent être faites, mais je ne vois pas l'utilité qu'il y aurait à les traiter dans l'état actuel de nos connaissances. En tout cas l'on doit rejeter l'assimilation que Semper a tentée entre les corpuscules de rebut et les cellules du testa des Ascidies. L'hypothèse assez ridicule de Rabl qui voudrait faire des globules polaires un organe de protection du vitellus ne mérite pas que l'on s'y arrête.

DE LA PÉNÉTRATION DU ZOOSPERME DANS LE VITELLUS. — Le mécanisme de cette entrée diffère certainement du tout au tout chez les divers animaux et semble même varier entre des espèces très-voisines. Pour arriver à une nomenclature rationnelle qui manque encore presque complètement, l'on devra se garder de confondre le point de vue morphologique avec le point de vue physiologique, l'origine avec la fonction. La connaissance des enveloppes de l'œuf en est encore au point où serait une anatomie comparée qui rapprocherait l'aile de l'oiseau de celle de l'insecte. Ce serait faire une œuvre extrêmement utile que de remonter à l'origine de toutes ces enveloppes, d'établir leurs homologies et de fixer leur nomenclature. La question est trop vaste pour rentrer dans le cadre du présent travail et je ne possède pas de matériaux suffisants pour l'aborder. Je vais donc, à dessein, m'en tenir au point de vue physiologique.

A ce point de vue nous pouvons distinguer deux grandes catégories : les œufs entourés avant la fécondation d'une coque imperméable et les œufs dont le vitellus est à nu ou n'est protégé que par des enveloppes molles. Les œufs de la première catégorie présentent toujours une ou plusieurs ouvertures dans leur coque pour servir au passage des zoospermes; tel est le cas, par exemple, de beaucoup d'Insectes, des Anodontes, des Céphalopodes [1].

Les œufs qui n'ont que des enveloppes molles jusqu'au moment de la fécondation peuvent ensuite s'entourer de membranes imperméables produites soit par le vitellus lui-même (Astéries, Oursins, Sagitta) soit par les parois de l'oviducte (Gastéropodes, Reptiles, Oiseaux). Les coques sécrétées par l'oviducte après fécondation ne se rencontrent naturellement que chez les animaux à fécondation interne et n'excluent pas la formation d'une membrane vitelline.

Quelle que soit la structure des enveloppes de l'œuf, nous trouvons partout des arrangements destinés à faciliter et à assurer la rencontre des produits. Chez les animaux à fécondation interne c'est en général l'oviducte qui est organisé de façon à emmagasiner les éléments fécondants et à faire passer le vitellus au contact de ces éléments. Chez les animaux dont les produits sexuels sont lancés dans l'eau, l'œuf est organisé de façon à retenir les zoospermes qui peuvent venir toucher la surface des enveloppes et à les guider jusqu'au vitellus. Cette fonction est remplie presque toujours par une enveloppe molle plus ou moins glaireuse qui agglutine les zoospermes et les retient à sa surface. Cette enveloppe présente en outre une structure radiaire bien marquée, due à la présence soit de canalicules, soit de lignes alternativement plus résistantes et plus molles, tous dirigés perpendiculairement à la surface du globe vitellaire. Cette enveloppe radiaire ne manque peut-être à aucun œuf dépourvu de membrane (Cœlentérés, Échinodermes, Vers, Batraciens) et se trouve en outre chez certains œufs munis d'une coque et d'un micropyle (Dentale, quelques Lamellibranches, certains Vers, les Poissons).

Les œufs étudiés dans le présent mémoire sont tous de la catégorie des

---

[1] D'après mes observations personnelles faites au laboratoire de M. de Lacaze-Duthiers à Roscoff, l'œuf fraîchement pondu de *Sepiola*, présente une fine ouverture dans la coque dont le vitellus s'entoure, comme l'on sait, au sein de l'ovaire et j'ai vu constamment un certain nombre de zoospermes morts autour de cette ouverture. J'en ai même rencontré qui étaient engagés dans l'orifice, mais n'avaient pu le franchir complètement avant que la mort ne vint les arrêter dans leur marche.

œufs à enveloppe molle, sans micropyle, et, à l'exception des Hétéropodes qui nous intéressent moins par ce que je n'ai pu observer la pénétration chez ces animaux, ce sont tous des œufs qui se fécondent après leur sortie de la mère.

Chez les Oursins, le zoosperme traverse l'enveloppe striée et arrive directement au contact du vitellus, en vertu de la force de propulsion de son cil vibratile. Chez les Astéries, il paraît que l'oolemme strié est plus difficile à franchir ou le zoosperme moins actif, car j'ai toujours trouvé le processus de la pénétration plus prolongé que chez l'Oursin et j'ai toujours vu un cône de substance claire venir à la rencontre du zoosperme dont les progrès étaient très-ralentis.

Cette protubérance conique produite par le vitellus et que j'ai nommée le cône d'attraction est un phénomène si délicat et si rapidement terminé que les observations atteignent difficilement à cet égard toute la certitude qui serait désirable. Cette apophyse de sarcode part du vitellus et elle ne se forme qu'à l'endroit et au moment même où le zoosperme approche de très-près la surface du globe vitellaire; à cet égard mes observations ne laissent subsister aucun doute dans mon esprit. Mais il y a encore place pour diverses interprétations quant aux causes immédiates du phénomène et sur la manière dont l'apophyse prend naissance.

Si le fait même d'une action, exercée par le zoosperme sur un vitellus dont il est encore séparé par un espace relativement considérable, est évidente, le mécanisme de cette action à distance n'est rien moins que clair. Je ne vois que trois hypothèses qui puissent s'accorder avec les faits; nous allons les examiner successivement.

L'on est d'abord tenté de croire que le zoosperme est séparé du vitellus seulement en apparence et qu'en réalité il y a continuité de matière sarcodique aussitôt que l'action s'exerce. Comme je n'ai pu distinguer aucun filament de sarcode s'étendant du zoosperme dans la direction du vitellus et que ce phénomène ne pourrait se produire sans changer la forme du corps de l'élément spermatique, ce qui n'a pas lieu, il ne reste qu'à supposer des filaments préexistants qui partiraient de la surface du vitellus. L'on pourrait, à priori, se représenter des filaments protoplasmiques d'une ténuité extrême qui s'étendraient dans les lignes radiaires de l'oolemme. Le spermatozoaire venant à toucher un de ces filaments, son action sur le vitellus n'aurait plus rien de mystérieux, puisqu'il y aurait un fil conducteur entre les deux. Malheureusement pour cette hypothèse, nous ne pouvons guère admettre l'existence de structures invisibles. Les filaments supposés n'ayant pu être découverts ni chez le vivant, ni à l'aide d'aucun réactif, nous sommes obligés d'en nier l'existence.

La seconde hypothèse consisterait à expliquer la manière dont le vitellus réagit sur la présence du zoosperme par une pression qu'exercerait ce dernier par l'intermédiaire de la portion de la couche striée dans laquelle il cherche à avancer. Comme le vitellus ne réagit pas sur la pression d'un corps quelconque, il faudrait admettre que celle du zoosperme a quelque chose de particulier, un rythme spécial provenant des ondulations de son cil. Toutefois, il serait difficile de comprendre que la pression pût être encore sensible à travers la moitié de l'épaisseur de l'oolemme et, comme cette pression serait répartie sur une certaine étendue de la surface du globe vitellaire, l'on ne voit pas pourquoi le cône prendrait toujours naissance si exactement vis-à-vis du zoosperme le plus rapproché.

La dernière supposition consiste à admettre une attraction dont la nature nous échappe et qui s'exercerait non seulement par le contact immédiat, mais même à une faible distance. C'est une hypothèse qui ne satisfait guère l'esprit et qui demande à son tour à être expliquée. Mais nous ne pouvons que la conserver faute de mieux.

La composition du cône d'attraction n'est pas non plus bien élucidée. Est-ce une substance sécrétée par le vitellus ou faut-il la considérer comme un prolongement du sarcode vitellin et, dans ce dernier cas, est-ce une accumulation de la couche limitante superficielle ou de la couche plus profonde? L'hypothèse d'une simple excrétion est exclue, à mon avis, par l'observation des cas où la protubérance est d'un volume considérable (Pl. III, fig. 3), car alors la continuité de la substance du cône avec le sarcode vitellin est évidente. Quant à la question de savoir si la matière du cône fait partie de la couche limitante ou si elle sort du vitellus en perçant cette couche, je ne puis pas la considérer comme résolue.

En revanche, le cône d'exsudation n'est certainement qu'une substance liquide peu réfringente et sans cohésion qui est rejetée ou excrétée par la surface du vitellus.

DES CENTRES D'ATTRACTION. — Dans le présent mémoire, nous nous sommes occupés de trois sortes de centres d'attraction, à savoir : le centre mâle, le centre femelle et les centres qui président au fractionnement. Nous allons rechercher les points communs et les différences entre ces trois catégories.

Le centre mâle prend son origine dans un zoosperme. L'élément fécondant s'est formé par différenciation dans une des cellules-mères du testicule. Les recherches récentes tendent toujours plus à établir que le noyau de la cellule-mère n'entre pas dans la composition du spermatozoaire; celui-ci est donc formé de protoplasme cellulaire à l'exclusion de la substance du noyau.

Les spermatozoïdes, à l'état de liberté, ne paraissent exercer aucune répulsion entre eux. Il ne semble pas non plus qu'ils soient attirés d'une manière spéciale par l'ovule; ce n'est tout au moins que dans des circonstances spéciales que l'attraction du vitellus et du zoosperme se manifeste et cela seulement à très-courte distance.

Tout ceci change dès que le zoosperme se trouve dans le vitellus mûr à point; son corps devient le centre d'un aster et le point de départ de la formation du pronucléus mâle. Il importe de ne pas oublier que le corps du spermatozoïde n'est plus intact au moment où ces phénomènes se manifestent; il a changé de forme et il a grossi par absorption de sarcode vitellin. L'attraction est donc exercée non pas tant par un simple zoosperme que par le résultat de la fusion de cet élément mâle avec le

sarcode vitellaire et c'est cette union qui donnera naissance au pronucléus mâle. Ce pronucléus, qui a tous les caractères d'un véritable noyau,
est donc formé par l'alliance de deux protoplasmes qui n'ont subi
aucun mélange avec la substance de noyaux préformés. Le pronucléus
mâle ne descend à aucun titre, pas même en partie, d'un noyau plus
ancien ; il est de formation nouvelle.

Le centre mâle, aussitôt après sa formation, s'entoure d'une étoile de
rayons unipolaires divergents, semblables aux rayons vitellins d'un
amphiaster. Bientôt le centre, représenté par le corps du zoosperme plus
ou moins modifié, s'entoure d'un espace clair, c'est-à-dire d'un amas de
substance sarcodique sans mélange de granules lécithiques. Cet amas va
toujours en augmentant et ce fait semble indiquer que les rayons sarcodiques qui l'entourent sont l'expression de courants centripètes de sarcode venant du vitellus. Quoi qu'il en soit de ce point, il est certain que
l'aster se forme autour du zoosperme modifié qui se trouve à son centre,
qu'il est un résultat de l'action exercée par ce corpuscule sur le vitellus
environnant.

Le centre femelle a une origine complètement différente. Il prend
naissance aux dépens de la moitié interne du second amphiaster de
rebut, c'est-à-dire qu'en dernière analyse il descend d'un reste de la
substance de la vésicule germinative. Mais la quantité de substance qui
reconnaît cette origine est excessivement faible, comme l'on pourra s'en
convaincre en examinant mes planches I et II, et même tout à fait insigni-
fiante en comparaison du volume assez considérable du pronucléus femelle.
Le pronucléus une fois constitué, mais encore très-petit, a déjà tiré une
bonne partie de sa substance de l'amas sarcodique de l'aster, c'est-à-dire
du sarcode vitellin. Pendant qu'il se meut vers le centre de l'œuf, d'autres
petits noyaux viennent s'ajouter au premier et ceux-ci sont exclusivement
formés par le protoplasme vitellin ; — bref, le pronucléus femelle est un
alliage d'une très-petite quantité de substance dérivée de la vésicule germinative avec une grande quantité de protoplasme cellulaire. Les phénomènes d'attraction sont peut-être moins frappants pour le noyau femelle

que pour le pronucléus mâle, mais ils n'en existent pas moins. Ce sont
les lignes radiaires qui vont en augmentant à mesure que le pronucléus
absorbe le sarcode vitellin pour ne s'effacer qu'au moment où il est
entré en repos; c'est la marche centripète des courants sarcodiques dont
les stries radiaires sont l'expression visible et dont la croissance du noyau
indique la direction; c'est enfin le déplacement du pronucléus lui-même
de la périphérie vers le centre du vitellus.

La troisième espèce de centres d'attraction est celle que nous obser-
vons aux pôles d'un amphiaster. Le noyau s'allonge quelque peu, ses
pôles deviennent saillants, puis ils perdent leurs contours et la substance
nucléaire passe sans interruption au sarcode vitellin dans ces endroits.
Il y a donc rencontre et alliage de ces substances en un point circonscrit
qui devient aussitôt le centre d'un aster. Ce n'est pas que ce mélange des
substances soit le premier processus précurseur de la formation de
l'amphiaster; nous avons vu au contraire que chez l'Oursin, avant le
premier fractionnement, il apparaît d'abord un amas de sarcode autour
du noyau, puis une figure pennée partant des deux pôles du nucléus et
nous avons remarqué que cette disposition singulière dure relativement
très-longtemps. Cette figure semble être l'expression de courants plus
probablement centrifuges que centripètes. Les phénomènes d'attraction
et la formation des asters typiques ne datent, en revanche, que du
moment où les matières vitelline et nucléaire sont entrées en communication aux pôles du noyau.

Dans ces trois cas nous retrouvons donc ce point commun, que les
phénomènes d'attraction (et de répulsion) peuvent précéder le mélange
de deux substances diverses, mais qu'ils n'atteignent leur plein développement et ne se traduisent par la formation d'un aster véritable que
lorsqu'il y a eu fusion des deux substances; le lieu de fusion est alors
toujours le centre du système rayonné. S'il en est ainsi et s'il existe
réellement des cas où le noyau puisse se diviser simplement par étranglement, nous devons nous attendre à ne pas trouver d'asters ni, à plus
forte raison, d'amphiasters véritables dans ces partages nucléaires. Si

cette prévision se trouve justifiée par les recherches ultérieures, ce sera une excellente confirmation de ma manière de voir au sujet de l'origine des centres d'attraction.

L'influence à laquelle je donne ici provisoirement le nom d'attraction, en attendant de mieux connaître sa véritable nature, se manifeste par toute une série de phénomènes que nous allons rappeler.

Nous avons d'abord ces ensembles de stries divergentes s'étendant à travers le protoplasme cellulaire, qui donnent aux asters leur faciès caractéristique. Ces rayons changent d'aspect pendant la durée du fractionnement et se comportent tout différemment sous l'action des réactifs aux diverses phases du processus. Devons-nous considérer ces lignes comme l'expression d'une simple polarité des molécules vitellines, ainsi que le veulent Bütschli et Strasburger, ou ne devons-nous pas plutôt les prendre pour des courants et quelle serait alors la direction de ces courants?

L'hypothèse d'une simple attraction polaire qui ferait arranger les granulations du vitellus dans un certain ordre, sans les déplacer, ne paraît pas soutenable en présence des détails du processus, tels que je les ai décrits. Ces bandes d'une largeur très-appréciable, bien plus larges en tous cas que la distance moyenne des granules lécithiques, ces filaments de protoplasme qui prennent des contours si nets dans l'acide acétique, ne permettent pas de songer à une simple polarisation des molécules. Et d'autre part, il est évident que les accumulations de protoplasme autour du noyau et de ses pôles ne sauraient se produire sans donner lieu à un déplacement de cette substance visqueuse, c'est-à-dire à des courants.

Mais, si courant il y a, et le fait paraît logiquement incontestable, nous devons nous demander dans quel sens il se produit, car le déplacement n'est pas visible et l'observation ne peut nous renseigner qu'indirecte-ment. Chez l'Oursin, pendant la phase qui précède la formation de l'am-phiaster, nous avons d'abord un amas périnucléaire de sarcode qui se porte ensuite vers l'équateur et se réduit à un disque, au moment où se montrent les traînées claires à disposition pennée. Ici il se pourrait bien que le courant de sarcode, partant de la région qui entoure l'équateur du noyau et léchant le contour de ce dernier, allât au delà des pôles se répandre dans le vitellus, formant ce dessin particulier qui trouverait ainsi une explication très-naturelle.

Pendant la formation et la division de l'amphiaster, les faits semblent militer en faveur de la supposition de courants centripètes. Les filaments et leurs renflements que l'acide acétique rend visibles et qui tendent à se rapprocher du centre vers la fin de la période de partage, la croissance continue des amas sarcodiques des asters, tout cela paraît se rapporter à une marche lente du sarcode dans la direction du centre de l'aster.

Néanmoins, nous devons tenir compte des observations faites sur d'autres objets. La théorie d'Auerbach d'une dispersion du suc nucléaire par les pôles du noyau a été suffisamment réfutée par le fait, actuellement démontré, que les asters et leurs amas se forment avant que le noyau ait diminué de volume. Même par la suite, il ne semble pas que le volume de la partie moyenne de l'amphiaster soit inférieur à celui du noyau. L'hypothèse est insoutenable, puisque la substance claire qui est en mouvement ne peut provenir du nucléus. En revanche, nous possédons, grâce à Flemming et à Strasburger des données positives qui semblent jeter un certain jour sur la question.

Flemming a vu des filaments de sarcode, des pseudopodes en forme de piquants, sortir de la surface du globule polaire en voie de formation de l'œuf des Anodontes. N'ayant pas traité son objet par les réactifs, l'auteur ne peut nous indiquer exactement à quelle phase de division de l'amphiaster ce phénomène appartient; nous apprenons cependant par les figures que ces petits pseudopodes se montrent à la surface d'un globule déjà à moitié formé, par conséquent à une époque où les renflements de Bütschli sont déjà divisés. L'on sait que l'aster externe de cet amphiaster de rebut est incomplet, en ce sens que son centre arrivant à la surface n'est entouré qu'en partie par les filaments unipolaires. Il est donc naturel de présumer que les pseudopodes décrits par Flemming répondent aux filaments unipolaires qui font défaut par suite de la position superficielle de l'aster. Si le raisonnement est juste, nous aurions ici un cas où l'on peut voir ces filaments s'allonger dans une direction centrifuge pendant une partie de la période de division pour rentrer ensuite.

Les observations de Strasburger sur la division des cellules de *Spirogyra* tendent également à établir l'existence de courants centrifuges pendant le partage de l'amphiaster. Chez cette algue, le noyau est enveloppé d'une petite quantité de protoplasme, qui est fixé par des filaments de même substance au milieu du contenu liquide de la cellule. Pendant la division du noyau, le protoplasme qui entoure ses pôles fournit des prolongements en forme de pseudopodes; le maximum d'extension de ces derniers correspond au moment où les renflements intranucléaires se divisent et s'écartent les uns des autres. Ensuite ils s'arrêtent dans leur mouvement centrifuge et rentrent ou se confondent avec les filaments préexistants.

S'il faut prendre pour guide l'analogie avec ces cas, remarquables par la facilité avec laquelle la direction du courant peut être constatée, et si nous comparons les filaments unipolaires des asters à ces filaments en forme de pseudopodes, nous devrons considérer les filaments vitellins comme des traînées de sarcode qui s'étendent d'abord du centre vers la périphérie; après le partage des renflements intranucléaires, et pendant la période de formation des nouveaux noyaux, les courants se produiraient en sens inverse. Toutefois, l'homologie des pseudopodes et des filaments unipolaires n'est nullement démontrée et il serait imprudent d'établir, sans autre preuve, des analogies entre des cas aussi dissemblables, d'autant plus que les faits que j'ai observés tendent à montrer que, pendant le fractionnement de l'œuf, l'inversion des courants est plus précoce.

D'après cela, les phénomènes de répulsion seraient prédominants pendant la première partie de la division cellulaire et ne feraient place aux phénomènes d'attraction que pendant la seconde moitié de l'acte de partage.

Une autre série de processus non moins instructifs se passe dans l'intérieur du noyau en voie de division. Nous avons vu que le réseau de sarcode intranucléaire change de forme et s'arrange en lignes divergentes qui partent des deux pôles pour se réunir ensuite bout à bout dans le plan équatorial. Les filaments se renflent au milieu et les renflements se divisent. Il semble résulter de tous ces faits que la cause immédiate du phénomène est une action exercée sur l'intérieur du noyau par deux centres placés aux pôles de cet élément. Il m'est impossible de me prononcer sur la nature de cette action. L'idée d'une répulsion interne qui amènerait d'abord la formation des deux centres et présiderait ensuite au groupement des filaments intranucléaires tombe devant le fait que les centres peuvent se trouver fort éloignés des extrémités d'un grand diamètre du noyau, comme cela s'observe dans la formation du premier amphiaster de rebut aux dépens de la vésicule germinative. Une simple attraction n'expliquerait pas l'origine des renflements de Bütschli. Ces phénomènes sont plus complexes et leur explication est plus éloignée que l'on ne serait tenté de le croire au premier abord. En revanche, la dernière partie de l'acte de division, la formation des nouveaux noyaux semblent explicables par l'hypothèse d'une attraction exercée par les centres sur leur entourage et d'une répulsion des centres l'un pour l'autre. Une action centrale attractive de la part des nouveaux noyaux constitués ou en voie de formation expliquerait le processus du fractionnement ou de la division des cellules. Cependant, il faut admettre sous ce rapport une différence considérable entre l'amphiaster de rebut et celui qui prend naissance dans un noyau fécondé ou dans les descendants de ce dernier. Ces différences que nous allons examiner, suffisent à elles seules à justifier le terme de rebut appliqué à cette catégorie d'amphiasters.

Dans un fractionnement ou une division de cellules, les pôles de l'amphiaster occupent toujours approximativement le centre des nouvelles cellules; il y a donc une action centrale, une attraction si l'on veut, exercée par ces pôles sur le protoplasme environnant. Pendant l'expulsion des globules polaires nous voyons au contraire l'amphiaster de rebut prendre une position excentrique et se rapprocher de la superficie, à tel point que l'un des pôles de la figure vient toucher la surface encore ronde du vitellus. A mesure que l'amphiaster avance, la surface se soulève en une bosse qui finit par s'étrangler à la base, le centre de l'aster externe restant toujours au sommet même de la bosse. Jamais l'on ne voit rien de pareil dans une division de cellules. Dans ce dernier cas les pôles tiennent toujours le protoplasme groupé autour d'eux, tandis que dans l'amphiaster de rebut, les pôles semblent n'exercer aucune action de ce genre sur leur entourage et l'on croirait plutôt voir la partie fusiforme de l'amphiaster poussée et chassée au dehors par le protoplasme vitellin. Le peu d'action de l'amphiaster de rebut ne s'explique point par sa petitesse, car nous savons que dans certains œufs, celui des Ptéropodes par exemple, l'amphiaster qui précède un fractionnement très-inégal est relativement aussi très-petit et qu'il n'en exerce pas moins son action sur toute la sphérule; l'aster périphérique occupe toujours le centre de la petite sphérule et ne vient jamais s'appliquer contre la surface externe de cette dernière.

Il y a donc quelque chose de très-particulier dans l'évolution des amphiasters de rebut et cette particularité qui consiste dans une influence presque nulle de ces amphiasters sur la substance qui les entoure paraît s'expliquer par la nature même des matières de rebut dont ils se composent. Il semble en outre qu'il doive exister une différence très-marquée dans la composition des deux pôles de ces amphiasters et que l'élément tout entier soit chassé au dehors par une répulsion du vitellus plutôt que par une activité propre.

Les phénomènes intimes qui indiquent l'existence de répulsions sont d'abord l'écartement progressif des pôles d'un amphiaster. Cette répulsion paraît surtout incontestable dans la formation des globules polaires, où nous voyons l'amphiaster s'allonger malgré la résistance qu'oppose la couche superficielle du vitellus. Un autre exemple de répulsion nous est offert par les asters mâles nombreux que peut renfermer un vitellus anormal et surfécondé. Ces asters sont souvent placés au début d'une manière fort irrégulière de façon que deux ou plusieurs asters peuvent être presque en contact. Bien loin de se réunir, ces asters s'écartent et vont se placer à égale distance les uns des autres. Un aster mâle qui se trouve seul dans un vitellus gagne rapidement le centre de ce dernier. Les asters multiples paraissent avoir la même tendance puisqu'ils quittent la surface où ils ont pris naissance pour s'enfoncer dans l'intérieur. Les premiers formés arrivent réellement dans le voisinage du centre du vitellus et se réunissent au pronucléus femelle. Mais dès que ce dernier a été surfécondé, l'attraction sexuelle cesse et au lieu de continuer leur marche centripète et de se réunir tous ensemble, les asters mâles surnuméraires et le noyau conjugué vont tous se placer au tiers extérieur du rayon du vitellus. La régularité même de cette position indique qu'ils ont trouvé une situation d'équilibre entre des forces opposées et ces forces ne peuvent être que l'attraction vers le centre d'une part, et d'autre part une répulsion mutuelle.

L'attraction entre les noyaux sexués forme un cas spécial dans lequel cette force se manifeste avec une grande évidence. D'abord la marche du pronucléus mâle n'a pas une relation constante avec le vitellus, mais bien avec la situation du pronucléus femelle. Ainsi lorsque le noyau femelle se trouve dans une position excentrique et que le noyau mâle prend naissance près de ce dernier, il marche directement à sa rencontre suivant une corde de cercle au lieu de se rendre d'abord au centre du vitellus. Ensuite nous remarquons parfois dans l'aster mâle des dispositions qui jettent un certain jour sur les forces qui le mettent en mouvement. Chez Sagitta, par exemple, nous avons vu que l'aster traîne à sa suite une sorte de vacuole toujours croissante; le centre de l'aster se trouve au bord allongé de cette vacuole, toujours du côté vers lequel elle se dirige. C'est donc dans l'aster et dans son centre que réside la force motrice, tandis que la vacuole, que j'hésite du reste à comparer au pronucléus des autres animaux, est traînée à sa suite. L'attraction se manifeste bien plus vivement sur le pronucléus mâle que sur l'autre noyau, puisque ce dernier ne commence à se mouvoir et à se déformer que lorsque le noyau mâle arrive presque à le toucher.

Dans la suite du développement, les éléments mâles continuent à jouer un rôle prépondérant, comme le montrent les cas de surfécondation où le noyau femelle s'est uni à plus d'un élément mâle. Il se résout alors en un tétraster au lieu de l'amphiaster qui prend naissance lorsqu'il n'a reçu qu'un seul aster mâle et la suite du développement paraît aboutir à la formation d'un monstre double ou multiple. Les noyaux mâles isolés peuvent se diviser en passant par l'état d'amphiaster, tandis que le noyau femelle isolé c'est-à-dire non fécondé se décompose sans présenter aucun phénomène de division. Tout cela démontre surabondamment le rôle capital des noyaux mâles dans les cas que j'ai étudiés. Toutefois nous ne pourrons avoir une image complète de ces processus que lorsqu'on aura étudié en détail un cas de parthénogénèse.

DE L'ORIGINE DES NOYAUX. — Le noyau ou pronucléus mâle prend naissance lorsqu'un zoosperme vivant pénètre dans un vitellus mûr et vivant. La grosseur de ce noyau varie énormément suivant les espèces, et ces variations ne paraissent dépendre ni de la grosseur du zoosperme ni de celle du vitellus. Dans certains cas, le pronucléus mâle n'est pas beaucoup plus gros que le corps du zoosperme (Oursin) et l'on pourrait être tenté de croire que le noyau n'est qu'un zoosperme gonflé; il forme alors le centre d'un aster. Dans d'autres cas (Hétéropodes) il devient aussi gros que le noyau femelle et n'est entouré d'aucune figure rayonnée; il est alors évident que le petit noyau primitif doit absorber une quantité relativement énorme non-seulement de liquide mais aussi de substance protéique pour devenir aussi considérable. Je dois intercaler ici quelques considérations générales destinées à fixer le point de vue sous lequel nous devons envisager cette absorption.

Les faits observés, d'accord avec le raisonnement, nous apprennent qu'un être organique vivant ne peut grossir que de deux manières, ou par l'absorption de substances inanimées et alors nous avons affaire à une nutrition, ou par l'absorption de substances animées et alors nous assistons à une véritable fusion. La nutrition, celle des Rhizopodes par exemple ou celle des éléments cellulaires dans le sein d'un organisme supérieur, semble parfois à première vue se faire par l'absorption directe de matières vivantes. Mais si nous y regardons de plus près, nous nous apercevons toujours que, pour être assimilée, la substance ingérée doit être préalablement tuée, elle doit d'abord passer à l'état de matière organique inanimée. Lorsqu'une substance vivante est absorbée directement par un élément vivant il n'y a pas assimilation car tout nous porte à croire et rien ne nous autorise à contester que le produit de cette réunion ne possède la somme des qualités des deux êtres vivants qui ont contribué à sa formation. Ainsi lorsque deux jeunes Rhizopodes appartenant à la même espèce se réunissent, il y a fusion et non absorption de l'un par l'autre.

Appliquant ces notions à la croissance du pronucléus mâle dans le sein du vitellus nous n'aurons pas de peine à trancher la question qui se présente sur la nature de cette croissance. L'on ne peut songer à un simple gonflement du corps du zoosperme par un liquide, car le noyau mâle entièrement développé renferme souvent une quantité de substance protoplasmique qui représente un multiple élevé de celle qui constituait le corps du zoosperme. Nous ne pouvons non plus songer à une digestion de la substance vitelline, à une nutrition, car ce processus physiologique est toujours compliqué, observable au microscope; il prend un temps relativement considérable pour son accomplissement. L'absorption de la substance vitelline par le noyau mâle est au contraire directe et prompte; l'observation des faits ne saurait laisser le moindre doute à cet égard. Le pronucléus mâle est donc un produit de l'alliage du protoplasme spermatique avec du protoplasme vitellin et de cette fusion résulte un corps nucléaire qui possède une foule de propriétés qui manquaient au zoosperme isolé.

Nous avons déjà vu que, selon toute probabilité, le pronucléus mâle résulte de l'alliage de deux substances protoplasmiques dont aucune ne dérive d'un noyau préexistant. Et malgré cela c'est un véritable nucléus non-seulement par sa structure mais même par ses propriétés inhérentes. J'ai montré en effet que, dans des cas pathologiques, lorsque des pronucléus mâles restent isolés dans le sein du vitellus, et ne se réunissent pas au pronucléus femelle, ils conservent malgré cela la propriété de se diviser tout comme un noyau fécondé et de présider comme ce dernier à la formation de sphérules de fractionnement qui continuent ensuite à se partager selon toutes les règles du fractionnement régulier.

Le pronucléus femelle a son origine première dans les corpuscules de Bütschli qui appartiennent à l'aster interne du second amphiaster de rebut. J'ai déjà fait remarquer dans ce chapitre, à propos des centres d'attraction, combien cette quantité de substance provenant de l'ancien noyau de l'ovule est minime comparée à la masse du noyau femelle tout formé; la disproportion est tout aussi grande qu'entre le corps du zoosperme et le pronucléus mâle arrivé au terme de sa croissance chez les Hétéropodes. J'ai montré aussi que la majeure partie de ce pronucléus dérive directement du sarcode vitellin. Il s'agit donc aussi d'un alliage de deux substances protéiques.

Enfin les noyaux de fractionnement se constituent aux dépens des renflements intranucléaires de l'ancien noyau et des amas centraux qui peuvent aussi provenir, au moins en partie, de la substance de l'ancien nucléus. Nous avons vu que ces corpuscules divers grossissent, se transforment en de petits noyaux qui se réunissent entre eux jusqu'à n'en plus former qu'un seul. Mais ici encore la substance dérivée de l'ancien nucléus n'est qu'une fraction de la masse des nouveaux noyaux. Ces derniers ont un volume total supérieur au volume de l'ancien nucléus; ils doivent donc s'adjoindre une nouvelle quantité de substance protéique dérivée d'ailleurs, c'est-à-dire du vitellus. En outre il est clair qu'une partie de la substance de l'ancien noyau reste en route sous forme de trainée internucléaire et n'entre pas dans la composition des nouveaux cytoblastes. Cela est surtout évident dans le règne végétal où, d'après Strasburger, le disque de cloison est tout entier dérivé de l'ancien noyau. Les nouveaux cytoblastes tirent donc de l'ancien noyau une quantité de substance qui doit être souvent inférieure à la moitié de la substance protoplasmique qui les compose; — je ne fais pas entrer en ligne de compte les éléments liquides. — L'autre moitié ne peut que provenir du vitellus à savoir probablement des amas sarcodiques des asters.

L'examen attentif de l'origine du noyau dans ces trois cas nous amène toujours à la même conclusion, que sa substance provient en partie d'un noyau préexistant ou d'un élément étranger et en partie du protoplasme même de la cellule, et cela par alliage et non par voie de nutrition. Un fait également constant dans l'origine de ces trois sortes de noyaux est que le nucléus jeune et encore tout petit exerce une forte influence sur le vitellus environnant, influence qui se traduit par l'apparition d'une de ces figures étoilées que nous désignons du nom d'aster. A mesure que le noyau grossit et que l'amas sarcodique de l'aster diminue, cette influence s'affaiblit et une fois que le noyau est entièrement constitué, elle devient presque nulle. Ces faits se retrouvent pour les noyaux de fractionnement comme pour le noyau femelle, comme aussi pour le pronucléus mâle lorsque celui-ci atteint son plein développement. Il semble donc permis de conclure que l'attraction ou l'influence exercée par le jeune noyau augmente à mesure que celui-ci s'amalgame avec le protoplasme cellulaire, pour diminuer ensuite lorsque la proportion de ce dernier élément est devenue trop forte. Il y aurait une période d'activité suivie d'une période de saturation qui surviendrait au moment où le noyau atteint le terme de sa croissance.

Pour arriver à une compréhension exacte de tous ces phénomènes, il sera nécessaire de tenir compte non-seulement d'une série de cas même étendue, comme celle qui a fait l'objet de ce mémoire, mais de tout l'ensemble des phénomènes de formations nucléaires que présentent les êtres organisés. Les données que nous possédons à cet égard sont singulièrement incomplètes et clairsemées. Néanmoins il semble résulter de la comparaison des résultats obtenus par d'autres chercheurs qu'il règne sous ce rapport une grande diversité, une série continue de transitions reliant entre eux les extrêmes opposés. Ainsi Strasburger a décrit certains cas dans lesquels des noyaux apparaissent tout à coup dans une masse de protoplasme qui en était totalement dépourvue et d'autres cas dans lesquels il existait un noyau qui persiste pendant la formation des nouveaux cytoblastes et ne leur fournit aucun élément constitutif. Ici les nouveaux noyaux doivent se constituer exclusivement de protoplasme cellulaire. D'autre part Bütschli nous montre des noyaux qui se divisent par simple étranglement sans entrer en communication avec le sarcode ambiant, sans passer par la phase d'amphiaster; ils peuvent pendant ce partage présenter une structure fibrillaire, comme chez les Infusoires, ou même n'avoir pas de structure spéciale, comme dans les globules blancs du sang des Batraciens. Ici les nouveaux cytoblastes tirent toute leur substance de l'ancien. Entre ces deux extrêmes, nous avons toutes les transitions, nous avons des noyaux se constituant d'un mélange de ces deux substances nucléaire et protoplasmique et cela dans les proportions les plus diverses.

Il me semble qu'il serait fautif de généraliser les choses observées même avec le plus grand soin dans un ou plusieurs cas particuliers et qu'une vue d'ensemble réellement juste ne peut être obtenue qu'en embrassant du regard à la fois la moyenne et les extrêmes.

LA THÉORIE ÉLECTROLYTIQUE DES MOUVEMENTS PROTOPLASMIQUES. — A plusieurs reprises déjà l'on a essayé de remonter aux causes premières des manifestations si merveilleuses de la vie du protoplasme. Max Schultze, parmi les zoologistes, Nægeli et Hofmeister, parmi les botanistes, ont fait des tentatives sérieuses dans cette direction. Le but, extrêmement louable que ces hommes poursuivaient était de ramener tous ces phénomènes aux forces déjà connues et étudiées par les chimistes et les physiciens. Néanmoins le résultat de ces efforts ne fut pas brillant car les uns, attribuant les mouvements protoplasmiques à une contractilité ou à une suction de la part du protoplasme lui-même ne firent que reculer la difficulté, les autres versèrent plus ou moins dans la métaphysique et sortirent ainsi du domaine des sciences exactes. Je ne puis entamer ici une analyse de tous ces travaux, fort intéressants du reste; une telle analyse exigerait un volume spécial.

D'autres naturalistes plus anciens ne connaissaient pas cette difficulté. Non-seulement l'activité du protoplasme, mais encore les phénomènes bien plus difficiles à comprendre de l'hérédité et du développement trouvaient pour eux une solution toute simple dans la croyance à une force spéciale, étrangère aux forces physiques, et qu'ils nommaient la force vitale. Les sciences ont fait bien des progrès depuis lors; l'on est parvenu à mieux comprendre la nature des forces physiques, leur unité et leurs transformations. L'on est parvenu à les ramener à des vibrations moléculaires. Pendant ce temps, la force vitale semblait de plus en plus oubliée; on la croyait reléguée dans les régions brumeuses de la médecine pratique, lorsque tout à coup elle vient de reparaître au grand jour, ramenée par le naturaliste le plus populaire de l'Allemagne.

Qu'est-ce en effet que cette théorie lancée par Hæckel sous le nom baroque de « Périgénèse de la Plastidule? » Rien absolument que la croyance à la force vitale modifiée dans ses détails de façon à l'adapter aux notions plus modernes de la nature des forces physiques. Les physiciens ont établi que les forces dont ils s'occupent sont des ondulations de la matière; Hæckel admet pour les êtres vivants une ondulation c'est-à-dire une force spéciale qui se transmettrait de génération en génération et serait la cause de tous les phénomènes du développement, de tout ce qui constitue le cycle de l'existence d'un être. Naturellement la rapidité ou l'amplitude de la vibration présenterait autant de variations qu'il y a d'espèces ou de variétés d'êtres organisés, puisque cette ondulation devrait à elle seule expliquer les différences des organismes entre eux et la constance relative des formes à travers les générations successives. C'est la force vitale qui revêt la forme vibratoire pour se mettre sur le même rang que les forces physiques.

Malgré son nouvel accoutrement, la force vitale n'a pas trouvé bon accueil auprès des savants; il n'y a que les profanes qui n'aient pas su reconnaître la vieille doctrine sous son nouveau déguisement. Ces ondu-

lations à rythme assez compliqué pour donner naissance à tous les
éléments histologiques d'un vertébré supérieur et se retrouver les
mêmes après un cycle de plusieurs années n'ont rencontré parmi les
penseurs que des incrédules.

Le succès relatif de ces doctrines vitalistiques a pourtant une raison
d'être : il a sa racine dans l'inutilité des efforts tentés jusqu'à ce jour
pour arriver à expliquer le cycle de la vie à l'aide des simples forces
physiques. C'est à ce problème ardu que je veux m'attaquer non dans
l'espoir de le résoudre d'un seul coup, mais seulement pour éclairer une
partie de la question et contribuer à frayer le chemin qui mènera à une
compréhension complète. La voie à suivre est toute tracée ; nous devons
avant toute chose chercher à nous rendre compte du rôle des forces
physiques dans les manifestations les plus simples de la vie, avant de
nous attaquer aux phénomènes plus compliqués.

En suivant cet ordre d'idées, je fus amené à me demander quelles
sont les forces qui se dégagent dans les phénomènes principaux de la
vie des cellules, à savoir leur nutrition et leur multiplication. L'on sait
que la nutrition se présente sous deux formes dans le règne organique.
D'une part nous avons la décomposition de combinaisons chimiques
très-oxydées et très-stables. Cette décomposition ne peut avoir lieu sans
une perte de force et ne serait donc pas possible si la lumière solaire ne
fournissait la force vive nécessaire à cette réaction. Ce mode de nutrition
aux dépens de substances inorganiques est presque exclusivement l'apa-
nage des végétaux. D'autre part nous trouvons une combustion progressive de la substance organique élaborée par les végétaux ; cette
combustion se trouve chez les plantes, mais elle est surtout caractéristique de la nutrition animale. Cette nutrition des animaux, sous mille
formes et à travers mille péripéties, aboutit au retour des matières orga-
niques, élaborées à l'aide des vibrations lumineuses par les végétaux, à
des états de combinaison plus simples et plus oxydés. Ces phénomènes
ne sauraient avoir lieu sans un dégagement constant de forces. Ces forces
sont en partie connues : ce sont le travail mécanique, la chaleur et

parfois la lumière. A cette liste nous devons ajouter encore l'électricité, mais ce serait seulement dans une faible mesure et avec peu de constance, si nous devions en croire les résultats des travaux récents des physiologistes.

Les physiologistes, comme l'on sait, ne s'occupent des phénomènes et des forces qu'en tant qu'ils sont macroscopiques en quelque sorte et ils n'abordent l'infiniment petit que par induction mentale et non à l'aide du microscope. Ils veulent mesurer les forces avec des appareils et ne s'adressent guère qu'aux résultats finaux, aux sommes qui se dégagent de la totalité d'un organe. Celles de ces forces qui se dégagent et sont annulées dans les limites d'éléments cellulaires sortent complètement du champ de leurs investigations. Ce n'est cependant que de ces dégagements infiniment petits que nous avons à nous occuper ici.

Le dégagement de chaleur est une des conséquences les mieux connues de la nutrition. Malheureusement cette production n'a été étudiée qu'à l'aide du thermomètre et nous ne connaissons absolument pas ses conséquences pour la vie des cellules. Nous savons bien qu'une certaine température générale est nécessaire pour l'activité du protoplasme, température qui varie du reste beaucoup suivant les espèces. Nous savons aussi, depuis que la théorie de la combustion dans l'organe respiratoire a été abandonnée, que ce dégagement calorique a lieu dans toutes les cellules qui participent à la nutrition. Mais ce que nous ne savons pas, c'est la manière dont cette chaleur se répartit au sein de chaque cellule, ni quelle est l'influence des différences de température qui doivent exister dans le sein même de la plupart des cellules en activité. Il est évident en effet que la nutrition et le mouvement mécanique ne se produisent pas d'une manière identique dans l'étendue de chaque cellule et qu'il doit par conséquent y avoir des différences dans la production et la déperdition de la chaleur, différences qui peuvent avoir un effet considérable sur une masse aussi sensible et aussi mobile que le protoplasme.

Mais il est une autre force encore beaucoup moins connue dans sa portée biologique et qui paraît pourtant jouer un rôle des plus importants dans la vie des cellules; je veux parler de l'électricité.

Nous savons que certaines réactions chimiques ont pour conséquence
une production d'électricité; mais physiciens et chimistes se sont à peu
près bornés à étudier le phénomène pour certaines réactions particulières et ne connaissent nullement quel dégagement de cette force peut
se produire dans l'immense majorité des réactions chimiques. Les physiologistes ont poussé cette étude un peu plus loin. Ils ont cherché des
courants mesurables au galvanomètre dans toutes les parties du corps
des animaux supérieurs et, après avoir cru trouver ces courants, ils ont
fini par se convaincre que ceux qu'ils avaient observés provenaient pour
la plupart de réactions chimiques auxquelles ils n'avaient pas d'abord
songé. Ainsi les modifications que subit la surface de section d'un mus-
cle ou d'un nerf amputé, le contact avec des solutions salines, etc., suffisent en général à produire des courants relativement forts. Mais quelle
est la production d'électricité qui résulte de cette réaction si compliquée
que l'on nomme la nutrition? Quels sont les phénomènes électriques
qui doivent résulter du mélange de deux protoplasmes de compositions
différentes? Nul ne saurait le dire, ni le physiologiste qui ne se soucie
guère des cellules, ni le microscopiste qui ne s'inquiète pas des forces
physiques qui peuvent mettre en mouvement l'organisme minuscule
qu'il a sous son objectif.

L'importance de l'électricité dans les phénomènes intra-cellulaires me
paraît démontrée par le fait, que j'ai observé, qu'un courant constant
très-faible active les mouvements du protoplasme, tandis qu'un courant
un peu plus fort tue cette substance vivante. Comment expliquer que le
courant amène la mort si l'on n'admet qu'il fait cesser les petites différences électriques intra-cellulaires qui sont nécessaires à la vie de la
cellule?

Le mouvement brownien est sans doute produit par les forces déga-
gées par des réactions chimiques entre les particules d'une substance
qui était naguère du sarcode. Ces forces sont sans doute l'électricité et
la chaleur. Une simple action mécanique comme celle qui fait promener
du camphre ou du potassium sur une nappe d'eau ne saurait suffire à

expliquer ce phénomène, puisque nous avons affaire à des particules immergées et mouillées et non à des fragments flottants et séparés du liquide sur lequel ils flottent. Les mouvements que présente le sarcode vivant sont bien moins vifs, mais ils peuvent être dus à des causes analogues. Il serait difficile de se rendre compte de l'intensité des forces qui peuvent se produire et se neutraliser par un travail mécanique dans des espaces aussi petits. Nous ne pouvons, en particulier nous représenter quelle est l'amplitude des tensions électriques qui peuvent exister entre les diverses parties d'un fragment de protoplasme et qui peuvent se neutraliser par suite d'un changement de forme de ce dernier.

Les recherches des physiologistes tendent toujours davantage à montrer que les nerfs et les muscles des animaux supérieurs ne sont pas normalement parcourus par des courants électriques, ou que ces courants sont très-faibles et sans relation avec le travail mécanique que ces organes accomplissent. L'on sait en outre que le fluide nerveux voyage avec une lenteur qui n'a rien de commun avec la rapidité de l'électricité. Cela ne veut pas dire que la transmission nerveuse et la contraction musculaire soient indépendantes de tout phénomène électrique, puisque tout au contraire nous savons qu'il y a une liaison intime entre ces deux ordres de phénomènes; seulement dans les organes des animaux supérieurs l'électricité n'agit guère sous forme de simples courants.

Si nous supposons une pile électrique dont chaque élément soit de la grosseur d'un de ces granules que le microscope dévoile au sein du sarcode sous forme de petits points grisâtres, la quantité totale d'électricité produite dans une pile de quelques millions de ces éléments réunis en tension pourra être considérable, sans qu'il se dégage aux extrémités de la pile une quantité d'électricité bien appréciable à l'aide de nos galvanomètres. Néanmoins, suivant la manière dont cette force se répartit à la surface de chaque granulation, un mouvement imprimé à la première particule d'une série pourra se propager de l'une à l'autre et produire un déplacement mécanique considérable.

L'on remarquera que cette hypothèse que je ne fais encore qu'esquis-

ser à grands traits est capable d'expliquer la lenteur relative de la propa-
gation des sensations et des volitions le long d'un nerf, le mécanisme de
la contraction musculaire et tous les mouvements du protoplasme. Elle
explique en même temps la relation bien connue de ces phénomènes
avec les phénomènes électriques plus grossiers que nous produisons
dans nos appareils.

Enfin son avantage le plus grand est de nous permettre de tenter
d'expliquer tous ces mouvements si curieux du sarcode en les faisant
tous rentrer dans la même catégorie.

L'explication des phénomènes de la reproduction et de l'hérédité à
l'aide de petites portions de protoplasme devra alors être cherchée dans
la composition chimique particulière et les forces physiques qui résultent
du mélange de ces particules. Par composition chimique nous devons
entendre quelque chose de plus complexe que tout ce que la chimie
organique connaît de plus compliqué; et par forces physiques nous
devons entendre des dégagements plus petits et plus localisés que tout
ce que les physiciens ont jamais étudié. Pour se rendre compte de l'hérédité et surtout du développement identique de générations successives
l'on devra tenir grand compte de la composition spécifique du protoplasme de chaque espèce animale. L'on ne devra pas perdre de vue
l'influence du milieu sur le développement des organes et des groupes
de cellules. Ainsi dans un embryon les liquides nourriciers, les gaz, les
substances excrétoires ne sont pas répartis de la même manière dans
toute l'étendue du corps ni même dans toute l'étendue d'un organe. Il
en doit résulter des différences dans la rapidité et le genre même de
développement des diverses parties et ces différences se retrouvant les
mêmes à chaque génération successive produisent toujours le même résultat. Nous n'avons donc pas besoin de supposer que les divisions successives de telle ou telle cellule et de sa descendance se fassent toujours
d'une manière absolument identique à chaque génération successive,
ni que tel organe ou telle partie d'organe provienne toujours nécessairement d'une certaine cellule de l'ébauche embryonnaire. Cette influence

du milieu sur le développement des tissus dans les différentes parties
du corps est suffisamment démontrée par les résultats obtenus en téra-
togénie; l'on sait combien une légère différence dans la somme de chaleur, la quantité de sang, etc., que reçoit telle partie de l'embryon influe
sur son développement subséquent. Les travaux embryologiques de His
qui partent de ce point de vue, sont pleins d'enseignements précieux
sous ce rapport.

Tout imparfaite que soit encore mon hypothèse elle me semble présenter de grands avantages sur celles qui ont été tentées jusqu'à ce jour.
Comme guide dans les recherches et comme base de travail, je la crois
appelée à rendre de grands services. Elle est en tous cas très-supérieure
sous ce rapport aux hypothèses qui ferment d'avance le chemin à toute
investigation et qui méconnaissent l'influence des forces connues pour
avoir recours à un agent spécial, à la force vitale ou, pour employer son
nom moderne, à la *Périgénèse des plastidules!*

INDEX BIBLIOGRAPHIQUE

I. A. de Leeuwenhoek (et Hammius). — Observ. de natis e semine genitali animalculis. — Phil. trans. roy. soc. — T. XII, p. 1040 1677

II. J.-J. Swammerdam. — Bibel der Natur 1737

III. L. Spallanzani. — Expériences pour servir à l'histoire de la génération des animaux et des plantes . . . . Genève, 1786

IV. J.-L. Prévost et J.-A. Dumas. — Essai sur les animalcules spermatiques de divers animaux, av. 1 pl. — Mém. soc. Phys. de Genève. — T. I, p. 180-207 1821
Voy. aussi : Meckel's Arch., vol. VIII, p. 454-467 1823

V. J.-L. Prévost et J.-A. Dumas. — Nouvelle théorie de la génération. — Ann. sc. nat. — T. I, p. 1-29, 167-187, 274-293 et T. II, p. 100-121, 129-149 1824

VI. G. Carus. — Von d. äusseren Lebensbeding. d. weiss- und kalt- blütigen Thiere, av. 2 pl. — In-4° 1824

VII. J.-L. Prévost. — Note sur la génération des Moulettes. — Ann. sc. nat. — T. V, p. 323 1825

VIII. J.-L. Prévost. — De la génération de la Moule des peintres. — Mém. soc. Phys. de Genève. — T. III, av. 1 pl. (Reproduit dans : Ann. sc. nat. T. VII) 1826

IX. J.-L. Prévost et J.-A. Dumas. — De la génération dans les Mammifères, etc. — Ann. sc. nat. — T. III, p. 113-138, av. 3 pl. (Reproduit dans Fror. Notiz. Vol. IX, 1825) 1824

X. J.-E. Purkinje. — Symbolæ ad ovi avium historiam ante incubationem. — In-4° avec 2 planches . . . . Leipzig, 1825

XI. M. Rusconi. — Le développement de la grenouille commune depuis le moment de sa naissance, etc. — In-4°, avec 4 planches . . . . Milan, 1826

XII. C.-E. v. Baer. — De ovi Mammalium et Hominis genesi epistola. — In-4°, avec pl. Leipzig, 1827

XIII. E.-H. Weber. — Ueber d. Entwick. des medicin. Blutegels. Meckel's Arch. — p. 366 1828

XIV. J.-L. Prévost. — De la génération chez le Lymnée. — Des organes générateurs chez quelques Gastérop. — Mém. soc. Phys. de Genève. — T. IV, p. 197 et T. V, p. 119 (Reproduits dans : Ann. sc. nat. T. XXX. 1833) 1832

LX. G. Newport. — On the impregnation of the Ovum in the Amphibia. 2ᵈ series. — Phil. Trans. roy. soc. Part. II 1853

LXI. T.-L.-W. Bischoff. — Bestätig. des v. Dʳ Newport u. Dʳ Barry behaupt. Eindringen, etc . . . . Giessen, 1854

LXII. G. Meissner. — Beobacht. über d. Eindringen d. Samenelemente in d. Dotter. — Zeitschr. f. wiss. Zool. Vol. VI 1854

LXIII. C. Gegenbaur. — Zur Lehre v. Generationswechsel u. d. Fortpfl. bei Medusen u. Polypen. — Verh. d. phys.-med. Gesell. z. Würzburg. Vol. IV, p. 154 1854

LXIV. F. Leydig. — Kleinere Mittheil. zur thierischen Gewebelehre. — Müllers Arch. p. 296, 307 et 312, pl. XII et XIII 1854

LXV. G. Newport. — Researches on the impregn. of the ovum in the Amphibia, etc. — From the author's MSS by G. V. Ellis.— Phil. Trans. roy soc. P. 229, pl. II 1854

LXVI. T.-L.-W. Bischoff. — Ueber Ei- und Samen-Bildung und Befrucht. bei Ascaris Mystax. — Zeitschr. f. wiss. Zool. — Février 1855

LXVII. Pringsheim. — Ueber die Befruchtung der Algen. Monatsberichte Berliner Akad.
1855 et 1856

LXVIII. R.-E. Claparède.—Sur la théorie de la fécondat. de l'œuf.— Arch. des sc. phys. de Genève. — T. XXIX, p. 284-330. — Août 1855

LXIX. A. Thompson.— Article Ovum, in Todds Cyclopædia of. Anat.— Vol. V, p. 94-95. 1855

LXX. C. Gegenbaur. — Ueber die Entwickl der Sagitta. Abhandl. d. Naturf. Gesellsch. zu Halle. — Vol. IV, n° 1, p. 1 1856

LXXI. G. Meissner. — Ueber d. Befrucht. des Eies von Echinus esculentus. — Verhandl. d. naturf. Gesellsch. in Basel. — Vol. III, p. 374 1856

LXXII. Ant. Schneider. — Ueber Bewegung an d. Samenkörp. der Nematoden. — Monatsber. Berl. Acad. — p. 192 1856

LXXIII. H. de Lacaze-Duthiers. — Histoire de l'organ. et du dévelop. du Dentale. — Ann. sc. nat. 4ᵐᵉ sér. T. VII 1857

LXXIV. A. Thompson. — Ueb. d. Samenkörp.. d. Eier u. d. Befrucht. der Ascaris Mystax. Briefl. Mittheil. — Zeitschr. für wiss. Zool. Vol. VIII, p. 425 1857

LXXV. R.-E. Claparède. — Ueber Eibildung und Befrucht. bei den Nematoden. Vorl. Mitth. — Zeitschr. f. wiss. Zool. — Vol. IX, p. 106-128 1858

LXXVI. H. Munk. — Ueber Ei- u. Samenbild. u. Befrucht. bei den Nematoden. — Zeitschr. f. wiss. Zool. — Vol. IX, p. 365-444, pl. XIV et XV 1858

LXXVII. R.-E. Claparède.— De la format. et de la fécondat. des œufs chez les vers Nématodes. — Mém. soc. Phys. de Genève. — T. XV, 1ʳᵉ part., p. 1-102, pl. I-VIII 1860

LXXVIII. C. Gegenbaur. — Ueber den Bau u. d. Entwickl. d. Wirbelthiereier mit particller Dottertheilung. — Arch. f. Anat. u. Physiol 1861

LXXIX. C. Robin. — Sur les mouvem. du vitellus qui précèdent ceux de l'embryon dans l'œuf. — Comptes rend. Soc. Biologie 3ᵐᵉ sér. T. III, p. 101 1861

LXXX. C. Robin. — Mém. sur les phénom... avant la segmentation (p. 67). — Mém.

CI. T. Eimer. — Unters. über die Eier der Reptilien, II. — Arch. f. mikr. Anat. T. VIII, p. 433 1872

CII. N. Kleinenberg. — Hydra etc. — p. 42 et 46. 1 vol. in-4°............Leipzig, 1872

CIII. Weil. — Beitr. z. Kenntn. der Befrucht. u. Entwickl. des Kanincheneies. — Medic. Jahrbuch... 1873

CIV. L. Auerbach. — Organologische Studien. — Heft I mit 3 Tafeln in-8° ....Breslau, 1874

CV. H. Ludwig. — Ueber die Eibildung im Thierreiche. — Arbeiten aus d. Zool. Zoot. Institut in Würzburg, herausgeg. von Semper............................... 1874

CVI. V. Hensen. — Beobacht. üb. d. Befrucht. u. Entwickl. d. Kaninchens u. Meerschweinchens. Zeitschr. f. Anat. u. Entwicklungsgesch. von His, p. 213........Leipzig, 1875

CVII. H. Fol. — Die erste Entwickl. des Geryonideneies. — Jenaische Zeitschrift. T. VII, p. 471. — Novembre.. 1873

CVIII. W. Flemming. — Ueber d. ersten Entwicklungserschein. am Ei der Teichmuschel. —Arch. f. mikr. Anat. T. X, p. 258. — Février............................ 1874

CIX. Klebs. — Ueber die Regeneration des Plattenepithels. — Arch. f. experim. Pathol. u. Pharmakol. T. III, p. 125. Pl. II. 1874

CX. O. Bütschli. — Beitr. zur Kenntniss der freilebenden Nematoden. — Nov. Act. Leop. Carol. Acad. Vol. XXXVI. N° 5 — Mai...................................... 1874

CXI. L. Auerbach.— Organologische Studien.— Heft. II in-8° avec 1 planche. — Breslau, Décembre.. 1874

CXII. O. Bütschli. — Vorl. Mittheil. etc. üb. d. Conjugat. d. Infusorien und die Zelltheilung. — Zeitschr. f. wiss. Zool. T. XXV, 4me livr. p. 426. — Juillet.................. 1875

CXIII. E. Strasburger. — Ueber Zellbildung und Zelltheilung, 1 vol. in-8°.......Jena, 1875

CXIV. H. Fol. — Études sur le dévelop. des Mollusques. 1er Mém. Sur le dévelop. des Ptéropodes. — Juillet–Août... 1875

CXV. W. Flemming. — Studien in der Entwicklungsgeschichte der Najaden. — Sitzungsber. Wiener Akad. T. LXXI, 3me partie. — Février............................. 1875

CXVI. A. Goette. — Die Entwicklungsgesch. der Unke (Bombinator igneus), 1 vol. in-8° avec atlas-folio ....Leipzig, 1875

CXVII. O. Hertwig. — Beitr. z. Kenntn. d. Bildung, Befrucht. u. Theilung d. thierischen Eies. — Morphol. Jahrb. T. I, 3mo livr. — Décembre........................... 1875

CXVIII. E. van Beneden. — La maturation de l'œuf, la fécondation, etc., d'après des recherches faites chez le Lapin. — Bullet. Ac. R. de Belgique. — Décembre........... 1875

CXIX. O. Bütschli. — Studien über die ersten Entwicklungsvorgänge, etc. — Abhdlgn. Senckenb. Gesellsch. Vol. X......................................Frankfort, 1876

CXX. E. van Beneden. — Contributions à l'histoire de la vésicule germinative. — Bullet. Acad. R. de Belgique. — Janvier...................................... 1876

CXXI. H. Ludwig. — Ueber die Bildung des Blastoderms bei den Spinnen. — Zeitschr. f. wiss. Zool. T. XXVI, 4mo livr. — Mars........................... 1876

CXXII. N Bobretzky. — Studien über die embryonale Entwickelung der Gasteropoden. — Arch. f. mikr. Anat. T. XIII, 4re livr. — Juillet.............................. 1876

CXXII *bis*. H. Fol. — Études sur le dévelop. des Mollusques.— 2ᵐᵉ Mém. Sur le dévelop. des Hétéropodes. — Septembre 1876

CXXIII. W. Flemming. — Beobacht. üb. d. Beschaffenheit d. Zellkerns. — Arch. f. mikr. Anat. — T. XIII, 3ᵐᵉ livr. p. 693. — Octobre. 1876

CXXIV. L. Auerbach. — Zelle und Zellkern. Bemerkungen zu Strasburger's Schrift. — Cohn's Beiträge . . . . Breslau, 1876

CXXV. A. Villot. — L'histologie de l'œuf. — Revue sc. nat. de Montpellier. T. V. N° 3, p. 359. — 15 décembre. 1876

CXXVI. E. Haeckel. — Die Perigenesis der Plastidule. — 1 brochure in-8°. . . . . . . Berlin, 1876

SUPPLÉMENT BIBLIOGRAPHIQUE

Le mémoire que l'on vient de lire a été d'abord rédigé en majeure partie dans l'automne de l'année 1876. C'est aussi de cette époque que datent deux notes qui ont paru dans les Comptes Rendus de l'Académie de France (CXXXII et CXXXIII) et dont la présentation a été retardée par des circonstances particulières. Les études que je fis en décembre 1876, janvier et février 1877 amenèrent des résultats importants qui, en modifiant mes opinions, m'obligèrent à remanier complètement une partie de mon manuscrit.

La publication du mémoire actuel, qui était écrit au printemps de l'an 1877, ayant été retardée au delà de toute attente par les lenteurs de la gravure et de l'impression, j'aurais pu encore faire subir à ce travail un second remaniement pour tenir compte des mémoires nombreux et importants qui ont paru dans l'intervalle. J'ai mieux aimé conserver à mon ouvrage une unité que ces additions lui auraient fait perdre et laisser mes observations en regard de la bibliographie dont je disposais au moment où je les ai faites. Mon point de vue sera plus facile à saisir.

Je me suis donc décidé à laisser mon manuscrit sans changements et à donner les explications nécessaires à mesure que je comparerai mes résultats avec ceux d'auteurs plus récents. Je fais précéder cette analyse d'un extrait de quelques mémoires parus avant la date de mes dernières recherches, mais dont je n'avais pas eu connaissance.

Schenk (CXXVII) décrit le premier développement de l'œuf de *Serpula*. Il n'a vu ni la pénétration du zoosperme, ni la formation des pronucléus, ni même la sortie des globules polaires. En revanche l'auteur parle d'une expulsion de la tache germinative. Les figures radiaires autour des noyaux sont mentionnées plutôt que décrites et les résultats de ce travail ne sont comparés à aucun des travaux sur le même sujet à l'exception de celui de Flemming.

C. v. Bambeke (CXXVIII) reprend ses études sur la fécondation des Amphibiens, mais cette fois avec moins de succès. Après avoir comparé son travail précédent avec les résultats obtenus par quelques-uns des auteurs plus récents, il nous donne un résumé de ses nouvelles recherches. Je ne relèverai comme intéressants que les trois points suivants : L'auteur arrive à la conclusion que la vésicule germinative des animaux en question ne se dissout pas en place, mais qu'elle est expulsée en partie sans donner naissance à des globules polaires. Après la fécondation, v. Bambeke n'a rencontré chez le Crapaud et le Pélobate qu'une seule traînée centripète avec un corpuscule nucléiforme, mais rien n'indique quelle peut être la nature de cet élément nucléaire.

E. Strasburger (CXXIX) fait, dans la seconde édition de son traité, quelques additions intéressantes relatives à la fécondation chez les plantes. Chez *Ephedra*, *Pinus* et *Picea* le noyau de l'ovule se rapproche de la surface et se divise en deux moitiés dont l'une sort de l'ovule pour constituer, avec une petite quantité de protoplasme, la cellule du canal (Kanalzelle). L'autre moitié du noyau se renfonce dans l'ovule et peut se comparer à ce que l'auteur nomme le « noyau germinatif » de l'ovule des animaux, c'est-à-dire au « noyau de l'œuf » de Hertwig, ou à notre pronucléus femelle. La cellule du canal serait un homologue des corpuscules de rebut des animaux.

Le tube pollinique arrive dans le voisinage presque immédiat de l'ovule auquel ce tube transmet son contenu, non pas directement, mais par endosmose à travers une membrane. L'on peut démontrer que la substance fécondante entre dans le noyau de l'ovule soit à mesure de son passage à travers la membrane, soit après s'être préalablement rassemblée, dans les couches superficielles de l'ovule, en un ou plusieurs éléments nucléiformes qui vont ensuite se réunir au pronucléus femelle. L'auteur ne fait du reste que mentionner ces processus et ne nous donne pas la description détaillée qui serait si nécessaire à l'intelligence du sujet.

En ce qui concerne *Phallusia*, Strasburger décrit maintenant les deux pronucléus qui se réuniraient au bord de l'œuf, deux heures après la fécondation artificielle; le noyau conjugué exécuterait ensuite sa marche centripète. Les globules de rebut que j'ai vus d'une manière si évidente chez cette espèce ne sont toujours pas mentionnés et la description du savant botaniste ressemble si peu à ce que j'ai moi-même observé sur la fécondation chez cette espèce, que je n'essayerai même pas de mettre d'accord nos observations. Il ne faut du reste pas perdre de vue que ces nouvelles études de Strasburger ont été faites sur de vieux œufs conservés depuis longtemps dans l'alcool, et traités après coup par l'acide osmique et le carmin, une méthode qui ne pouvait guère qu'engendrer des erreurs.

Strasburger pense que le zoosperme des plantes inférieures et le tube pollinique des phanérogames ne contient pas de noyau, mais que la substance de l'ancien noyau de la cellule-mère fait partie de l'élément fécondant. La réunion de l'élément mâle à l'ovule ne doit donc pas être considérée comme une introduction d'un nouveau noyau en tant qu'élément morphologique, mais comme l'introduction d'une substance nucléaire en qualité d'élément physiologique. Je n'ai aucune opinion en ce qui concerne les végétaux, mais chez les animaux je pense que le zoosperme ne renferme aucune substance nucléaire préformée et qu'il pénètre dans l'ovule comme élément à la fois morphologique et physiologique.

Au sujet de la division des cellules, la nouvelle édition du traité de Strasburger renferme quelques observations nouvelles et surtout un changement considérable quant à la théorie de ces phénomènes.

Dans les cellules-mères du pollen chez *Allium* et des spores chez *Equisetum* et dans toutes les cellules animales étudiées par l'auteur, il voit maintenant les moitiés du noyau en voie de division conserver constamment des contours parfaitement nets qui les séparent de leur entourage. Il résulte d'une comparaison du texte et des figures que le contour de ces jeunes noyaux passerait par l'amas central de l'aster et comprendrait l'ensemble correspondant de renflements intranucléaires. Les nouveaux noyaux seraient d'abord homogènes, puis ils se différencieraient en commençant par la partie médiane, c'est-à-dire la plus éloignée du pôle. Cette différenciation consisterait en une raréfaction interne de substance, aboutissant à la formation d'une vacuole, rarement de deux vacuoles voisines, jamais davantage. Dans cette vacuole apparaissent des nucléoles. Le jeune noyau complètement creusé aurait encore la forme d'une moitié de citron ; puis il s'arrondit et les parties solides de son contenu viennent lui constituer une enveloppe. Pendant longtemps le jeune noyau reste dans une position excentrique et semble exécuter une rotation autour de son ancien pôle dont il ne vient pas occuper la place. Pour mieux caractériser le jour sous lequel Strasburger envisage ces phénomènes, je transcris mot à mot ce qu'il dit de la division des cellules-mères des spores chez Equisetum :

« Die Mutterzellkernhälften bleiben hier nämlich an Alcohol-Präparaten während ihrer Umgestal
« tung zu den Tochterzellkernen ganz scharf gegen das umgebende Protoplasma abgegrenzt, und
« man kann die hier von den Polen anhebende Verschmelzung der Fäden jeder Hälfte zu dem
« homogenen Tochterzellkerne fast in allen ihren Stadien verfolgen. »

Le noyau qui se prépare à la division commence d'après Strasburger par devenir homogène, après quoi une substance spéciale s'accumule aux pôles. L'accumulation polaire ne prend naissance que chez les œufs d'*Unio* et de *Phallusia* avant que le noyau soit devenu homogène et encore ce processus n'est-il qu'une exception même chez ces animaux-là. Une partie de la substance du nucléus se rassemblerait ensuite à l'équateur, l'autre partie devenant fibrillaire.

Entre cette description et la mienne, les différences sont si grandes qu'il me semble inutile de tenter un rapprochement ; il s'agit ici de questions de fait dont la discussion serait stérile et que les observateurs futurs ne manqueront pas de trancher.

Quant à la théorie de ces phénomènes, nous rencontrons dans la présente édition tout un ensemble d'idées enchaînées et logiquement déduites que je vais chercher à esquisser. L'auteur abandonne complètement son ancienne hypothèse d'une identité de substance entre le noyau et la couche corticale, et distingue maintenant dans chaque cellule trois substances : la substance nucléaire, le protoplasma granuleux et le protoplasma cortical. La distinction des deux sortes de protoplasma, d'un sarcode intérieur granuleux (Körnerplasma) et d'une couche sarcodique superficielle et homogène (Hautschicht), a été mise en avant par Pringsheim et c'est avec raison que Strasburger lui donne son adhésion. En effet ces deux couches répondent à celles que j'ai moi-même séparées sous les noms de sarcode granuleux et de couche enveloppante. Ce dernier terme n'est plus pour moi qu'un synonyme du mot proposé antérieurement par Pringsheim et que j'adopte. Couche corticale ou sarcode-enveloppe sont donc, à mes yeux, des termes absolument équivalents.

La substance nucléaire exercerait une légère attraction sur le protoplasme granuleux, tandis qu'elle repousserait la substance corticale. Le noyau lui-même ne serait pas homogène, mais se composerait de plusieurs substances qui se mêlent et se neutralisent à l'état de repos, se séparent pendant les périodes d'activité. Ce sont d'abord la substance polaire ou active, ensuite la substance du disque nucléaire qui est repoussée par la précédente, et enfin la substance des fibrilles qui tient le milieu entre les deux premières. La substance polaire d'après Strasburger serait tout simplement celle du zoosperme ou de l'élément fécondant. A certaines époques, cette matière active se porterait aux pôles du noyau ; elle repousserait vers l'équateur la substance passive qui formerait ainsi le disque nucléaire, tandis que la substance intermédiaire s'étendrait sous forme de filaments entre les deux précédentes. Les pôles se repoussant mutuellement s'écarteraient l'un de l'autre et entraîneraient les autres matières nucléaires qu'elles déchirent en deux parts égales. Les disques nucléaires, en s'écartant l'un de l'autre, resteraient unis par des filaments : les filaments connectifs (Zellfäden dans

36

la 1ʳᵉ édition, Kernfäden dans la 2ᵐᵉ édition). Ces filaments se multiplieraient ensuite et deviendraient plus gros par une nutrition aux dépens du protoplasme environnant et le disque de cloisonnement prendrait naissance à leur milieu par les procédés précédemment décrits. La théorie est, sinon juste, tout au moins complète et logique, mais elle présente un point particulièrement faible. L'on ne comprend pas en effet comment les amas polaires pourraient entraîner le disque équatorial à leur suite et le partager, si la substance de ce disque est repoussée par ces pôles.

Les rayons extranucléaires ne sont pour Strasburger que l'expression d'un arrangement moléculaire particulier qui prouverait la polarité des *molécules* du sarcode granuleux [1]. Ces rayons s'allongent progressivement en partant des pôles et ce n'est qu'au moment où ils atteignent la périphérie que la cellule commence à se diviser, tout au moins chez les cellules animales. Il est difficile du reste de se rendre compte de la manière dont l'auteur envisage ces rayons, car tantôt il les prend pour un simple arrangement moléculaire, tantôt il nous dit, comme pour le noyau conjugué de l'œuf de *Phallusia* que le noyau « stösst sich durch Vermittlung dieser Strahlen von der Peripherie ab. » Comment se pousser à l'aide d'un arrangement moléculaire ? Il y a là des contradictions évidentes. La division elle-même est trop prompte pour pouvoir s'expliquer par un étranglement progressif. Il doit s'accumuler de la substance corticale dans les filaments connectifs et cette substance étant repoussée par les pôles, se rassemble en un disque de cloison. Dès que le sarcode-enveloppe qui tapisse le fond du sillon de fractionnement arrive à toucher les bords de ce disque de cloison, la division cellulaire s'achève d'un seul coup. Suivant cette hypothèse l'on ne comprend pas bien pourquoi le disque de cloison se scinderait ainsi en deux couches, puisque d'après la théorie il n'est pas attiré par les noyaux.

Les jeunes noyaux une fois formés, les rayons unipolaires s'effaceraient simplement, et l'amas de sarcode qui entoure le pôle se disperserait dans le vitellus. Cependant la croissance des jeunes noyaux n'a pas complètement échappé à l'auteur, qui pense que cette croissance pourrait se faire par un processus de nutrition aux dépens du protoplasme homogène qui environne ces noyaux. J'ai déjà montré qu'il ne peut s'agir ici d'une nutrition et je maintiens ma manière de voir.

La conclusion générale est que le noyau préside à la division des cellules en se divisant le premier par un partage pur et simple, et que ce partage du noyau est causé par deux accumulations d'une certaine substance polaire qui proviendrait du zoosperme.

L'auteur maintient encore la singulière théorie de la « Vollzellbildung, » et s'étonne que l'on n'ait pas encore retrouvé ce processus dans le règne animal. Les zoologistes s'étonneront avec moi d'apprendre que cette notion surannée trouve encore des partisans parmi les botanistes. Les processus dont il s'agit sont fréquents dans le règne animal, mais l'on ne songe pas à parler de la génération d'une nouvelle cellule chaque fois qu'un élément histologique perd son noyau ou se débarrasse d'une membrane.

Dans ses Études sur le protoplasme (CXXX), Strasburger insiste sur les différences entre le sarcode granuleux qui est chargé de la nutrition des cellules et le sarcode-enveloppe qui sert à les limiter. Il décrit la structure de cette dernière couche chez des spores couvertes de cils vibratiles,

---

[1] Je préférerais le terme de particules à celui de molécules.

structure qui fait penser à celle que les zoologistes connaissent si bien et depuis si longtemps pour la cuticule des cellules vibratiles épithéliales.

Pour expliquer l'hérédité, le savant botaniste se joint aux auteurs qui pensent qu'il y a autant d'espèces et de variétés de protoplasme qu'il y a d'espèces et de variétés d'êtres organisés. Il cite à l'appui de cette opinion un fait très probant, à savoir ces boutures de Bégoniacées où une seule cellule de l'épiderme donne naissance par bourgeonnement à une plante semblable à celle dont elle provient. Si les conséquences de certaines particularités du protoplasme sont entravées dans le développement d'un individu, ces particularités peuvent subsister néanmoins et se faire valoir dans les générations suivantes ; nous aurons alors un cas d'atavisme. Une action extérieure assez énergique peut modifier le protoplasme et ses propriétés, mais seulement dans certaines directions qui sont prescrites par la texture même du protoplasme. L'auteur se représente cette substance comme une agglomération de molécules dont chacune est entourée d'une enveloppe d'eau plus ou moins épaisse.

Strasburger s'élève contre la comparaison tentée par Hæckel d'une cellule à un cristal et n'admet pas davantage l'hypothèse de la périgénèse de la plastidule.

E. van Beneden décrit chez les Dicyémides (CXXXI) des partages de noyau qui correspondent à ce que nous savons déjà de ce processus et retrouve dans les noyaux naissants les parties qu'il a nommées précédemment le pronucléus engendré et le pronucléus dérivé.

Deux notes qui parurent dans les Comptes rendus de l'Académie des sciences (CXXXII et CXXXIII) ont été écrites par moi avant mon départ pour Messine en automne 1876. La seconde de ces notes a été écrite en même temps que la première, mais sa publication a été considérablement retardée par des circonstances indépendantes de moi. Toutes deux indiquent le point de vue auquel je me plaçais avant mes nouvelles recherches de l'hiver 1876-77, qui ont nécessité le remaniement de plusieurs parties du présent mémoire. O. Hertwig n'est donc pas dans le vrai lorsqu'il représente la seconde de ces deux notes comme caractérisant mes opinions au mois de février 1877.

Les autres notes sur le même sujet que j'ai publiées soit dans les Comptes rendus (CXXXIV et CXL), soit dans les *Transunti* de l'Académie des Lincéens (CXXXVI) sont, au contraire, le résultat de mes dernières recherches et peuvent être considérées comme l'annonce du mémoire actuel. Le même sujet se trouve résumé et développé, sans aucun changement quant au fond, dans un écrit qui parut le 15 avril de la même année (CXLII) et fut reproduit plus tard en un autre endroit.

Ces notes furent vivement attaquées par MM. Perez et Giard (CXXXIX et CXLI), et il en résulta un long débat que je suppose connu des lecteurs et sur lequel je me garderai de revenir (voyez CXLVI, CXLVIII, CXLIX et CL).

Sur ces entrefaites parurent plusieurs travaux importants que je chercherai à résumer brièvement. Mais pour être complet, je dois auparavant dire quelques mots d'un certain nombre d'écrits relatifs à notre sujet et qui ne demandent pas une discussion spéciale.

Giard, décrivant la maturation de l'œuf chez certaines Méduses phanérocarpes (CXXXVIII), voit des globules sortir de l'ovule encore mal mûr, globules qui ne proviennent à aucun titre de la vésicule germinative et auxquels il propose d'appliquer le nom de globules excrétés que j'avais moi-même employé pour désigner les globules polaires. J'accepte pour ma part ce changement dans la signification de ma désignation et réserve désormais pour les globules polaires le terme de « corpuscules de rebut » qui me paraît plus caractéristique. A. Brandt (CXXXVII et CXLIV) à la suite d'observations des plus superficielles, mais décrites en grand détail, sur l'Ascaris et le Limnée, arrive à la conclusion que la vésicule germinative est une cellule véritable, la tache germinative un noyau. Cette cellule se divise directement lors du fractionnement, entraînant à sa suite le reste du vitellus. Elle n'est pas expulsée, même en partie, lors de la sortie des globules polaires (dont l'auteur ignore du reste l'existence chez *Ascaris*), car, dit-il, « Es dürfte ein Gebilde, welches sich im Dotter so wohl befindet, wie seine « energischen Bewegungen beweisen, kaum Gefahr laufen so bald aufgelöst zu werden. » En effet M. Brandt ne voit pour ainsi dire que des mouvements amiboïdes de la vésicule germinative qui, d'après lui, expliquent tous les premiers phénomènes du développement et qu'il *obtient* en ce qui concerne les Ascarides en plongeant l'œuf dans un milieu qui lui est nuisible, tel que le blanc d'œuf de poule. Les deux noyaux sexués ne sont pour notre auteur que le résultat d'une première tentative avortée que la vésicule germinative fait de se diviser ; elle veut se fractionner trop tôt, mais sa tenta- tive échoue et ne réussit que lorsque le bon moment est arrivé ! Les filaments unipolaires des asters et des amphiasters sont des pseudopodes que cette cellule envoie dans toutes les directions pour trouver un point d'appui qui lui permette de se déplacer ou de se déchirer en deux. Tout ceci ressemble fort à la théorie de M. Villot. Mais si les produits de la division répétée de cette prétendue cellule deviennent, comme l'on sait, les noyaux des cellules embryonnaires, ce fait seul suffirait à renverser tout l'édifice de M. Brandt ; aussi se donne-t-il beaucoup de peine pour chercher un exemple dans lequel les noyaux de ces cellules finiraient par devenir eux-mêmes des cellules, et il croit avoir trouvé cela dans une certaine région de la surface des embryons d'Anodontes où les noyaux sont effectivement très gros comparés aux dimensions des cellules qui les renferment. Je ne crois pas nécessaire d'insister davantage. Bischoff, enfin (CLI), consacre une brochure à la critique des travaux qui ont paru et des idées nouvelles qui ont acquis droit de cité dans la science depuis l'époque de ses derniers mémoires. Par respect pour un embryogéniste qui a si bien mérité de la science, je n'insiste pas sur cet écrit qui ne nous fait que trop bien sentir toute l'étendue du chemin parcouru dans ces 15 dernières années.

Dans un mémoire publié en mars 1877 (CXXV), O. Hertwig nous rend compte du résultat de ses recherches sur le commencement du développement chez *Nephelis* et chez *Rana*. Ses idées, précé- demment analysées, sur l'origine du pronucléus femelle de l'Oursin forment encore la base du présent travail.

L'ovule de *Nephelis*, arrivant à parfaite maturité, voit sa vésicule germinative subir une série de modifications. Sa membrane se dissout et le nucléole se sépare en une quantité de fragments à mou- vements amiboïdes ; il nomme encore « Kernsubstanz » la matière qui compose la tache germinative et « Kerntheile » les fragments de cet organite. Ces fragments se placent entre deux figures étoilées et ainsi se constitue le fuseau de direction (amphiaster de rebut). Ce fuseau serait un dérivé direct du nucléole ou de la plus grande partie du nucléole avec l'adjonction d'un peu de liquide de la vésicule germinative. Les fragments du nucléole constituent le disque équatorial et deux de ces morceaux se placent à côté des pôles du fuseau. L'auteur considère ce fuseau comme un corps bien délimité qui mérite déjà le nom de « noyau de l'œuf » (notre pronucléus femelle), en sorte que l'ovule n'est à aucun moment dépourvu de noyau. Chez des œufs en voie de décomposition, c'est le fuseau qui conserve le plus longtemps sa forme. La division de l'amphiaster de rebut et la sortie des globules polaires sont décrites d'une manière conforme à ce que j'avais publié antérieurement sur ces processus chez les Hétéropodes et développé avec plus de détail dans le mémoire actuel. L'auteur établit, contrairement aux idées de Bütschli, que l'amphiaster de fractionnement se divise pour donner naissance d'une part aux globules polaires et, d'autre part, à un ensemble de petites vacuoles qui se réunissent en un noyau femelle. Il est a regretter que Hertwig ait complètement négligé de rappeler que j'avais établi ces deux faits bien avant lui à propos des Ptéropodes et des Hétéropodes et critiqué dans les termes les plus précis les erreurs commises à cet égard par Bütschli. L'auteur ne néglige pas de rapprocher ses opinions de celles de Strasburger sur les Conifères. Hertwig ne sait si le second amphiaster de rebut se forme directement des restes du premier, ou s'il y a entre deux une phase nucléiforme. J'ai établi, il y a longtemps, que, chez les Hétéropodes et d'autres animaux, cette phase nucléiforme passagère n'existe pas et je maintiens mon dire. Le pronucléus femelle se forme, d'après Hertwig, comme les noyaux de fractionnement, par la réunion des vésicules qui proviennent du gonflement des granules intranucléaires. Ces vésicules ont une enveloppe et renferment un grain réfringent composé de « substance nucléaire. » L'auteur montre (et j'ai montré avant lui) que l'amas de vacuoles qui se forment sous les corpuscules de rebut des Gastéropodes répondent à un seul noyau. Les noyaux sexuels, une fois formés, ont un contenu homogène, car, nous dit l'auteur, les réseaux intranucléaires que fait apparaître l'acide acétique ne sont pas visibles dans l'acide osmique ; cette conclusion ne me semble pas indiscutable. Le premier globule polaire s'étrangle en deux après sa sortie. Ces trois globules polaires se munissent de noyaux, après quoi ils s'affaissent et se réunissent les uns aux autres. D'après Hertwig ces globules se composent en majeure partie de protoplasme homogène et en minime partie de substance nucléaire. Il m'a semblé, tout au contraire, que leur noyau est toujours relativement énorme, mais il ne faut pas perdre de vue que l'auteur confond constamment noyau et nucléole. Se fondant sur l'identité, bien connue avant lui, des phénomènes de division du « fuseau de direction » et de division d'un noyau, l'auteur conclut que les globules polaires se forment par une division ou un bourgeonnement cellulaire, mais il convient en même temps que ces globules ne se comportent pas comme des cellules ordinaires. Les corpuscules de rebut se forment avant la fécondation parce que, dit Hertwig, la fécondation ne date que du moment où les noyaux sexués se réunissent. La prémisse me paraît discutable.

La seconde partie du mémoire est consacrée au premier développement de l'œuf de Grenouille (*Rana temporaria et esculenta*). Aux approches de l'époque de la reproduction, l'ovule ovarien se modifie ; sa vésicule germinative se rapproche de la surface du côté formatif et se ratatine. Néanmoins il n'y a pas de cavité entre la membrane nucléaire et le vitellus ; les cavités que l'on a vues dans cette situation sont des produits artificiels. Les nucléoles, au nombre de quelques centaines, et creusés de vacuoles dans leur intérieur, se réunissent tous au milieu de la vésicule. Celle-ci finit par arriver tout près de la surface et par perdre sa membrane, qui se dissout. Le pigment forme, au-dessous de la vésicule, un dessein en entonnoir qui indique le chemin que cet organite a suivi pour arriver à la périphérie du vitellus. Les œufs recueillis dans la cavité abdominale ne présentent plus aucune trace de vésicule germinative, d'où l'auteur conclut qu'elle s'est dissoute à l'endroit où il l'avait aperçue en dernier lieu, c'est-à-dire tout près du pôle formatif. Après la fécondation, le pôle formatif est recouvert d'un voile jaunâtre, déjà décrit par Max Schultze, irrégulier de contours, plus épais au milieu qu'au bord et composé d'une substance granuleuse pareille à celle de la vésicule germinative avant sa disparition, sauf l'adjonction de quelques globules lécithiques. Plus tard, l'auteur trouve dans l'intérieur du vitellus, au-dessous du pôle formatif, un très-petit noyau vésiculeux, plongé directement dans la substance vitelline, qui ne présente pas de stries radiaires alentour. C'est le noyau femelle (Eikern).

Hertwig ne sait s'il doit considérer avec Max Schultze l'apparition du voile comme indépendant de la fécondation. A ses yeux cette substance granuleuse est celle de la vésicule germinative que le vitellus expulse de son sein après l'avoir absorbée. Cette expulsion ne serait du reste en aucune façon comparable à celle des globules polaires, puisqu'elle aurait lieu sans les phénomènes de division cellulaire qui président à la naissance de ces derniers, et l'auteur propose de limiter le terme de « corpuscules excrétés » à ces substances provenant de la vésicule germinative et directement expulsées.

En ce qui concerne la pénétration du zoosperme dans l'œuf de Grenouille, Hertwig a vu les éléments mâles traverser l'enveloppe gélatineuse et venir se buter contre une pellicule qui la limite intérieurement. Il pense donc qu'il doit y avoir un micropyle. Une heure après la fécondation artificielle, l'auteur trouve sur des coupes une traînée pigmentaire qui part du voisinage du pôle obscur, mais de côté, et s'enfonce obliquement vers la ligne médiane. L'extrémité renflée de cette ligne foncée renferme une tache claire, entourée de lignes radiaires et possédant dans son intérieur un petit élément nucléiforme, avec enveloppe et contenu liquide, dans lequel nagent quelques granulations. C'est, à quelques petits détails près, exactement ce que v. Bambeke avait décrit et considéré comme le résultat de la pénétration du spermatozoïde. Hertwig confirme l'interprétation du savant belge et donne à ce noyau le nom de « Spermakern » (noyau mâle). Ce petit pronucléus rejoint bientôt le noyau femelle avec lequel il se réunit en grossissant et en marchant vers l'intérieur du vitellus. Hertwig n'a jamais vu qu'une seule traînée pigmentée par œuf et en conclut qu'il ne pénètre qu'un zoosperme dans le vitellus de la Grenouille. C'est une conclusion importante et qui semble contredire certains faits décrits par v. Bambeke.

Dans ses considérations générales, Hertwig s'attache surtout à défendre ses notions erronées sur le rôle de la tache germinative dans la maturation de l'ovule de l'Oursin et le point de vue maintenu dans ce mémoire publié en mars 1877 se trouve résumé dans la phrase suivante : « Ich halte daher « die allgemeinen Ergebnisse, zu welchen mich meine Beobachtungen am Ei des Toxopneustes « geführt haben in ihrem ganzen Umfang aufrecht und stütze dieselben durch die neuen Beobach- « tungen welche ich am Ei der Hirudineen und Amphibien angestellt habe. » L'auteur, ayant depuis lors reconnu son erreur en ce qui concerne l'Oursin, je n'insisterais pas s'il n'avait cherché à étendre ses conclusions à des cas aussi dissemblables que le sont les Hirudinées et les Batraciens. Ainsi il pense que chez Nephelis le « fuseau directeur » provient de la tache germinative seulement et le considère comme étant déjà le « noyau de l'œuf » et, chez la Grenouille, il suppose que le noyau femelle dérive d'un des nucléoles de la vésicule germinative. L'auteur émet encore, contrairement à l'opinion généralement reçue, l'idée que les globules polaires manquent non seulement chez l'Oursin mais encore chez les Cœlentérés, les Tuniciers, les Arthropodes, l'Amphioxus et une partie des Vers, et en outre il pense que la disparition de la vésicule germinative et la formation des corpuscules de rebut sont deux processus sans rapport l'un avec l'autre.

Hertwig maintient que le zoosperme pénètre comme tel dans le vitellus et que le pronucléus mâle n'est que le noyau du zoosperme très-gonflé par imbibition de suc nucléaire. J'ai montré ci-dessus que le zoosperme peut changer complètement de forme pendant la pénétration et que le noyau mâle des Gastéropodes présente une croissance si énorme, qu'une simple imbibition d'un noyau de zoosperme (noyau dont l'existence reste à démontrer) ne saurait rendre compte de cette augmentation de volume.

En ce qui concerne les phénomènes de division cellulaire, Hertwig établit pour le fractionnement de l'œuf de Grenouille que les jeunes noyaux se forment par la réunion de vacuoles qui proviennent elles-mêmes du gonflement des granules de Bütschli; je suis tout à fait d'accord sur ce point et j'y vois la meilleure preuve que les granules intranucléaires ne sont pas des fragments de nucléoles, sans quoi il faudrait admettre que les noyaux de chaque stade de fractionnement se forment aux dépens des nucléoles de la phase précédente, ce qui est absurde.

La division du vitellus de la Grenouille a lieu par étranglement et non par la formation d'un disque de cloison (Strasburger) et Hertwig en donne pour preuve que le pigment noir de la surface du vitellus accompagne le sillon jusqu'au fond et jusqu'à séparation complète des nouvelles sphérules.

Un petit article sur le premier développement d'animaux marins, publié par Hertwig en mai de la même année (CXLV), n'est que l'annonce préliminaire d'un travail plus explicite et accompagné de planches qui parut plus tard (CLV). Les modifications, quant au fond du sujet et quant aux opinions émises, ne sont ni assez nombreuses ni assez importantes pour m'obliger à faire un compte rendu distinct et de chacun de ces deux travaux.

L'auteur décrit l'ovule ovarien et ses enveloppes d'une manière parfaitement conforme à ce que j'ai moi-même observé. Cependant je ne trouve pas comme lui que l'oolemme perde sa structure radiaire en se gonflant dans l'eau. A la surface du vitellus, Hertwig découvre une fine membrane homogène, qu'il considère avec probabilité comme la couche la plus interne de l'oolemme. La maturation de l'œuf pondu, la formation des globules polaires, la naissance du noyau femelle sont décrits en somme d'une manière conforme à mes propres observations. Je n'ai à signaler que les différences suivantes :

D'après O. Hertwig, le premier phénomène qui se passe dans la vésicule germinative en voie de diminution est un prolongement de sarcode vitellaire granuleux qui part du bord voisin de la périphérie et s'entoure de crêtes protoplasmiques qui s'étendent depuis le cône central comme des chaînes de montagnes. Ce cône sarcodique renferme une tache claire. Pendant ce temps, les vacuoles dont le nucléole était creusé font place à une seule grande vacuole, presque entièrement remplie par un corpuscule. C'est donc une différenciation en deux substances dont l'une entoure l'autre. La partie incluse se colore fortement par le carmin et se prend dans l'acide acétique en un coagulum foncé ; l'autre substance se colore moins dans le carmin et se gonfle dans l'acide acétique. La substance interne peut être accolée à l'autre masse plus volumineuse, au lieu d'être enveloppée par elle. C'est une disposition connue depuis longtemps chez certaines espèces animales et que Flemming en particulier a fort bien décrite pour l'œuf des Naïades. Cette substance interne disparaît du nucléole pour entrer dans la composition de l'amphiaster de rebut (fuseau directeur de l'auteur). Des préparations à l'acide osmique montrent que ce corps devient piriforme, poussant sa pointe jusqu'au centre de la figure étoilée que renferme le cône sarcodique de la vésicule germinative. Il s'allonge en un bâtonnet, renflé par places, et qui se sépare bientôt en fragments en commençant par l'extrémité pointue. Ces fragments constituent un cercle de granules. La description ne nous apprend pas si l'auteur fait provenir de ces fragments seulement les corpuscules de Bütschli de l'amphiaster de rebut ou encore les granules qui occupent les pôles de cet amphiaster. Hertwig décrit ensuite le premier amphiaster de rebut, sa division, la naissance des globules polaires et l'origine du noyau femelle, d'une manière absolument conforme à la description que j'ai donnée en 1876 de ces phénomènes chez les Hétéro-podes (CXXII) et depuis lors chez Asterias (CXXXIV). J'ai donc quelque peine à comprendre comment cet auteur peut prétendre opposer à mes opinions les siennes qui leur sont identiques! Il est certains détails, relatifs à la participation de la tache germinative à la formation de l'amphiaster de rebut, que je n'ai pas vus et à propos desquels je me garderai de porter un jugement sur les opinions d'un observateur qui a su voir tant de choses. D'autre part j'ai indiqué les détails de la formation du second amphiaster de rebut sur lesquels Hertwig ne s'est pas mis au net. Quant à l'idée émise par Hertwig que le nucléole devient directement un noyau femelle chez *Toxopneustes*, je l'ai combattue et j'ai d'autant moins à rétracter ce que j'ai dit à ce sujet, que Hertwig lui-même s'est rangé à mon opinion, tout en cherchant à démontrer par certains détails qu'il y a pourtant une liaison génétique plus détournée entre ces deux organites.

En traitant par l'acide acétique et des mélanges de glycérine l'œuf au moment de la sortie du premier corpuscule de rebut, Hertwig réussit à faire soulever une membrane sur toute la périphérie du vitellus, d'où il conclut à l'existence d'une membrane vitelline chez le vivant. J'ai trop longuement combattu ce genre de conclusions dans le quatrième chapitre de mon mémoire pour avoir encore à y revenir. Les rayons unipolaires de la moitié périphérique de l'amphiaster restent attachés à cette fausse membrane et sont étirés par le soulèvement de cette dernière, un détail que Hertwig repré-sente sur ses planches et qui aurait dû suffire à lui démontrer qu'il ne pouvait s'agir ici d'une mem-brane véritable. L'aspect de cette fausse membrane, que je connais pour l'avoir bien souvent obtenue par des procédés analogues à ceux qu'indique l'auteur, diffère du reste totalement de celui de la membrane véritable qui se forme pendant la fécondation et qui n'a pas besoin de réactifs pour être démontrée! A l'égard de ces membranes, je maintiens mes conclusions dans toute leur étendue.

Le groupe de granules de la moitié interne du second amphiaster de rebut est le point de départ de la formation du noyau femelle (noyau de l'œuf). Ces granules se transforment en vacuoles dont chacune renferme un petit grain de « substance nucléaire, » c'est-à-dire, en langage ordinaire, un petit nucléole. Les vacuoles se fusionnent en un noyau et les petits granules se réunissent pour constituer le nucléole de ce noyau femelle.

Pas plus que moi Hertwig n'a réussi à faire développer des œufs d'*Asterias* non fécondés.

Le savant zoologiste est d'accord avec moi sur les conditions de la fécondation normale. La péné-tration elle-même a complètement échappé à son observation, mais il a vu cette fois la membrane vitelline se soulever aussitôt après la fécondation. Immédiatement au-dessus de l'aster mâle il voit un pont de substance allant de la surface du vitellus jusqu'à la membrane soulevée. Il ne peut évidemment s'agir ici que de ce cône qui prend naissance *après la pénétration* et que j'ai nommé le cône d'exsudation. Comment Hertwig peut-il dire que ce pont est identique au cône que j'ai vu s'élever à la rencontre du zoosperme qui *va pénétrer*? Pour me contredire sur ce point, pour affirmer que le cône d'attraction et le cône d'exsudation sont une seule et même chose, il faudrait que Hertwig eût été témoin de la pénétration et des phénomènes qui la précèdent, ce qui n'est pas le cas.

Si les œufs d'*Asterias* sont mêlés au sperme après quatre heures de séjour dans l'eau de mer, c'est-à-dire lorsqu'ils sont déjà munis de leur noyau femelle, l'aster mâle croît et se meut rapidement vers le centre du vitellus et le noyau mâle est encore très-petit au moment où il s'unit au gros noyau femelle. Chez des œufs fécondés au moment où l'amphiaster de rebut vient seulement de se constituer, l'aster mâle reste à l'état de petite tache claire au bord du vitellus et se meut lentement vers le centre de l'œuf, entouré de lignes radiaires peu accentuées. Dès que le noyau femelle se constitue, l'aster mâle s'étend, les deux noyaux sexués s'entourent de figures radiaires, croissent et se rencontrent en présentant des dimensions sensiblement égales. Le noyau mâle qui, d'après Hertwig, provient de la « portion nucléaire renfermée dans la tête du zoosperme, » resterait petit lorsqu'il se trouve dans un vitellus dont le noyau femelle a déjà accaparé toute la substance nucléaire, tandis que les deux noyaux absorberaient des quantités égales de cette substance lorsqu'ils croissent simultanément. Ces différences que l'on peut produire expérimentalement chez Asterias sont des particularités constantes du développement d'autres animaux, à savoir des Oursins d'une part, des Hirudinées, Mollusques, Nématodes d'autre part. Le fait en lui-même est certainement très-intéressant, mais l'explication qu'en donne l'auteur est-elle bien acceptable? Pourquoi le noyau mâle, lorsqu'il arrive le premier au centre du vitellus n'accapare-t-il pas toute la substance nucléaire disponible? Et si cette substance se trouve réunie au pôle formatif du vitellus, pourquoi le noyau femelle ne l'accaparet-il pas au détriment de l'autre noyau qui se trouve bien loin dans l'intérieur du vitellus? En tous cas, je remarque que Hertwig fait absorber à son noyau spermatique de la substance nucléaire qui préexisterait dans le vitellus; il semble donc abandonner l'idée que ce noyau grossirait seulement par imbibition de liquide.

L'auteur pense que la cause qui empêche plus d'un seul zoosperme de pénétrer dans un vitellus normal doit être cherchée dans l'activité propre du sarcode vitellin qui, après avoir reçu un zoosperme refuse l'entrée à un second. Il fonde cette conclusion sur le fait que certains œufs ne s'entoureraient d'aucune membrane spéciale après la fécondation.

O. Hertwig décrit aussi quelques expériences tératologiques. Chez des œufs d'*Asterias* fécondés aussitôt après leur sortie de l'ovaire, le vitellus ne se sépare pas de sa membrane par rétraction, la sortie des globules polaires suit son cours ordinaire, et il apparaît plusieurs petits asters mâles près de la surface. Ces œufs ne se développent pas; au bout de quelques heures ils sont fractionnés d'une manière irrégulière, puis ils périssent. Ces résultats me paraissent trop incomplets pour former la base d'une discussion utile.

Des œufs fécondés six heures après leur sortie de l'ovaire ne présentent qu'une faible rétraction du vitellus, qui ne se sépare que lentement ou pas du tout de sa membrane vitelline. Les asters mâles se montrent en nombre à la périphérie, mais ils restent très-petits; deux ou trois d'entre eux se réunissent au noyau femelle. Le noyau fécondé se change en amphiaster, mais chaque pôle de ce dernier présente

37

le plus souvent deux petites étoiles. Dans ce cas il n'y a pas non plus de fractionnement régulier; au bout de quelques heures, le vitellus présente à la surface des lobes inégaux et se sépare en morceaux de diverses grosseurs, après quoi ces œufs se décomposeraient. Hertwig explique l'apparition de plusieurs asters mâles chez les œufs anormaux par la supposition qu'il y pénètre plusieurs zoospermes, mais ce n'est là qu'une hypothèse puisqu'il ne les a pas vus pénétrer. Dans le centre de chaque aster le savant observateur a réussi à faire apparaître, par l'acide osmique et le carmin, un petit corps nucléaire fortement coloré. C'est tout ce que Hertwig rapporte sur ces cas intéressants. Ces observations laissent comme l'on voit beaucoup à désirer. Je rappelle qu'il ne s'agit pas selon moi d'un retrait du vitellus après la fécondation, mais bien de la différenciation d'une membrane aux dépens du sarcode-enveloppe et que les œufs anormaux sont, dans la majorité des cas, susceptibles de se développer d'une manière qui leur est spéciale. Je remarque en outre que les œufs d'*Asterias*, fécondés après six heures de séjour dans l'eau de mer, donneront toujours des embryons parfaitement normaux à moins que ces œufs ne proviennent d'une femelle malade, ou qu'ils aient été asphyxiés dans une trop petite quantité d'eau.

Nous devons à E. Calberla (CLIV) une série d'excellentes observations sur la fécondation de l'œuf de la Lamproie (*Petromyzon Planeri*). Dans le courant de l'hiver, l'ovule ovarien commence à se bourrer de lécithe. Il s'entoure ensuite de ses enveloppes, sa vésicule germinative se rapproche de la surface et disparaît pour être remplacée par un noyau femelle. L'auteur n'a vu ni globules polaires ni matière de rebut expulsée et n'a pas réussi à observer le détail des processus de maturation qui ont lieu du reste au sein de l'ovaire.

L'œuf pondu présente une membrane épaisse, immédiatement accolée à la surface du vitellus. Extérieurement, cette membrane est garnie de petites papilles qui se gonflent dans l'eau et constituent une couche radiaire villeuse qui fait adhérer l'œuf aux objets ambiants et agglutine les zoospermes. A l'un des pôles de l'ovoïde, la membrane est soulevée en un cône obtus; l'espace compris entre cette portion soulevée et la surface du vitellus est rempli de sarcode transparent. Le sommet de la région proéminente de la membrane est percé d'un micropyle, rétréci en deux endroits, au point de ne donner accès qu'à un seul zoosperme à la fois. Le vitellus est presque tout entier formé d'un protolécithe jaune ; vis-à-vis du micropyle se trouve une partie sarcodique qui s'enfonce en ligne droite vers le noyau femelle qu'elle entoure.

Le zoosperme de la Lamproie a un corps allongé et une queue filiforme. Il traverse le canal micropylaire et arrive au contact du sarcode transparent. A l'instant même, le vitellus commence à se séparer de la membrane, d'abord dans le voisinage du micropyle et puis de proche en proche sur toute la périphérie. Pendant le soulèvement de la membrane, le sarcode superficiel du vitellus s'étire en une série de filaments tendus entre la face interne de la membrane et la surface du vitellus. Ces filaments se déchireront plus tard par le milieu. Entre le micropyle et le vitellus, ce n'est pas un simple filament qui persiste, c'est une languette de sarcode dans laquelle le corps du zoosperme se trouve engagé et que l'auteur nomme le guide (Leitband) du spermatozoaire. Cette languette s'étrangle et se divise à son tour par le milieu, après avoir livré passage au corps du zoosperme. La moitié interne rentre dans le vitellus, la moitié externe surmontée de la queue de l'élément mâle reste devant le canal du micropyle. La réunion des noyaux sexués n'a pu être observée directement, et ne peut qu'être conjecturée par analogie. Le noyau femelle devient tout à fait indistinct à l'époque où ce processus doit avoir lieu. Le noyau conjugué s'entoure de lignes rayonnantes et le vitellus semble subir une légère contraction ; la goutte de sarcode qui représente le dernier reste du guide augmente de volume par suite de cette augmentation de pression, pour rentrer ensuite complètement dans le vitellus. Il y a une grande ressemblance physiologique entre ces phénomènes et ceux que j'ai observés chez *Asterias*, mais il ne semble pas qu'il y ait une homologie réelle. Calberla établit par des expériences parfaitement probantes que le gonflement de la membrane est dû à un passage de l'eau extérieure à travers ses pores et non à un retrait du vitellus que tant d'auteurs admettent sans preuve. Il admet que ce gonflement est empêché avant la fécondation par le fait que le sarcode vitellin bouche les pores de la membrane ; après la fécondation, le sarcode se retire et les pores deviennent libres.

En empêchant une femelle de pondre, Calberla a obtenu des œufs trop mûrs qui avaient perdu la faculté d'être fécondés. Il en est de même d'œufs qui ont séjourné plus de douze heures dans l'eau avant la fécondation. La membrane se gonfle en se soulevant en un point quelconque de la périphérie et non dans le voisinage du micropyle ; il ne se tend pas de filaments entre le vitellus et la membrane. Le zoosperme ne peut pénétrer dans ces œufs qui ne tardent pas à se décomposer. En comparant ces belles observations de Calberla avec les miennes sur les Échinodermes l'on ne peut manquer d'être frappé de voir le même résultat physiologique, facilité de pénétration du premier zoosperme et occlusion des autres, obtenu par des procédés qui se ressemblent au premier abord mais qui présentent au fond d'assez grandes différences.

Selenka nous donne d'abord un abrégé préliminaire (CLII) puis une relation plus détaillée (CLVI) de recherches faites à Rio de Janeiro au printemps de l'année 1877, sans avoir connaissance des résultats que Hertwig et moi venions d'obtenir. Bien que les deux descriptions de l'auteur diffèrent sur quelques points, je crois pouvoir les analyser ensemble en m'en tenant surtout à la dernière. L'espèce d'Oursin qui a servi à cette étude est le *Toxopneustes variegatus*.

Les ovules proviennent de quelques-unes des cellules du follicule ovarien qui prennent un développement particulier ; les autres cellules les entourent et céderaient à l'ovule la substance qui le compose. Selenka considère ces cellules comme des ovules abortifs qui sont épuisés par les ovules qui se développent. Il peut en être ainsi chez *Toxopneustes variegatus*, mais chez *Asterias* je n'ai pas remarqué que ces soi-disant ovules abortifs différassent en rien des cellules des follicules ovariens de la plupart des animaux ; je les ai vus changer de forme, mais il ne m'a pas semblé qu'ils perdissent en volume. Les cellules du follicule se détachent de l'ovule avant sa maturité (ce qui est aussi le cas chez mes Oursins).

Le protoplasme des ovules jeunes est granuleux ; puis une couche de sarcode hyalin vient, d'après Selenka, recouvrir ce protoplasme, et une seconde couche granuleuse enveloppe encore la précédente. Le sarcode hyalin forme une séparation entre les deux parties granuleuses, séparation qui disparaît au moment de la maturité. La couche granuleuse externe donne naissance à l'enveloppe glaireuse (oolemme) ; elle envoie dans cette enveloppe une quantité de pseudopodes, irréguliers au début, ensuite fins, nombreux et parfaitement équidistants, qui traversent tout l'oolemme et occasionnent la structure radiaire de ce dernier. A la maturité, tous ces pseudopodes rentrent dans le vitellus et laissent l'oolemme perforé d'une quantité de canalicules.

La métamorphose régressive de la vésicule germinative commence lorsque les pseudopodes vitellaires se montrent; elle se ratatine en perdant son suc qui passe par diffusion dans le protoplasme environnant. La tache germinative se creuse de nucléoles et semble se résorber. Le reste de la vésicule devient un amphiaster qui donne naissance successivement à deux globules polaires qui se perdent dans la cavité de l'ovaire et à un noyau femelle (Eikern). En même temps que les globules polaires, l'ovule donne issue à une goutte de protoplasme hyalin qui se répand sur toute la surface du vitellus et y constitue une couche douée d'une mobilité propre.

Au sujet de la fécondation, Selenka a observé les faits suivants : Le zoosperme traverse péniblement les couches externes de l'oolemme ; mais plus il approche du vitellus, plus il avance vite, ce que l'auteur explique en admettant que la consistance de l'oolemme va en décroissant de la surface vers la profondeur. Arrivé près de la surface du vitellus, il s'élance souvent comme libéré de tout empêchement et nage autour de la couche corticale de l'ovule. L'auteur voit dans les particularités de la marche centripète du zoosperme une preuve de l'existence de pores radiaires plus étroits que la tête de l'élément fécondant. Le passage une fois frayé serait traversé avec facilité par d'autres zoospermes. Le vitellus de l'Oursin qui a servi aux expériences de Selenka présente à l'époque de la maturité une protubérance qui marquerait l'endroit où l'ovule était attaché aux parois de l'ovaire et celui par lequel sortent les globules polaires. L'on sait que cette protubérance fait constamment défaut chez les espèces que j'ai moi-même étudiées lorsque l'ovule est réellement mûr. C'est en ce point que le zoosperme s'introduirait de préférence, parce qu'il trouverait un chemin plus praticable. Dans la règle le zoosperme atteindrait de suite avec sa pointe cette protubérance vitelline, d'autres fois il ne la rencontrerait qu'après avoir nagé entre l'oolemme et la surface du vitellus. Dans 12 % des cas seulement, le zoosperme pénétrerait ailleurs que par la protubérance. Ces observations ne s'accordent donc nullement avec les miennes. J'ai toujours vu le zoosperme atteindre une portion parfaitement lisse de la surface du vitellus et s'y introduire de suite sans jamais nager entre l'oolemme et l'ovule, ce que je considère comme absolument impossible chez les espèces que j'ai étudiées. Les œufs employés par Selenka étaient-ils mal mûrs, ou bien y a-t-il des différences entre les diverses espèces d'Oursins ?

Dès que la pointe du spermatozoïde a pénétré dans la couche corticale du vitellus, une membrane mince se soulève de la surface de ce dernier, autour du point de pénétration, et s'étend rapidement au reste de la périphérie. Pendant le soulèvement de cette membrane, il reste parfois çà et là un filament de sarcode tendu entre la membrane et la surface du vitellus, mais ces filaments ne tardent pas à se rompre. La membrane, une fois formée, constitue un obstacle absolu pour tous les zoospermes qui cherchent encore à entrer. Il n'en peut pénétrer plusieurs que s'ils se sont présentés exactement en même temps à la face interne de l'oolemme ou si, l'œuf étant malade, sa membrane ne se soulève que lentement. Ces vues s'accordent fort bien avec les miennes sauf que je n'ai jamais vu un œuf sain admettre à la fois plusieurs zoospermes ; cette éventualité doit être singulièrement rare, si tant est qu'elle soit réelle.

Une fois que le zoosperme a son corps dans la protubérance vitelline, il secoue rudement les granules lécithiques qui l'entourent grâce aux ondulations de la queue, qui est tout entière en dehors. Sous l'influence de ce mouvement violent, le sarcode-enveloppe se soulèverait autour du corps du zoosperme et le dépasserait en forme de houppe. Tout à coup la queue devient immobile et la houppe rentre dans le vitellus en laissant à la surface une petite excavation d'où sort le cil vibratile du zoosperme. Le corps de l'élément fécondant devient alors le centre d'une figure radiaire et s'avance vers le noyau femelle. La queue encore attachée au corps traverse en ligne droite les couches superficielles du vitellus et s'étend au delà de la surface. La pointe et la queue du spermatozoïde sont résorbées, tandis que le col se gonfle et devient le noyau mâle. Il y a entre ces observations de Selenka et les miennes bien des désaccords. Ainsi j'ai toujours vu la pénétration dans le vitellus s'effectuer rapidement mais sans aucun de ces mouvements désordonnés dont parle Selenka ; pendant cet acte j'ai toujours vu la queue immobile. Je n'ai jamais réussi à voir cette queue attachée au corps de l'élément spermatique lorsque ce dernier avait déjà quitté la surface du vitellus et je n'ai pas rémarqué que le col du zoosperme continuât seul à croître ; toutefois les observations de Selenka se trouvant sur ces deux derniers points d'accord avec celles de Hertwig, je crois plus prudent de réserver mon jugement. Enfin en ce qui concerne la substance qui sort du vitellus à l'endroit où le spermatozoïde vient d'y entrer, j'ai toujours remarqué l'aspect pâle, peu réfringent et mal défini de ces matières, aspect qui ne permet pas de les prendre pour du sarcode vitellin, mais bien pour une sorte d'excrétion ou d'exsudation. En outre j'ai toujours vu ce cône d'exsudation se disperser ensuite ; jamais je ne l'ai vu rentrer dans le vitellus. Sur ce point je maintiens donc mon interprétation précédente.

Le noyau femelle est capable de mouvements amiboïdes qui se manifestent surtout lorsque le noyau mâle arrive dans son voisinage. Les noyaux sexuels ne se fusionnent pas de suite ; ils se juxtaposent seulement et restent dans cet état pendant un temps qui peut atteindre quinze minutes. Pendant tout ce temps le noyau mâle croît continuellement jusqu'à ce qu'il atteigne une dimension égale à celle de l'autre noyau ; la fusion n'a lieu que lorsque cette égalité s'est établie. Cette observation, rapprochée de celles de Hertwig, présente un grand intérêt. L'on se rappelle que ce dernier auteur pense que la réunion des noyaux est d'autant plus prompte et le noyau mâle d'autant plus petit au moment de sa conjugation, que l'œuf est plus avancé dans sa maturation au moment où il vient à être fécondé. Sous ce rapport l'Oursin est un extrême par la petitesse de son noyau mâle. Or Selenka nous montre que dans ce cas aussi le pronucléus mâle atteint la même dimension que l'autre noyau avant de se souder à lui. La seule différence entre tous ces cas résiderait dans l'endroit où le noyau mâle opère sa croissance qui aurait lieu tantôt en chemin, tantôt dans le voisinage immédiat du noyau femelle.

Selenka pense que la direction du fractionnement dépend du point d'entrée du zoosperme et non du point de sortie des globules polaires, bien que ces deux directions coïncident d'habitude chez l'Oursin. De là il conclut que les corpuscules de rebut ne prennent pas toujours naissance au pôle formatif et rejette pour ce motif le terme de globules polaires (tout en conservant celui de globules directeurs!). L'Oursin est parfaitement défavorable pour la détermination de ces directions, puisque ses corpuscules de rebut ne restent pas attachés à l'œuf. En revanche j'ai pu démontrer à l'évidence, chez les animaux les plus divers, que la direction des premiers fractionnements coïncide avec la position des globules polaires et n'est influencée en aucune manière par la situation du point de pénétration. Mes observations sur ce point sont d'accord avec celles de tous les auteurs qui ont fait attention à ces rapports, aussi puis-je considérer la question comme résolue dans un sens contraire aux affirmations de Selenka.

Selenka a pu suivre jusqu'à l'état de jeunes larves des œufs de *Toxopneustes* qui avaient reçu deux, trois et même quatre zoospermes, sans découvrir d'irrégularité dans leur développement, ce qui est en opposition complète avec mes observations. Cependant il ne pense pas qu'à tout prendre le développement d'un œuf surfécondé puisse rester normal. Comme moi, le zoologiste allemand pense que les noyaux mâles qui restent indépendants se repoussent mutuellement. Il croit en outre que, si un œuf surfécondé arrive à se développer normalement, le fait serait dû à la résorption des noyaux surnuméraires. Il ne m'a pas été donné de constater jamais une disparition de ce genre.

Sur les phénomènes de division cellulaire qui se produisent pendant le fractionnement de l'œuf de l'Oursin, je trouve dans la description de Selenka les points suivants qui méritent d'être notés. D'après cet auteur, le noyau prend la forme ellipsoïde sans qu'il se produise de dépressions à ses extrémités. Le suc liquide du noyau ne participe pas à la formation du fuseau de filaments ; il gonfle la membrane nucléaire, qui devient sphérique et crève tout à coup pour laisser le liquide se répandre alentour. Les nouveaux noyaux se formeraient exclusivement aux dépens des grains de Bütschli, changés en vésicules que l'auteur propose de nommer les *nucléoplastes*, et sans la participation d'aucun autre élément formé. Ces nucléoplastes se réunissent d'une manière constante, dans chaque groupe, en six nucléoplastes qui se fusionnent à leur tour en deux nucléoplastes de dernier ordre et ces deux enfin se fondent en un seul noyau. Ce dernier croît en quelques secondes jusqu'au double de son volume premier, par le fait que le reste des filaments connectifs se joint à lui. Les filaments connectifs paraissent diminuer de nombre en se soudant sur toute leur longueur. Il est possible qu'une portion de ces filaments reste en dehors des nouveaux noyaux. Le premier fractionnement du vitellus n'a pas toujours lieu à la suite de la première division du noyau conjugué ; il arrive que le premier sillon s'efface pour reparaître en même temps que le second sillon, à la suite de la seconde division nucléaire, et sépare le vitellus du coup en quatre sphérules. Ce dernier processus ne se présente jamais chez les Oursins que j'ai étudiés, j'ose l'affirmer avec une grande assurance. Selenka a-t-il bien tenu compte de l'affaissement qui se produit entre les sphérules récemment formées? Ou bien y a-t-il sous ce rapport une diversité réelle entre les différents Oursins?

Après avoir résumé les résultats des recherches récentes sur le premier développement, Minot (CXLIII) fait ressortir le fait que l'œuf ne joue son rôle comme élément reproducteur femelle qu'après avoir expulsé une partie de son noyau sous forme de globules polaires. La réunion des noyaux sexués n'a pas lieu auparavant. L'auteur se demande si les cellules reproductrices ne doivent pas être considérées comme neutres ou comme hermaphrodites, jusqu'au moment où elles ont expulsé une substance de polarité ou de sexualité opposée à celle à laquelle elles doivent appartenir? Si le noyau qui reste en arrière dans les cellules mères du sperme ne doit pas être considéré comme la partie femelle de ces cellules et si les globules polaires n'emmènent pas la partie mâle de l'ovule? En attendant que des observations positives viennent confirmer ou renverser cette ingénieuse théorie, je dois faire observer que, d'après mes propres observations, la plus grande partie, sinon la totalité, du noyau des cellules mères du sperme reste en arrière et n'entre pas dans la composition de l'élément mâle. La seule question qui ne soit pas résolue pour moi est celle de savoir si le noyau des cellules mères participe d'une manière quelconque à la formation du spermatozoïde.

Enfin je dois encore citer ici un travail publié tout dernièrement par Strasburger (CLIII), sur la fécondation chez les plantes. Ce mémoire tend à combler une lacune qui existait en botanique depuis les récentes découvertes des zoologistes, en nous faisant connaître quelques-uns des phénomènes qui se passent dans l'ovule végétal avant et après la fécondation. Malheureusement ce travail est trop riche en faits d'observation et souvent aussi trop spécial pour que je puisse en tenter l'analyse et je me borne à relever quelques faits d'un intérêt général.

Dans la copulation des cellules de *Spirogyra*, les noyaux des deux cellules qui vont se joindre disparaissent; le résultat de la conjugation, la « zygote, » pour employer le nom que propose l'auteur, est dépourvu de noyau et cet élément ne reparaît que lorsque la zygote se prépare à germer. Les spores sexuées ou « gamètes » des *Acetabularia* sont dépourvues de noyau et se réunissent par leurs parties homologues. S'appuyant principalement sur ces faits, l'auteur est amené à penser que la fécondation des organismes supérieurs ne réside pas seulement dans la fusion de deux noyaux, mais aussi dans la rencontre de deux éléments cellulaires qui se réunissent par leurs parties homologues, le protoplasme s'unissant au protoplasme, le noyau au noyau.

Chez les Phanérogames, le nucléus de l'élément mâle dont l'auteur a maintenant reconnu l'existence, se porte dans l'extrémité en voie de croissance du tube pollinique. Il se divise en deux noyaux et même, chez les Conifères, il se forme dans le tube pollinique deux cellules distinctes. Chez les Orchidées, celui des deux noyaux qui se trouve le plus éloigné de l'extrémité inférieure du tube disparaît le premier. Chez les Conifères, les deux cellules disparaissent successivement. L'auteur n'est pas arrivé à débrouiller le rôle de chacune des deux dans la fécondation. La maturation de l'ovule et la formation du sac embryonnaire des Phanérogames nous présentent une série de processus variés et compliqués, au milieu desquels il ne paraît pas possible de retrouver des choses homologues ni même comparables aux phénomènes de maturation et aux globules polaires des animaux.

Aussitôt après la fécondation, le savant botaniste a rencontré nombre de fois deux noyaux ou mieux pronucléus dans l'œuf de *Picea vulgaris*. Chez une Orchidée, le noyau conjugué présente deux nucléoles inégaux, tandis que le noyau de l'ovule n'en renferme jamais qu'un seul ; le plus gros de ces nucléoles appartient au noyau femelle, tandis que le plus petit provient du noyau mâle. L'auteur abandonne maintenant l'idée que le contenu du tube pollinique puisse passer à l'œuf par diosmose à travers une membrane.

Sur les phénomènes de division cellulaire, Strasburger a trouvé maintenant dans le règne végétal des exemples de dispositions fort intéressantes. Il représente encore, comme précédemment, une série de cas, dans lesquels les filaments intranucléaires, présentant chacun un renflement de Bütschli au milieu de sa longueur, vont en convergeant légèrement se terminer aux deux extrémités du noyau par de petits renflements terminaux indépendants les uns des autres et situés dans un même plan. Au delà de ces renflements, nous remarquons l'absence complète d'amas polaires et de filaments extranucléaires. D'autre part l'amphiaster de division des cellules tégumentaires de *Notoscordum fragrans* présente des filaments bipolaires renflés sur la plus grande partie de leur longueur, au lieu des grains circonscrits du disque nucléaire. La membrane du noyau a déjà disparu. Ces renflements allongés se divisent en étendant entre eux des filaments connectifs, dans lesquels se forme plus tard le disque de cloison. Dans le voisinage des pôles, les renflements divisés sont disposés en lignes parallèles et s'entourent d'une enveloppe commune. Puis ces jeunes noyaux deviennent homogènes,

Le noyau du sac embryonnaire de la même plante, au moment où il commence à se préparer à la division, présente d'autres phénomènes fort curieux. En effet, le noyau se remplit de grains irréguliers et assez réfringents; le nucléole lui-même tombe en fragments et disparaît, en sorte que le noyau ne présente plus que les corpuscules assez régulièrement distribués. Une cellule tégumentaire de *Notoscordum* présenta une phase un peu plus avancée dans laquelle le fuseau intranucléaire naissant renfermait dans son plan neutre une partie des corpuscules nucléaires placés encore un peu irrégulièrement et, autour du bord du milieu du fuseau, d'autres corpuscules qui n'étaient pas encore venus se ranger dans l'intérieur du fuseau. Considérant ces corpuscules comme l'origine des granules de Bütschli, l'auteur conclut que ces granules ne sont pas de simples renflements des filaments, mais sont formés d'une substance spéciale. Toutefois il me semble que les faits rapportés ne prouvent nullement que les filaments et leurs renflements proviennent d'origines différentes.

Je ne puis rendre compte ici des travaux récents de Mayzel que je n'ai pu me procurer et qui sont du reste en majeure partie publiés en langues slaves. D'après les citations de Strasburger, ce naturaliste aurait trouvé chez les Batraciens, dans les cellules qui prolifèrent pour réparer une blessure, des images de division nucléaire fort semblables à celles qui ont été décrites pour *Notoscordum*. Il y a cette différence cependant que les corpuscules dispersés dans le noyau avant sa division présenteraient ici des formes allongées, sinueuses.

Enfin je dois mentionner, pour être complet, un article de Bütschli (CXLVII) sur la division des cellules du cartilage. Les résultats de ce travail sont de nature plutôt négative.

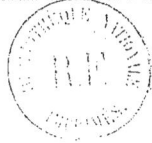

SUPPLÉMENT A L'INDEX BIBLIOGRAPHIQUE

CXXVII. S.-L. Schenk. — Entwickelungsvorgänge im Eichen von Serpula nach der künstl. Befrucht. — Sitzber. Wiener Akad. — Décembre 1874

CXXVIII. C. van Bambeke. — Recherches sur l'embryologie des Batraciens. — Bulletins Acad. roy. de Belgique. — Janvier 1876

CXXIX. E. Strasburger. — Ueber Zellbildung und Zelltheilung. — 2ᵗᵉ Aufl. nebst Unters. üb. Befrucht. 1 vol. in-8° .... Jena, 1876

CXXX. E. Strasburger. — Studien über das Protoplasma. — Jen. Zeitschr. f. Naturwiss. Bd. X, Hft. 4. — Octobre 1876

CXXXI. E. van Beneden. — Recherches sur les Dicyémides. — Bulletins Acad. roy. de Belgique 1876

CXXXII. H. Fol. — Sur les phénomènes intimes de la division cellulaire. — C. R. Acad. des sc. T. LXXXIII, N° 14, p. 667. — Octobre 1876

CXXXIII. H. Fol. — Sur les phénomènes intimes de la fécondation. — C. R. Acad. des sc. T. LXXXIV, N° 6, p. 268. — 5 février 1877

XXXIV. H. Fol. — Sur le premier développement d'une Étoile de mer. — C. R. Acad. des sc. T. LXXXIV, N° 8, p. 357. — 19 février 1877

CXXXV. O. Hertwig. — Beitr. z. Kennt. d. Bild., Befr. und Theilung d. thierischen Eies. — Morphol. Jahrbuch. Bd. III, Hft. 1, p. 1. — Mars ? 1877

CXXXVI. H. Fol. — Sopra i fenom. int. della fecond. degli Echinodermi. — Mem. R. Acad. dei Lincei. Ser. 3ᵃ. Vol. I, Transunti. — 6 mars 1877

CXXXVII. A. Brandt. — Ueber die Eifurchung der Ascaris nigrovenosa. — Zeitsch. f. wiss. Zool. Bd. XXVIII, Hft. 3, p. 365. — 8 mars 1877

CXXXVIII. A. Giard. — Sur les modific. que subit l'œuf des Méduses phanéroc. av. la fécond. — C. R. Acad. sc. T. LXXXIV, N° 12, p. 564. — 19 mars 1877

CXXXIX. J. Pérez. — Sur la fécondation de l'œuf chez l'Oursin. — C. R. Acad. des sc. T. LXXXIV, N° 13, p. 620. — 26 mars 1877

CXL. H. Fol. — Sur quelques fécondations anormales chez l'Étoile de mer. — C. R. Acad. sc., T. LXXXIV, N° 14, p. 659. — 2 avril 1877

CXLI. A. Giard. — Note sur les prem. phénom. du dévelop. de l'Oursin. — C. R. Acad. sc. T. LXXXIV, N° 15, p. 720. — 9 avril 1877

EXPLICATION DES FIGURES

Les lettres ont la même signification sur toutes les planches, à savoir :

A — Amphiaster.
Ar — Amphiaster de rebut.
Ar' — Le 1er amphiaster de rebut.
Ar" — Le 2me amphiaster de rebut.
a — Aster.
ai — Aster intérieur de l'amphiaster de rebut.

ae — Aster extérieur de l'amphiaster de rebut.
ac — Corpuscule central d'un aster.
acN — Petits noyaux issus du corpuscule central.
au — Amas central sarcodique d'un aster.

Cr — Corpuscules ou sphérules de rebut.
Cr' — Premier corpuscule de rebut.
Cr" — Second corpuscule de rebut.

Cf — Cellules ou sphérules de fractionnement.
Ce — Cellules épithéliales du follicule de l'œuf.

Em — Enveloppe muqueuse de l'œuf ou oolème.
Ev — Couche limitante du vitellus ou sarcodeenveloppe.
EN — Couche limitante du noyau.

EFN — Couche limitante des nucléoplastes issus des grains de Bütschli.
Ev — Couche limitante des pronucléus.
Ecr — Couche limitante des sphérules de rebut.

F — Filaments bipolaires.
Ft — Filaments connectifs.
Fr — Renflements intranucléaires ou granules de Bütschli.

FN — Petits noyaux issus des granules de Bütschli.
FNu — Nucléoles de ces noyaux.
f — Filaments unipolaires.
fr — Renflements des filaments unipolaires.

J — Invagination blastodermique ou primitive de l'embryon.

K — Cratère de fécondation.
Km — Cratère de la membrane vitelline.
Kv — Cratère de la surface du vitellus.

x — Cavité du corps de la larve.

L — Ligne de division du premier fractionnement.

λ — Lécithe.
λ' — Lécithe modifié.

M — Membranes.
Mv — Membrane vitelline.
Mv' — Première membrane vitelline.

Mv" — Seconde membrane vitelline.
Mcr — Membrane des corpuscules de rebut.

N — Noyau de cellule.
No — Nucléus de l'ovule ou vésicule germinative.
Nor — Réseau intranucléaire de la vésicule germinative.
n — Nucléole.
no — Nucléole de l'ovule ou tache germinative.
noe — Vacuoles de la tache germinative.
nog — Fragments détachés de la tache germinative.

v — Pronucléus ou noyau sexuel.
v♂ — Pronucléus mâle.
♀ — Pronucléus femelle.
vn — Nucléole d'un pronucléus.
vv — Noyau conjugué ou fécondé.

Om — Membrane de l'œuf.

Oa — Albumen de l'œuf.

P — Plis radiaires de la surface du vitellus.

Se — Saillie vitelline de l'ovule.
Sa — Saillie ou cône d'attraction.
Se — Saillie ou cône d'exsudation.

τ — amas sarcodique.
τr — Rayons de l'amas sarcodique.
τe — Expansion en forme de disque de cet amas.

t — Traînées qui suivent les nouveaux noyaux ou traînées connectives.

V — Vitellus.

Vp — Protubérance vitelline.

Z — Le zoosperme qui pénètre.
Zq — La queue de ce zoosperme.

Ze — Le corps du zoosperme qui pénètre.
z — Les autres zoospermes.

PLANCHE I

Toutes les figures se rapportent à la maturation de l'ovule d'*Asterius glacialis* d'après des préparations vivantes. Le grossissement est de 300 diamètres pour toutes.

Fig. 1. — L'œuf vivant aussitôt après sa sortie de l'ovaire, examiné dans l'eau de mer.

Fig. 2. — Le même après 3 à 5 minutes de séjour dans l'eau de mer. L'on a retranché du dessin l'oolème et la moitié nutritive du vitellus.

Fig. 3. — Le même, dessiné de la même façon après 10 minutes de séjour dans l'eau de mer.

Fig. 4. — Le même après 15 minutes de séjour dans l'eau de mer.

Fig. 5. — Le même après 40 minutes de séjour dans l'eau.

Fig. 6. — Le même après 1 heure 15 minutes de séjour dans l'eau.

Fig. 7. — Le même après 1 heure 35 minutes de séjour dans l'eau.

Fig. 8. — Le même au moment où le premier amphiaster de rebut va se diviser.

Fig. 9. — Le même, au moment où le premier globule polaire commence à se montrer.

Fig. 10. — Le même, au moment où le premier amphiaster de rebut se divise.

Fig. 11. — Le même, au moment où le premier globule polaire commence à se détacher.

Fig. 12. — Aspect de la surface à la phase que la fig. 11 représente en coupe optique.

Fig. 13. — Le même, en coupe optique, avec le globule polaire étranglé à la base.

Fig. 14. — Le même, au moment où le premier corpuscule de rebut achève de se détacher.

Fig. 15. — Un quart du vitellus comprenant le pôle formatif avec le premier globule polaire détaché.

Fig. 16. — Le même; la moitié interne du premier amphiaster s'allonge pour former le 2me amphiaster.

Fig. 17. — Le même, avec deux globules polaires et le 2me amphiaster de rebut divisé.

Fig. 18. — Le même, avec la moitié interne du 2me amphiaster de rebut déjà ramassée.

Fig. 19. — Le même, présentant les petits noyaux qui formeront le pronucléus femelle.

Fig. 20. — Le même, avec les petits noyaux réunis en deux noyaux plus gros.

Fig. 21. — Le même, avec le pronucléus femelle presque constitué.

Fig. 22. — Aspect de la surface de l'ovule de la fig. 18.

Fig. 23. — L'ovule mûr et débarrassé des matières de rebut, avec son noyau femelle.

PLANCHE II

Toutes les figures se rapportent à des ovules d'*Asterias glacialis*, traités par l'acide picrique et la glycérine (sauf la fig. 7) après un séjour plus ou moins prolongé dans l'eau et dessinés aux grossissements de 400 diamètres (Fig. 1-6) et de 600 diamètres (Fig. 7-20).

Fig. 1. — Partie formative du vitellus traité par l'acide picrique et correspondant à la fig. 3 (Pl. I). Grossi 400 fois.

Fig. 2. — Portion d'un vitellus coagulé au moment que représentent les fig. 4 et 5 de la planche précédente.

Fig. 3, 4 et 5 — Portions de vitellus coagulés à la phase des fig. 7 et 8 de la planche I.

Fig. 6. — Portion d'un vitellus coagulé à la phase de la fig. 8 de la planche I.

Fig. 7. — Vitellus coagulé par l'acide osmique et le bichromate un peu plus tard que le précédent.

Fig. 8. — Vitellus coagulé par l'acide picrique vers l'époque que représentent les fig. 7 et 8 de la 1re planche; grossi 600 fois.

Fig. 9. — Vitellus traité et grossi de même, correspondant à la fig. 9 de la planche précédente.

Fig. 10. — Vitellus un peu plus avancé que le précédent.

Fig. 11. — Vitellus correspondant à la fig. 15 de la 1re planche.

Fig. 12 et 13. — Vitellus correspondant à la fig. 16 de la 1re planche.

Fig. 14. — Vitellus correspondant à la fig. 17 de la 1re planche.

Fig. 15. — Vitellus correspondant à la fig. 18 de la 1re planche.

Fig. 16 et 17. — Vitellus un peu plus avancé que le précédent.

Fig. 18. — Même phase que la fig. 17.

Fig. 19. — Vitellus un peu plus avancé, toujours au grossissement de 600 diamètres et traité par l'acide picrique.

Fig. 20. — Fragment de l'épithélium du follicule de l'ovule grossi 600 fois.

PLANCHE III

Toutes les figures représentent la pénétration du zoosperme dans l'ovule d'*Asterias glacialis* et sont dessinées d'après le vivant, à un grossissement de 600 diamètres.

Fig. 1*a* — 1*d* sont quatre phases successives de la pénétration du même zoosperme dans un même œuf, montrant le cône d'attraction et son raccourcissement, la diminution de grosseur du zoosperme, la formation et le soulèvement de la membrane vitelline.

Fig. 2*a* — 2*i* sont neuf vues successives d'un même objet ; fig. 2*a* — *c* représentant l'approche d'un premier zoosperme et sa soudure au cône d'attraction ; fig. 2*d* — *f* l'entrée du premier zoosperme et l'approche du second ; fig. 2*g* — *i* le soulèvement de la membrane et les cônes d'exsudation. Les œufs qui ont servi à faire cette observation étaient presque tous anormaux comme l'a prouvé la suite de leur développement.

Fig. 3*a* — 3*c* sont trois phases successives de l'approche d'un zoosperme, le vitellus se soulevant en un cône d'attraction exceptionnellement gros.

Fig. 4*a* — 4*d* représentent la pénétration d'un zoosperme dans le voisinage presque immédiat des globules polaires. En 4*a* et 4*b* le cône d'attraction se raccourcit et la tête du zoosperme diminue ; en 4*c* et 4*d*, l'on voit le cône d'exsudation et le collapsus de la queue du spermatozoïde.

Fig. 5*a* — 5*d* montrent un cas de pénétration dans lequel le cône d'attraction est large à sa base et le cône d'exsudation conserve une forme simple.

PLANCHE IV

Toutes les figures, sauf la dernière, se rapportent à la fécondation et au développement d'œufs malades ou mal mûrs d'*Asterias glacialis* et sont dessinées à un grossissement de 300 diamètres d'après le vivant ; la fig 7 est traitée à l'acide osmique.

Fig. 1*a* et 1*b*. — Deux phases successives de la pénétration de plusieurs zoospermes dans un même œuf dessiné dans la même position à deux ou trois minutes d'intervalle. Cet œuf provient d'une femelle malade et avait séjourné 12 heures dans l'eau au moment de la fécondation.

Fig. 2*a* et 2*b*. — Deux phases successives de la fécondation d'un œuf mûr à point mais provenant d'une femelle malade. Deux asters mâles provenant de deux zoospermes différents viennent au milieu de changements très sensibles de leur forme se réunir successivement au noyau femelle qui est aussi comme pétri en sens divers. Quelques heures plus tard, cet œuf s'est fractionné d'une manière anormale, donnant naissance du coup à quatre sphérules.

Fig. 3*a* et 3*b*. — Deux phases successives du fractionnement d'un œuf qui avait présenté deux pronucléus mâles. Il se scinde d'un coup en quatre sphérules et présenta par la suite un nombre de cellules double du nombre normal, ces cellules étant naturellement plus petites de moitié.

Fig. 4, 5 et 6. — Fécondation intime et fractionnement d'œufs qui ont séjourné 14 heures ½ dans l'eau avant le mélange des produits et qui proviennent en outre d'une femelle gardée quelque temps en captivité. — Fig. 4. Un œuf peu après la fécondation présentant quatre asters mâles et trois autres plus ou moins complètement réunis au pronucléus femelle. — Fig. 5 et 6. Œufs du même parti en voie de fractionnement anormal, 3 et 4 heures après la fécondation. Une heure plus tard ces œufs se montrèrent divisés en 8, 12 ou 16 sphérules souvent plurinucléaires, tandis que des œufs normaux de la même espèce et dans la même saison (janvier) ne sont encore divisés qu'en quatre au bout de cinq heures.

Fig. 7. — Blastosphère monstrueuse présentant plusieurs enfoncements du blastoderme, provenant du même parti d'œufs que les œufs de la fig. 5 et 6 ; tuée, deux jours après la fécondation, par immersion dans l'acide osmique et teinte dans du carmin. Grossissement environ 300 diamètres.

Fig. 8. — Œuf provenant d'une femelle très-malade, quelques minutes après la fécondation artificielle. Les corps des zoospermes pénétrés conservent leur forme et s'entourent à peine de quelques lignes radiaires. Le processus d'expulsion des globules polaires commençait, mais n'eut pas le temps de s'achever ; ces œufs périrent peu après. Grossissement 300.

Fig. 9. — Œuf de *Toxopneustes lividus* provenant d'un parti d'œufs anormaux (mère malade) qui ont reçu en général plus d'un zoosperme par vitellus ; il présente une phase avancée de la division du tétraster, qui apparaît chez la plupart de ces œufs à la place de l'amphiaster du premier fractionnement. Préparation à l'acide osmique et au carmin ; grossissement environ 600.

PLANCHE V

Toutes les figures sont dessinées au grossissement de 300 diamètres (la fig. 11 seule exceptée) et se rapportent à la maturation de l'ovule et à la fécondation normale chez *Toxopneustes lividus* et *Sphaerechinus brevispinosus*.

Fig. 1. — Ovule de *Toxopneustes* extrait d'un ovaire traité par un mélange d'alcool et d'acide acétique et dilacéré directement dans de la glycérine.

Fig. 2. — Ovule frais de *Sphaerechinus* immédiatement après son extraction de l'ovaire, examiné dans le liquide de la cavité du corps.

Fig. 3. — Ovule de *Toxopneustes* extrait de l'ovaire, examiné après un séjour, d'une ou deux heures dans le liquide de la cavité du corps.

Fig. 4. — Ovule de *Sphaerechinus* traité par l'acide picrique et la glycérine après un séjour dans le liquide de la cavité du corps.

Fig. 5. — Ovule de *Sphaerechinus*, extrait d'un ovaire durci dans l'acide picrique et placé dans de la glycérine.

Fig. 6. — Ovule de *Toxopneustes* extrait d'un ovaire durci par l'alcool et l'acide acétique et dilacéré dans la glycérine.

Fig. 7. — Ovule frais de *Toxopneustes* examiné dans le liquide de la cavité du corps quelque temps après avoir été tiré de l'ovaire.

Fig. 8. — Ovule frais de *Sphaerechinus* examiné dans les mêmes conditions que le précédent.

Fig. 9a — 9h. — Huit phases successives de la pénétration normale du zoosperme dans le vitellus chez *Toxopneustes*, esquissées d'après un seul et même ovule vivant, à quelques secondes d'intervalle ; les dessins ont été terminés ensuite d'après d'autres observations analogues mais moins complètes. La différenciation de la 1re membrane vitelline se voit en 9b et 9c, celle de la 2me membrane vitelline en 9f — 9h, la pénétration du zoosperme en 9a — 9f, l'aster mâle et le cône d'exsudation en 9f — 9h. La moitié du vitellus où a lieu la fécondation est seule représentée sur tous les dessins. Les œufs dont l'un a été l'objet de cette observation étaient sains et mûrs et se sont ensuite développés d'une manière parfaitement normale.

Fig. 10a — 10d. — Quatre phases successives de la pénétration normale du zoosperme et de la fécondation intime chez *Toxopneustes*, d'après un œuf normal, fécondé sous le microscope et dessiné d'après le vivant. Ces œufs, placés ensuite dans de l'eau de mer fraîche se sont développés normalement. La fig. 10a montre l'entrée du zoosperme dans le vitellus et le soulèvement de la première membrane vitelline qui est déjà différenciée dans toute son étendue. Sur les fig 10b et 10c, l'on distingue le cône d'exsudation, la première membrane vitelline qui se soulève et la seconde qui se différencie, ainsi que l'aster mâle. La fig. 10e présente les deux membranes soulevées, les noyaux sexuels réunis ; le cône d'exsudation est dispersé.

Fig. 11. — Petite portion de la surface de l'ovule vivant de *Toxopneustes* grossie 600 fois pour montrer l'aspect que présente le sarcode-enveloppe avant la fécondation et sa délimitation peu tranchée du côté du sarcode granuleux.

Fig. 12. — Portion d'un ovule de *Toxopneustes* traité par l'acide picrique quelques instants après la pénétration du zoosperme, montrant la masse arrondie que ce réactif fait sortir du vitellus, ainsi que l'aster mâle naissant. Grossissement 300.

Fig. 13 — 15. — Trois phases de la pénétration du zoosperme dans le vitellus et du soulèvement de la première membrane vitelline chez *Toxopneustes*, dessinés d'après des œufs coagulés quelques instants après la fécondation par l'acide acétique à 2 °/o et traités ensuite par l'acide osmique à 4 °/oo et le carmin. L'acide acétique exagère le gonflement de la membrane et donne des préparations qui font mieux comprendre la différenciation progressive et le soulèvement qui partent du zoosperme comme point central ; en même temps cet acide change le cône d'exsudation en une vésicule.

PLANCHE VI

Toutes les figures se rapportent au commencement du fractionnement chez *Toxopneustes*. Les fig. 1 à 11 sont dessinées d'après le vivant à un grossissement de 300 diamètres, les fig. 12 à 17 sont grossies 600 fois d'après des préparations à l'acide picrique et au picrocarminate, enfermées dans de la glycérine mêlée d'alcool. Les figures 1, 2, 3, 4, 5, 6, 8 et 9 sont copiées d'après un seul et même œuf dans la même position. Les figures 7, 10 et 11 sont copiées d'un autre œuf.

Fig. 1. — Œuf vivant, 20 minutes avant la formation de l'amphiaster de fractionnement.

Fig. 2. — Le même, 10 minutes avant la formation de l'amphiaster de fractionnement.

Fig. 3. — Apparition des amas polaires.

Fig. 4. — L'amphiaster de fractionnement est constitué.

Fig. 5, 6 et 7. — Phases successives de la division de l'amphiaster.

Fig. 8 et 9. — Diminution de la traînée internucléaire, formation du sillon de fractionnement.

Fig. 10 et 11. — Le premier fractionnement est accompli, les traînées internucléaires et les filaments unipolaires disparaissent.

Fig. 12. — Œuf traité par l'acide picrique, répondant à celui de la figure 4. Amphiaster complet.

Fig. 13. — OEuf correspondant à celui de la figure 5 ; division des renflements intranucléaires.

Fig. 14. — OEuf plus avancé que le précédent, répondant à celui des figures 7 et 8.

Fig. 15 et 16. — OEufs de la phase représentée sur les figures 9 et 10.

Fig. 17. — OEuf coagulé au moment que représentent les figures 10 et 11.

PLANCHE VII

Les figures 1 à 11 représentent des œufs de *Toxopneustes lividus* traités les uns par l'acide osmique 1 ‰ et le carmin de Beale, les autres par l'acide acétique 2 % et la glycérine diluée d'esprit de vin, et grossis 400 fois. Les figures 12 à 20 sont des œufs de *Pterotrachea mutica* ou *Friderici* traités par l'acide picrique ou acétique et la glycérine étendue d'esprit de vin ; tous sont dessinés au grossissement de 400 diamètres.

Fig. 1. — OEuf de *Toxopneustes* coagulé par l'acide osmique au moment où les noyaux sexuels vont se rejoindre.

Fig. 2. — OEuf de *Toxopneustes* traité de même au moment que représente la figure 3 de la Pl. VI.

Fig. 3. — OEuf de *Toxopneustes* plongé dans l'acide osmique au point correspondant aux figures 4 et 5 de la Pl. VI.

Fig. 4. — OEuf de *Toxopneustes* coagulé de même au moment correspondant aux figures 6 et 7 de la Pl. VI.

Fig. 5. — OEuf de *Toxopneustes* coagulé par le même réactif à la phase de la figure 8 de la Pl. VI.

Fig. 6. — OEuf de *Toxopneustes* traité de même à la phase de la figure 9 de la Pl. VI.

Fig. 7. — OEuf de *Toxopneustes* traité par l'acide osmique au moment que représentent les figures 10 et 11 de la Pl. VI.

Fig. 8. — OEuf de *Toxopneustes* traité par l'acide acétique à la même phase que celui de la figure 2 de la même planche.

Fig. 9 et 10. — OEufs de *Toxopneustes* traités par l'acide acétique au même moment que celui de la figure 3. L'œuf fig. 10 est un peu plus avancé que l'autre.

Fig. 11. — OEuf de *Toxopneustes* coagulé par l'acide acétique à une phase correspondante à celle des figures 13 et 14 de la Pl. VI.

Fig. 12. — OEuf de *Pterotrachea* à l'instant de la ponte ; acide picrique et glycérine picrocarminatée.

Fig. 13. — Vésicule germinative de *Pterotrachea* au moment de la première apparition de l'amphiaster de rebut ; acide acétique, glycérine alcoolisée.

Fig. 14. — Premier amphiaster de rebut un peu plus avancé dans sa formation, d'un œuf de *Pterotrachea* traité par les mêmes réactifs.

Fig. 15. — La même partie d'un autre œuf de *Pterotrachea* traité par l'acide picrique.

Fig. 16. — Comme la figure précédente, traité de même, phase un peu plus avancée.

Fig. 17. — OEuf de *Pterotrachea* présentant l'amphiaster de rebut en voie de formation vu de profil ; acide picrique, picrocarminate, glycérine.

Fig. 18. — OEuf de *Pterotrachea*, avec l'amphiaster de rebut constitué et vu de face ; acide acétique, glycérine alcoolisée.

Fig. 19. — OEuf de *Pterotrachœa*, commencement de division des renflements intranucléaires du 1er amphiaster de rebut et son déplacement vers la surface. Acide acétique, glycérine.

Fig. 20. — OEuf de *Pterotrachœa*, avec l'amphiaster arrivé à la périphérie et commençant à se diviser; acide picrique, picrocarminate, glycérine.

PLANCHE VIII

Toutes les figures se rapportent aux phénomènes intimes de maturation et de fécondation de l'œuf de *Pterotrachœa mutica* et *Friderici*. Le grossissement est de 400 diamètres pour tous les dessins. Les figures 1-3 sont dessinées d'après le vivant, les figures 4-8 d'après des préparations à l'acide acétique (2 %) placées ensuite dans de la glycérine alcoolisée, les figures 9-16 d'après des œufs coagulés dans l'acide picrique (solution saturée), puis traités par la glycérine picrocarminatée et enfermés dans de la glycérine phéniquée. Les enveloppes de l'œuf n'ont été représentées que sur la fig. 2.

Fig. 1. — Vitellus vivant, au moment où le premier corpuscule de rebut commence à se montrer sous forme de saillie.

Fig. 2. — OEuf complet avec le premier corpuscule de rebut détaché et présentant les grains de Bütschli dans son intérieur.

Fig. 3. — Vitellus avec les deux globules polaires et la protubérance du pôle nutritif.

Fig. 4. — Premier amphiaster de rebut vu de profil, traité par l'acide acétique et la glycérine alcoolisée.

Fig. 5. — Portion de vitellus avec le premier amphiaster de rebut presque complètement divisé. Acide acétique.

Fig. 6. — Portion de vitellus avec l'amphiaster de rebut divisé et le premier globule polaire constitué.

Fig. 7. — Portion de vitellus montrant l'origine du second amphiaster de rebut.

Fig. 8. — Portion de vitellus renfermant le second amphiaster de rebut entièrement constitué.

Fig. 9. — Vitellus avec ses deux globules polaires et les noyaux sexuels en voie de formation. La protubérance du pôle nutritif est couverte de blanc d'œuf coagulé. Acide picrique.

Fig. 10. — Vitellus présentant un pronucléus mâle formé et un noyau femelle encore à l'état d'aster.

Fig. 11. — Vitellus avec les deux noyaux sexuels à peine formés et égaux de grosseur.

Fig. 12. — Vitellus avec les noyaux sexuels un peu plus avancés et contenant chacun plusieurs nucléoles.

Fig. 13. — Vitellus présentant un noyau mâle assez gros et muni de nucléole, tandis que le noyau femelle est encore en deux morceaux.

Fig. 14. — Vitellus dont le noyau mâle présente plusieurs nucléoles, tandis que le noyau femelle n'en contient qu'un seul plus gros.

Fig. 15. — Vitellus présentant deux pronucléus identiques, chacun muni d'un nucléole.

Fig. 16. — Portion de vitellus, avec le noyau femelle se formant aux dépens de l'aster interne du second amphiaster de rebut.

PLANCHE IX

Toutes les figures servent à illustrer les processus intimes de la fécondation et du premier fractionnement chez *Pterotrachæa mutica* et *Friderici*. Tous les dessins sont grossis 400 fois d'après des préparations d'œufs coagulés, les fig. 1 et 2 d'après des œufs arrosés d'alcool absolu, puis éclaircis dans de la glycérine diluée; la fig. 3 d'après un œuf coagulé dans l'acide osmique à 1 ‰, teint dans le carmin de Beale et conservé dans de la glycérine phéniquée; les figures 4 à 12 d'après des œufs traités par l'acide picrique en solution aqueuse saturée, puis par la glycérine picrocarminatée et éclaircis dans de la glycérine phéniquée.

Fig. 1. — Œuf dont les pronucléus ont atteint des dimensions considérables et se sont munis chacun d'un nucléole avant de se rapprocher l'un de l'autre.

Fig. 2. — Œuf dont les noyaux sexuels se touchent, mais renferment encore chacun un gros nucléole.

Fig. 3. — Œuf dans ses enveloppes avec des pronucléus volumineux, le noyau femelle renfermant deux petits nucléoles outre le gros nucléole.

Fig. 4. — Œuf dont les noyaux sexuels sont encore petits, quoique rapprochés et munis de leur nucléole.

Fig. 5. — Œuf dont les noyaux sexuels, de grosseur moyenne, vont bientôt se rejoindre.

Fig. 6. — Œuf à pronucléus très-volumineux, le noyau femelle renfermant deux nucléoles égaux.

Fig. 7. — Œuf dont les noyaux sexuels ont perdu leurs nucléoles et sont·en train de se fusionner.

Fig. 8. — Œuf avec ses enveloppes vers la fin de la période de division du premier amphiaster de fractionnement.

Fig. 9. — Phase plus avancée de la division du premier amphiaster de fractionnement. La membrane nucléaire s'est dissoute, la protubérance vitelline atteint son maximum.

Fig. 10. — Phase intermédiaire entre celles des figures 8 et 9 vue par le pôle formatif.

Fig. 11. — Fin de la division de l'amphiaster, et origine des nouveaux noyaux. Le sillon de fractionnement s'approfondit.

Fig. 12. — Œuf présentant les nouveaux noyaux plus avancés dans leur formation, mais encore ouverts du côté des asters.

PLANCHE X

Toutes les figures représentent la maturation de l'ovule, la fécondation et le premier fractionnement chez *Sagitta Gegenbauri*, dessinées toutes d'après le vivant, à l'exception seulement des fig. 1 et 4 qui sont copiées d'après des préparations coagulées par l'acide osmique (à 1 ‰) et placées ensuite dans une solution très-faible de bichromate de potasse. Le grossissement est de 200 diamètres pour la plupart des figures, de 400 diamètres pour les figures 1, 4, 8-10 et 17. Cette planche a été reproduite par l'Albertypie d'après les dessins de l'auteur rendus transparents par un procédé spécial.

308   **EXPLICATION DES FIGURES.**

Fig. 1. — Petite portion de vitellus avant la fécondation grossi 400 fois et montrant l'amphiaster de rebut condensé momentanément. Préparation à l'acide osmique et au bichromate de potasse.

Fig. 2 et 3. — Deux phases successives de la sortie du premier corpuscule de rebut, d'après le vivant. Grossissement 200 diamètres.

Fig. 4. — Le premier amphiaster de rebut en voie de division et situé dans une parcelle presque détachée de la surface du vitellus et logée dans une fossette. Préparation à l'acide osmique et au bichromate. Grossissement 400.

Fig. 5. — Vitellus entier après la pénétration du zoosperme, montrant l'origine du pronucléus mâle. Œuf vivant grossi 200 fois.

Fig. 6. — Le même que le précédent, quelques minutes plus tard, montrant les deux noyaux sexuels et l'aster mâle. Œuf vivant, et grossi 200 fois.

Fig. 7. — Le même un peu plus avancé, montrant la réunion des deux pronucléus chez l'œuf vivant. Grossissement 200.

Fig. 8, 9 et 10. — La réunion des deux noyaux sexuels, d'après le vivant, au grossissement de 400 diamètres. Les figures 8 et 9 sont des phases successives de l'œuf déjà représenté sur les figures 5-7, la figure 10 appartient à un autre œuf.

Fig. 11. — L'amphiaster du premier fractionnement en voie de formation, tel qu'il se présente dans l'œuf vivant au grossissement de 200 diamètres.

Fig. 12. — Le même plus avancé montrant l'origine des nouveaux noyaux. Œuf vivant; même grossissement.

Fig. 13. — Le même que le précédent encore plus avancé, avec le sillon de fractionnement presque achevé.

Fig. 14. — Le même œuf, dessiné de même. Le premier fractionnement n'est pas tout à fait terminé et déjà les noyaux se préparent à une seconde division.

Fig. 15. — Les noyaux se préparent au second fractionnement et sont à des phases différentes de ce processus, d'après le même œuf dessiné de même.

Fig. 16. — Dernière phase du second fractionnement avec les quatre jeunes noyaux. Œuf vivant grossi 200 fois.

Fig. 17. — L'un des noyaux de la figure précédente dessiné d'après le vivant au grossissement de 400 diamètres.

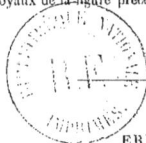

ERRATA

P. 34, à la 4me ligne en remontant, au lieu de 1 %, lisez : 1 ‰.

P. 134, à la 10me ligne en remontant, au lieu de « à étudier, » lisez : à élucider.

TABLE DES CHAPITRES

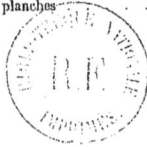

Pl. I.

Fig. 1.

Fig. 6.

Fig. 12.

Fig. 2.

Fig. 7.

Fig. 13.

Fig. 3.

Fig. 8.

Fig. 14.

Fig. 4.

Fig. 9.

Fig. 22.

Fig. 5.

Fig. 10.

Fig. 23.

Fig. 16.

Fig. 15.

Fig. 17.

Fig. 18.

Fig. 19.

Fig. 20.

Fig. 21.

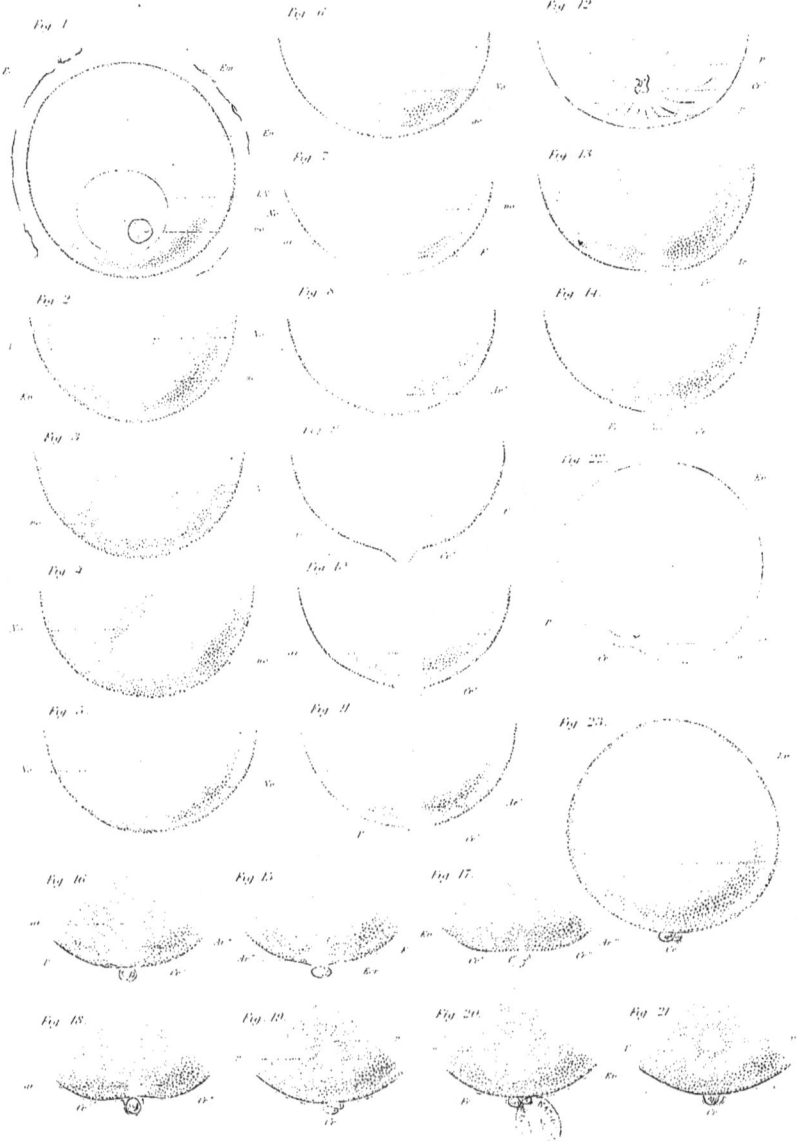

Asterias glacialis.

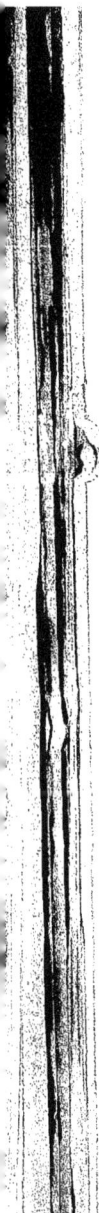

Pl. II

Asterias glacialis.

Pl. III

Fig. 1 a.　　Fig. 1 b.　　Fig. 1 c.　　Fig. 1 d.

Fig. 2 a.　　Fig. 2 b.　　Fig. 2 c.　　Fig. 2 d.

Fig. 2 e.　　Fig. 2 f.　　Fig. 2 g.　　Fig. 2 h.

Fig. 2 i.　　Fig. 3 a.　　Fig. 3 b.　　Fig. 3 c.

Fig. 4 a.　　Fig. 4 b.　　Fig. 4 c.　　Fig. 4 d.

Fig. 5 a.　　Fig. 5 b.　　Fig. 5 c.　　Fig. 5 d.

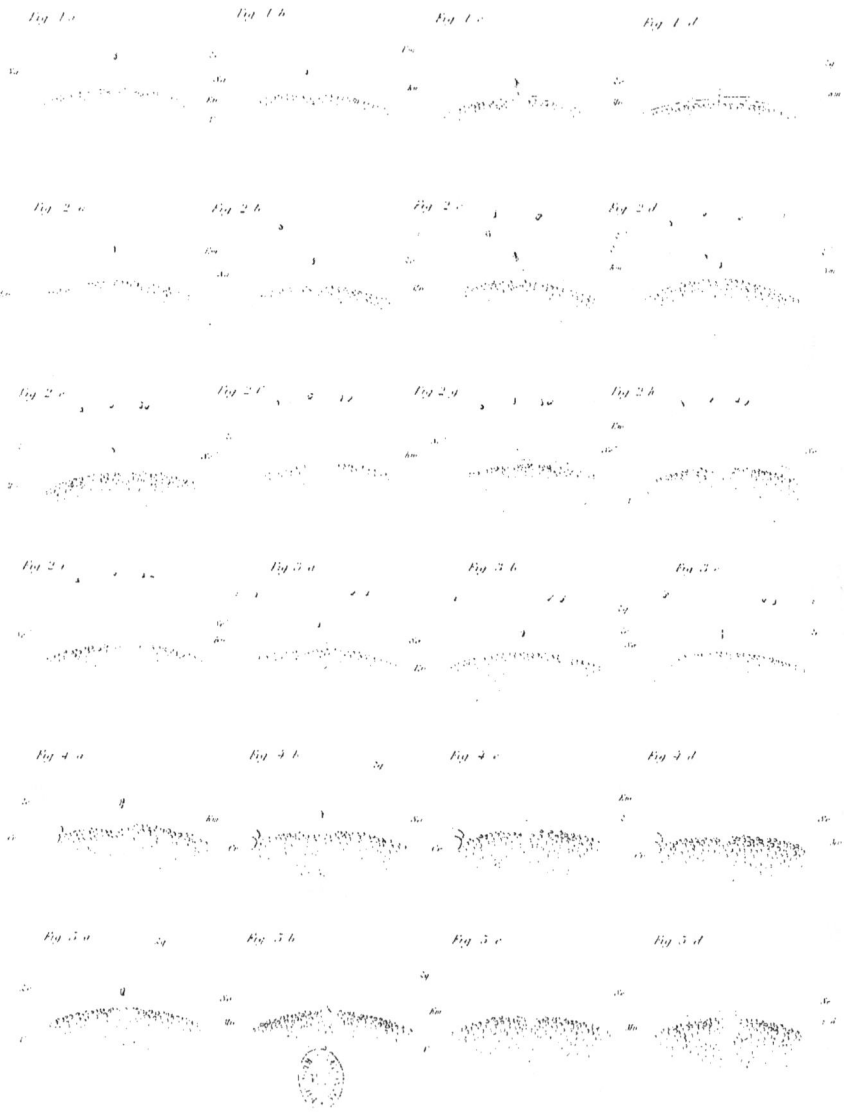

Asterias glacialis.

Pl. IV.

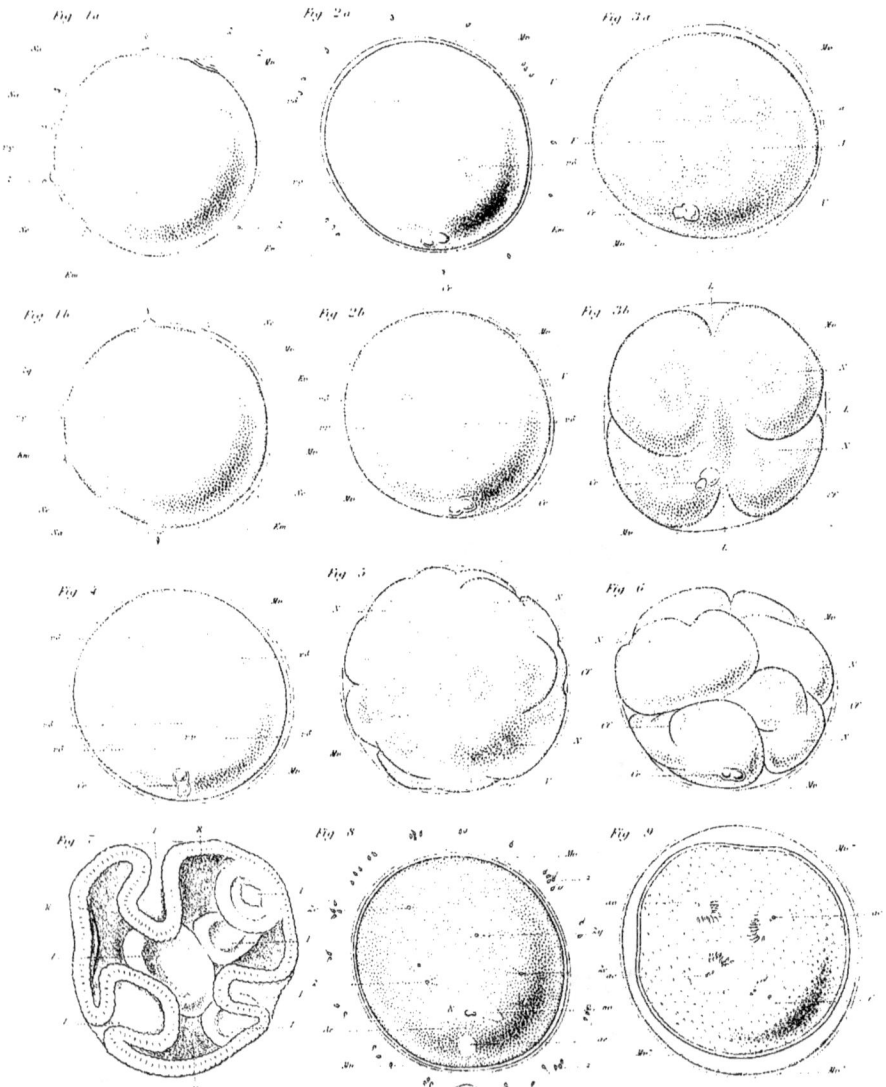

Fig 1a.   Fig 2a.   Fig 3a.

Fig 1b.   Fig 2b.   Fig 3b.

Fig 4.   Fig 5.   Fig 6.

Fig 7.   Fig 8.   Fig 9.

Asterias (1-8). Toxopneustes (9).

Pl. 1

Fig. 1   Fig. 2   Fig. 3   Fig. 4

Fig. 5   Fig. 6   Fig. 7   Fig. 8

Fig. 9a   Fig. 9b   Fig. 9c   Fig. 9d

Fig. 9e   Fig. 9f   Fig. 9g   Fig. 9h

Fig. 10a   Fig. 10b   Fig. 10c   Fig. 10d

Fig. 11   Fig. 12   Fig. 13   Fig. 14

Fig. 15

Pl. 11

Fig. 1   Fig. 2   Fig. 3   Fig. 4

Fig. 5   Fig. 6   Fig. 7   Fig. 8

Fig. 12   Fig. 13   Fig. 12

Fig. 9   Fig. 16   Fig. 10

Fig. 15   Fig. 11   Fig. 17

Pl. VII.

Fig. 1.

Fig. 3.

Fig. 5.

Fig. 8.

Fig. 9.

Fig. 2.

Fig. 4.

Fig. 6.

Fig. 10.

Fig. 13.

Fig. 11.

Fig. 14.

Fig. 7.

Fig. 18.

Fig. 19.

Fig. 16.

Fig. 15.

Fig. 12.

Fig. 17.

Fig. 20.

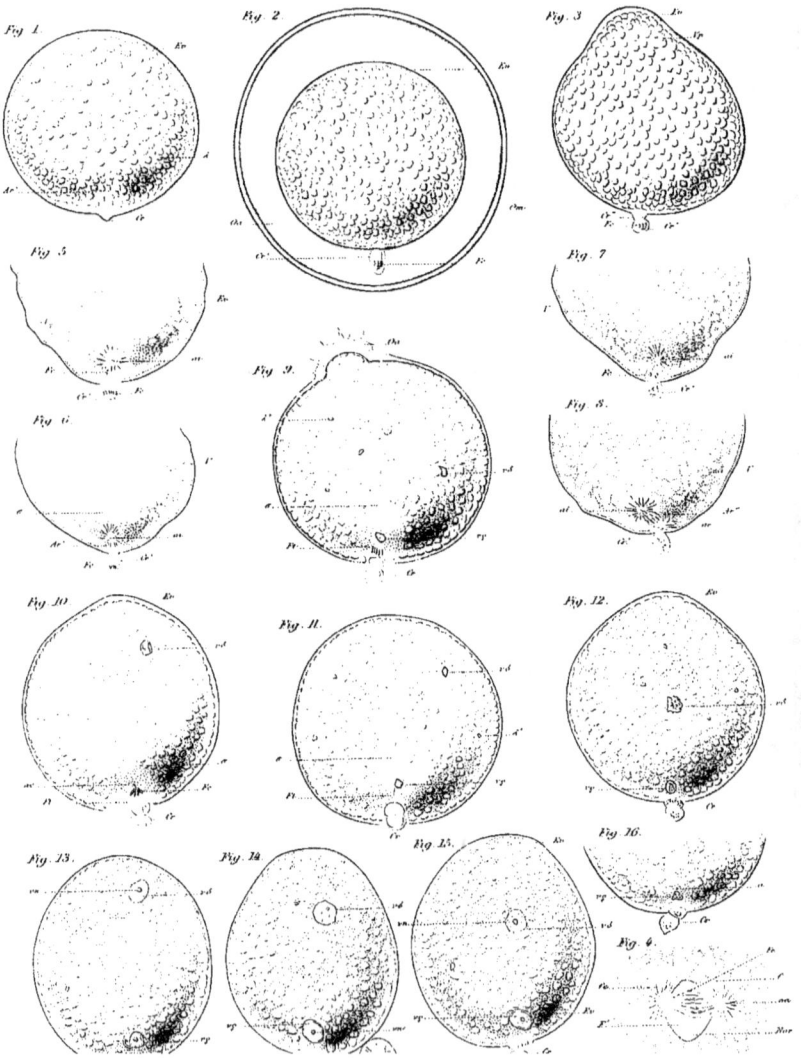

Pl. VIII.

Pl. IX.

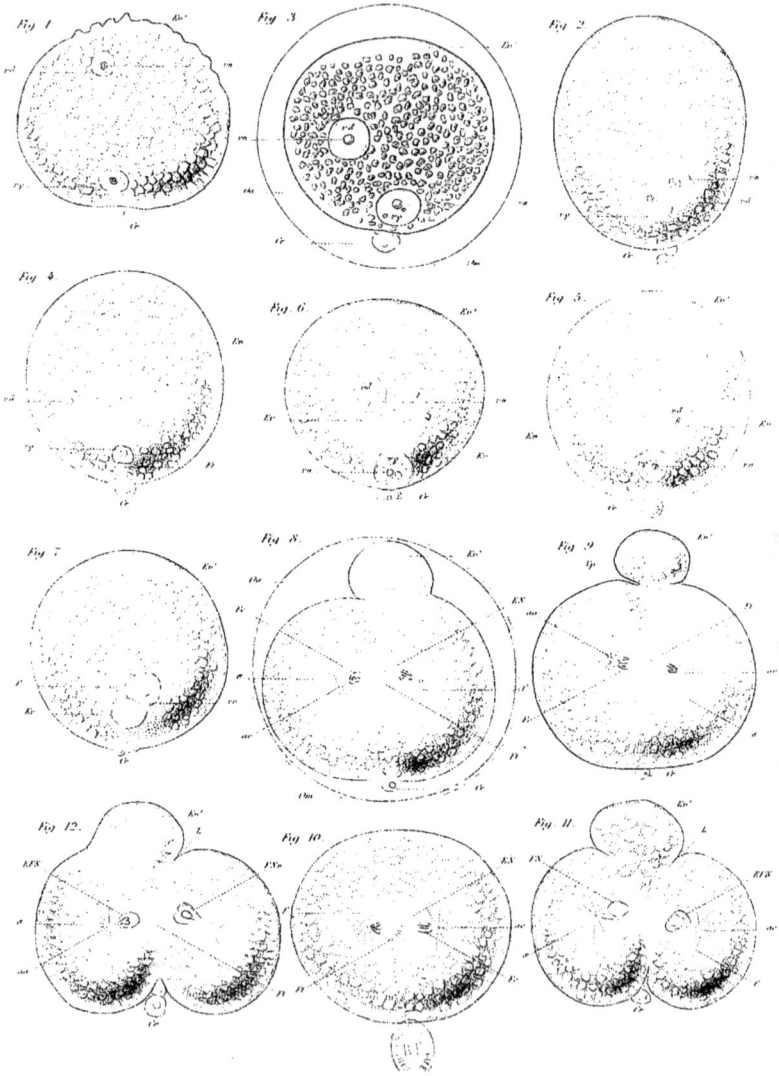

Fig. 1. Fig. 3. Fig. 2.

Fig. 4. Fig. 6. Fig. 5.

Fig. 7. Fig. 8. Fig. 9.

Fig. 12. Fig. 10. Fig. 11.

Pl. X.

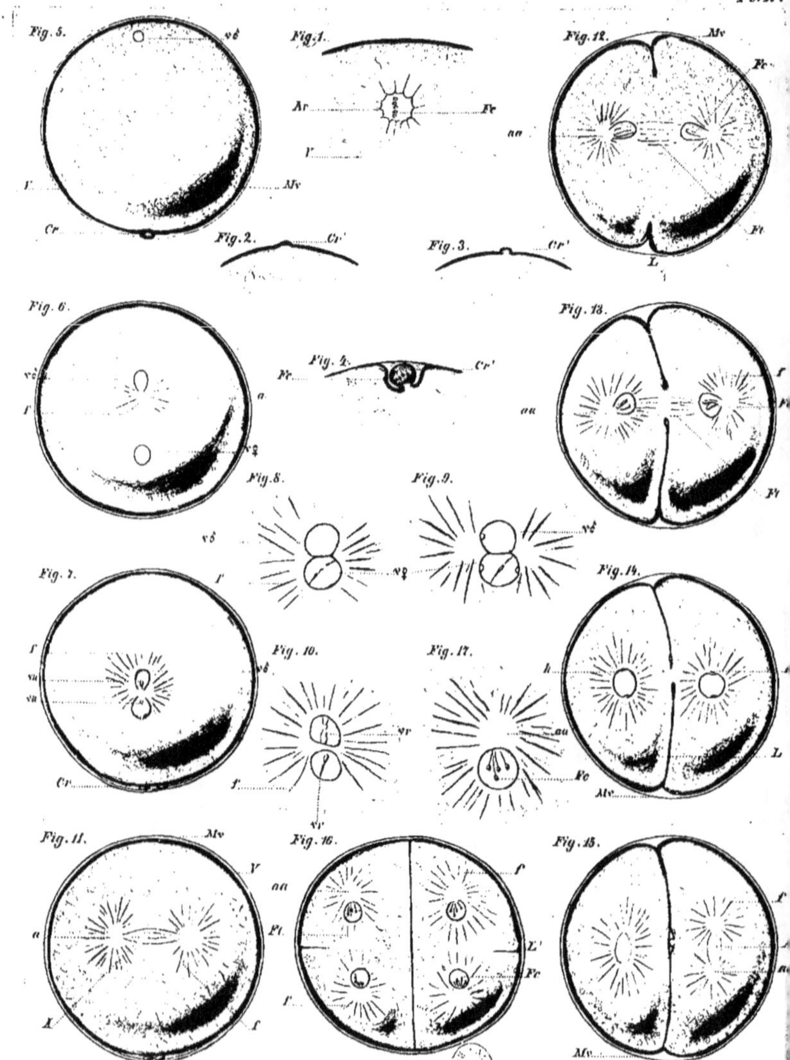

Fig. 5. _vb_

Fig. 1.

_Ar_ _Fr_

_l'_ _v_

_l'_ _Mv_ _aa_

_Cr_

Fig. 12. _Mv_

_Fr_

_Fl._

_L_

Fig. 2. _Cr'_

Fig. 3. _Cr'_

Fig. 6.

_vb_

_l'_ _a_

_vb_

Fig. 4. _Fr_ _Cr'_

_aa_

Fig. 13. _f_

_Fl_

Fig. 8. Fig. 9.

_vb_

_vb_

Fig. 7. _l'_

_f_

_va_

_va_

_Cr_

Fig. 10. _vb_

Fig. 17.

_vr_

_vr_

_f_

_aa_

_Ve_

Fig. 14. _h_

_L_

_Mv_

Fig. 11. _Mv_

_V_ _aa_

_a_ _Fl._

_L_ _L_

Fig. 16.

_aa_

_f_

_L'_

_Fr_

_f_

Fig. 15.

_f_

_Re_

_Mv_ _L_

Hermann Fot del.

Sagitta

M. Oemoser Fot.

OUVRAGES DU MÊME AUTEUR

EN VENTE CHEZ H. GEORG A GENÈVE

Presque tous ces ouvrages et tirages à part sont épuisés.

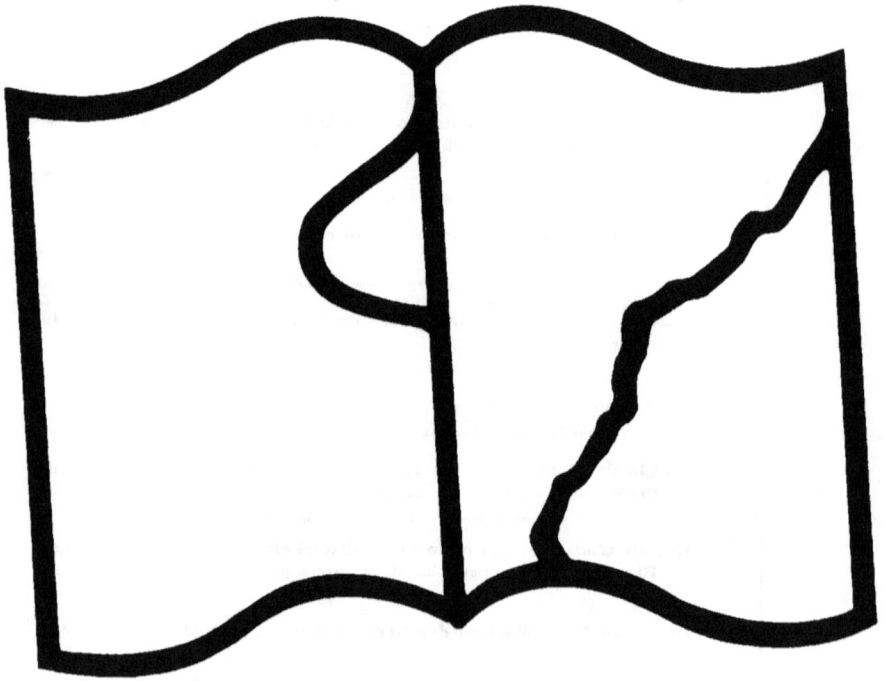

Texte détérioré — reliure défectueuse

www.ingramcontent.com/pod-product-compliance
Lightning Source LLC
Chambersburg PA
CBHW070343200326
41518CB00008BA/1122